Bedeutende Theorien des 20. Jahrhunderts

Ein Vorstoß zu den Grenzen von
Berechenbarkeit und Erkenntnis

Quantenmechanik – Relativitätstheorie –
Gravitation – Kosmologie – Chaostheorie –
Prädikatenlogik

von
Professor Dr. Werner Kinnebrock

R. Oldenbourg Verlag München Wien 1999

Die Deutsche Bibliothek - CIP-Einheitsaufnahme

Kinnebrock, Werner:
Bedeutende Theorien des 20. Jahrhunderts : ein Vorstoß zu den
Grenzen von Berechenbarkeit und Erkenntnis ; Quantenmechanik -
Relativitätstheorie – Gravitation – Kosmologie – Chaostheorie -
Prädikatenlogik / von Werner Kinnebrock. – München ; Wien :
Oldenbourg, 1999
   ISBN 3-486-24706-9

© 1999 R. Oldenbourg Verlag
Rosenheimer Straße 145, D-81671 München
Telefon: (089) 45051-0, Internet: http://www.oldenbourg.de

Das Werk einschließlich aller Abbildungen ist urheberrechtlich geschützt. Jede Verwertung außerhalb der Grenzen des Urheberrechtsgesetzes ist ohne Zustimmung des Verlages unzulässig und strafbar. Das gilt insbesondere für Vervielfältigungen, Übersetzungen, Mikroverfilmungen und die Einspeicherung und Bearbeitung in elektronischen Systemen.

Lektorat: Andreas Türk
Herstellung: Rainer Hartl
Umschlagkonzeption: Kraxenberger Kommunikationshaus, München
Gedruckt auf säure- und chlorfreiem Papier
Gesamtherstellung: Grafik + Druck, München

Inhalt

1	**Einleitung**	**1**
2	**Die klassische Physik oder das sichere Wissen**	**3**
2.1	Die Ausgangslage – Scholastik und griechische Philosophie	3
2.2	Der Beginn naturanalytischen Denkens – Kopernikus, Kepler, Galilei	6
2.3	Die Begründung neuzeitlichen Denkens – René Descartes	8
2.4	Die neue Mechanik – Isaac Newton	10
	Newton und sein Weltbild in der Folgezeit	12
	Die Probleme mit dem Licht	13
2.5	Elektrische Erscheinungen – Faraday und Maxwell	15
2.6	Determinismus	17
2.7	Zufall und Wahrscheinlichkeit	19
2.8	Das Ende der klassischen Physik	21
3	**Die Spezielle Relativitätstheorie oder das Ende der absoluten Zeit**	**23**
3.1	Der Äther	23
3.2	Die Lichtgeschwindigkeit ist konstant	24
3.3	Nicht alle Uhren gehen gleich	26
3.4	Wer reist, altert langsamer	26
3.5	Myonen – meßbar und doch nicht vorhanden?	27
3.6	Das Zwillingsparadoxon	28
3.7	Größer als Lichtgeschwindigkeit?	28
3.8	Gleichzeitig ist nicht gleichzeitig	30

3.9	Kausalität	31
3.10	Massen sind nicht unveränderlich	32
3.11	Masse und Energie	34
3.12	Die Längenkontraktion	35
3.13	Relativitätstheorie und Elektrizität	36
3.14	Maxwells Gleichungen und die Relativitätstheorie	38

4 Die Allgemeine Relativitätstheorie oder der gekrümmte Raum.. 41

4.1	Schwere und träge Masse	41
4.2	Gekrümmte Lichtstrahlen	42
4.3	Uhren im Gravitationsfeld	44
4.4	Längen im Gravitationsfeld	45
4.5	Planetenbahnen werden vermessen	46
4.6	Ist der Weltraum gekrümmt?	48
4.7	Die Welt der Flächenmenschen	49
4.8	Die Raumkrümmung	51

5 Kosmologie oder die Unermeßlichkeit des Raumes 55

5.1	Das kosmologische Prinzip und die Geometrie des Alls	55
5.2	Astronomisches	57
5.3	Der Doppler-Effekt	59
5.4	Das All dehnt sich aus	60
5.5	Die Einsteinschen Gleichungen	62
5.6	Die Raum-Zeit-Struktur des Alls	62
5.7	Moleküle, Atome, Elementarteilchen	65
5.8	Die Hintergrundstrahlung	66
5.9	Was geschah nach dem Urknall?	67
5.10	Löcher im All?	69
5.11	Die Grenzen des Alls	70

6 Die Quantenmechanik oder das Ende der Objektivität 73

6.1 Die Anfänge 74
Max Planck und die Quantisierung 74
Das Doppelspaltexperiment 76
Atome 78
Materiewellen 81
Die Schrödinger-Gleichung 83
Die Lösung der Schrödinger-Gleichung 858
Die Unschärferelation 87

6.2 Fakten und Aussagen 89
$\Psi(x,t)$ und Messungen 89
Niels Bohr versus Albert Einstein 91
Das EPR-Paradoxon 94
Das Bellsche Theorem 96
Experimente zur Bestätigung der Quantenmechanik 97

6.3 Folgerungen 98
Mikroskopische Realität 98
Makroskopische Realität 99
Ganzheit und Einheit 101
Quantentheorie und Philosophie 103
Quantentheorie, Gehirn und Bewußtsein 105
Quantentheorie und Erkenntnis 107
Quantentheorie und Psychologie 108
Quantentheorie und Evolution 109

7 Chaostheorie oder das Ende der Berechenbarkeit 111

7.1 Zukunft und Berechenbarkeit 111
Die Berechenbarkeit von Ereignissen 112
Ist das Sonnensystem stabil ? 113
Der Schmetterlingseffekt 115
Das Ende der Kausalität? 117
Attraktoren und Stabilität 119
Seltsame Attraktoren 126
Turbulenzen und Attraktoren 128

7.2	Von der Ordnung zum Chaos	129
	Die logistische Gleichung	129
	Naturkonstanten der Chaostheorie	135
7.3	Die Geometrie der Natur	136
	Die fraktale Geometrie	137
	Gebrochene Dimensionen	140
	Fraktale	142
	Wie entstehen Julia-Mengen?	143
	Die Mandelbrot-Menge	148
	Fraktale und Chaos	153
	Fraktale und die Formen der Natur	154
7.4	Folgerungen aus der Chaostheorie	155
	Ordnung und Chaos	155
	Chaos in der Medizin	156
	Der Reduktionismus	158
	Holismus und Reduktionismus	159
	Chaos, überall Chaos	160
7.5	Bilder	161
	Julia-Mengen	161
	Ausschnitte aus der Mandelbrot-Menge	165

8 Ordnung aus dem Chaos oder die Frage nach dem Leben … 169

8.1	Ordnung aus dem Chaos	169
	Chaos und Ordnung	169
	Die Entropie	170
	Evolution und Entropie	172
	Konservative und dissipative Systeme	172
	Ordnung aus dem Chaos	174
8.2	Vom Ursprung des Lebens	176
	Die DNS – Baustein des Lebens	176
	Die Anfänge	180
	Die erste Zelle	181
	Evolution als Selbstorganisation	182

9 Grenzen mathematischer Logik oder unentscheidbare Sätze.... 187

9.1 Kalkül und Beweise 187
Was ist Wahrheit? 187
Der Kalkül am Beispiel der Geometrie 188
Die Unabhängigkeit der Axiome und die Nichteuklidische Geometrie 190
Kann ein Computer denken? 191
Begreifbarkeit und Erkennbarkeit 193
Der Gödelsche Satz 195

9.2 Grenzen der Mathematik 197
Modell und Wirklichkeit 197
Der Begriff Unendlich 198
Wie real sind mathematische Objekte? 200

10 Literatur 203

11 Anhang 207

1 Einleitung

*Wann werde ich aufhören zu staunen
und beginnen zu begreifen?*

Galileo Galilei

Das zwanzigste Jahrhundert begann mit einem Eklat: Max Planck hielt im Jahre 1900 vor der Deutschen Physikalischen Gesellschaft in Berlin seinen historischen Vortrag, der als die Geburtsstunde der Quantenmechanik gilt. Planck stellte einen der Grundpfeiler der klassischen Physik in Frage, nämlich die Stetigkeit naturhafter Vorgänge, indem er Energie als nur in Quanten vorkommend betrachtete. Nur zögernd betrat Planck das neue Terrain, ihm selbst war seine Vorstellung der Energiequantelung unheimlich, jedoch konnte er mit diesem Gedankenmodell physikalische Vorgänge erklären, die die klassische Denkweise nicht zu deuten vermochte.

Plancks Idee entwickelte sich, es kamen neue Aspekte hinzu wie das Bohrsche Atommodell und die Heisenbergsche Unschärferelation. Die Uridee der Energiequantelung bekam eine Eigendynamik, sie wuchs zu einer Lawine von Erkenntnissen, die nicht mehr aufzuhalten war, obwohl viele Physiker dieses versuchten.

Ebenfalls im Jahre 1900 hielt der bekannte Göttinger Mathematiker David Hilbert auf dem internationalen Mathematikerkongreß in Paris einen Vortrag, in dem er die Mathematiker der Welt aufrief, verschiedene ungelöste Probleme der Mathematik im neuen Jahrhundert zu lösen. Darunter die Forderung, alle Zweige der Mathematik auf das sichere Fundament der axiomatischen Denkweise zu stellen. Sein Ausspruch „In der Mathematik gibt es kein Ignorabimus", daß also alles erkennbar sei, charakterisierte die Intention seines Vortrages.

Das ehrgeizige Hilbertsche Programm zum Aufbau einer absoluten und alles umfassenden Mathematik scheiterte bereits drei Jahrzehnte später, als der österreichische Mathematiker Kurt Gödel seinen berühmten Satz vorstellte, der nachwies, daß es für jede hinreichend komplexe Theorie Aussagen gibt, die prinzipiell weder beweisbar noch widerlegbar, also unentscheidbar sind. Hilberts „Ignorabimus" existierte.

Hatte die Quantenmechanik den Grundpfeiler der Stetigkeit aller naturhafter Vorgänge in der klassischen Physik zum Einsturz gebracht, so kippte Albert Einstein einen weiteren tragenden und auf Newton zurückgehenden Pfeiler der alten Denkweise, die Absolutheit von Raum und Zeit. Daß die Zeit nicht wie von einer Universaluhr gesteuert absolut abläuft, sondern in verschiedenen Systemen verschieden schnell ablaufen kann, war der Inhalt von Einsteins Spezieller Relativitätstheorie. Daß darüber hinaus der Raum gekrümmt sein kann, was in keiner Weise vorstellbar, aber mathematisch beschreibbar ist, war zwar früher, so zum Beispiel von Gauß, angedacht worden, von Einstein aber in seiner Allgemeinen Relativitätstheorie bewiesen worden.

Ein weiterer tragender Pfeiler der klassischen naturwissenschaftlichen Denkweise war die Vorstellung, daß alles zumindest prinzipiell exakt berechenbar und damit auch vorhersagbar ist. Die Mathematik war es, die mit ihren Differentialgleichungen jede Vorhersage ermöglichte. Eine Bestätigung dieser Auffassung waren unter anderem die exakten Voraussagen von Sonnen- und Mondfinsternissen sowie des Laufes der Gestirne.
Auch dieser Pfeiler überstand das Jahrhundert nicht. Die Chaostheorie zeigte, daß die theoretisch vorhersagbaren und regelbaren Phänomene eine Ausnahme bilden. Die meisten Systeme sind zu komplex, als daß sie mit Theorien abbildbar und damit manipulierbar sind. Dies gilt nicht nur für naturwissenschaftliche Erscheinungen, sondern auch für Vorgänge in der Ökonomie, Politik, Soziologie usw.
Die Quantentheorie war von allen Neuerungen des Jahrhunderts wohl die umstrittenste. Albert Einstein konnte sich nie mit ihr anfreunden. Er vertrat die klassische Auffassung, daß die atomare Welt praeexistent und objektiv vorhanden ist, während die Quantentheoretiker wie N. Bohr und W. Heisenberg an die Stelle der Objektivität die Subjektivität des Beobachters stellten. Beobachter und Welt sind eins. Darüber hinaus gilt nicht mehr die Separabilität, was soviel heißt wie: Man kann Systeme nicht mehr zerlegen, die Einzelteile untersuchen und daraus auf das Gesamtsystem schließen. Das Ganze ist mehr als die Summe seiner Teile. Zum ersten Mal in der Geschichte der Naturwissenschaften kommt der Begriff der „Ganzheit" auf, wie wir ihn zum Beispiel in östlichen Kulturen finden.
Experimente in den achtziger Jahren entschieden in dem Streit zwischen den Anhängern Einsteins und denen der Quantentheorie zu Gunsten der Quantentheorie.
So müssen wir am Ende des Jahrhunderts feststellen, daß in hundert Jahren ein ungeheurer Fortschritt der Erkenntnis erzielt wurde, der gleichzeitig die Erkenntnis- und Manipulationsfähigkeit des Menschen einschränkte in dem Sinne, daß Berechenbarkeit und prinzipielle Begreifbarkeit naturwissenschaftlicher Vorgänge nicht mehr absolut und unbegrenzt vorgegeben sind, wie es die klassische Denkweise annahm.
Die Beschreibung und Interpretation der angedeuteten Theorien ist das Ziel dieses Buches.

2 Die klassische Physik oder das sichere Wissen

> *Wenn es jemandem möglich wäre, für einen gegebenen Augenblick alle Kräfte zu kennen, von denen die Natur bewegt wird,..., nichts wäre mehr ungewiß für ihn und das Zukünftige wie das Vergangene wäre gegenwärtig vor seinen Augen.*
> Pierre Simon de Laplace, 1776

Die klassische Physik ist die Illusion, alles Zukünftige wie auch das Vergangene mindestens prinzipiell exakt berechnen zu können, da die Welt wie eine Maschine nach rational erkennbaren Regeln funktioniert. Die Teile dieser Maschine sind Massen, Körper und Korpuskeln, die Gesetzen gehorchen, welche auf Newton, Kepler, Galilei und andere zurückgehen. Dynamische Veränderungen lassen sich durch mathematische Methoden errechnen, die Leibniz, Newton, Gauß, Euler und viele andere entwickelten. Die Zuverlässigkeit der physikalischen Methoden sowie der zugehörigen mathematischen Modelle führte zeitweise zu der Ansicht, daß das Weltall wie ein Uhrwerk funktioniert, dessen Lauf man beliebig vorausberechnen kann. Am Ende des 19. Jahrhunderts war man überzeugt, daß die Physik kurz vor ihrem Abschluß sei, daß danach alles bekannt und beherrschbar sei. Erst zu Beginn dieses Jahrhunderts zeigte es sich, daß es Phänomene gibt, die nur aus einer tieferen Schicht heraus erklärbar sind, deren Aussagen teilweise den Vorstellungen der klassischen Physik widersprechen.

2.1 Die Ausgangslage – Scholastik und griechische Philosophie

Das Denken des Mittelalters in Europa war geprägt durch eine zum Christentum hin orientierte Philosophie. Diese hatte sich in den Jahrhunderten als eine Grundübereinstimmung herausgebildet zum einen aus den Schriften der Kirchenlehrer wie zum Beispiel Augustinus und zum anderen aus der Berührung mit dem griechischen Geist. Die Philosophie ist gekennzeichnet durch zwei Komponenten, den Glauben und die Vernunft, wobei sich die Vernunft stets dem Glauben unterzuordnen hat. Einer der großen Vertreter dieser als Scholastik bezeichneten Lehren war Anselm von Canterbury.

Im 12. und 13. Jahrhundert werden im Abendland die Schriften der Griechen wie die des Aristoteles und Euklid bekannt. Aristoteles, Schüler von Platon, kann man als den Begründer der abendländischen Wissenschaft bezeichnen. Er hinterließ mehrere hundert Werke über Themen der Philosophie, der Ethik und der Naturinterpretation. Euklid ist der Verfasser der „Elemente" (griechisch: Stoicheia), eines Lehrbuches der Mathematik. Dieses enthält insbesondere die „Euklidische Geometrie", eine Geometrie von Gerade, Ebene und Raum, wie wir sie heute noch anwenden. Dabei stützte er sich auf frühere Philosophenschulen wie zum Beispiel die der Pythagoräer, Schüler des Pythagoras. (Der bekannte Satz des Pythagoras stammt übrigens nicht von diesem, er wurde lediglich von ihm gelehrt).

Das vermutlich erste mathematische Theorem stammt von Thales von Milet, der die Schatten hoher Bäume mit seinem eigenen Schatten verglich und dabei den Strahlensatz entdeckte und formulierte. Der berühmte „Satz des Thales" stammt übrigens nicht von ihm. Eratosthenes, ein griechischer Naturphilosoph, berechnete mit einer genial einfachen Methode aus dem Strahlensatz den Erdradius. Er stellte fest, daß mittags am 22. Juni in Syene – dem heutigen Assuan – Körper keine Schatten werfen (Assuan liegt am nördlichen Wendekreis des Krebses). In Alexandria, etwa 1800 km nördlich gelegen, wirft zum gleichen Zeitpunkt ein Pfahl einen Schatten. Wie die Abb. 1 zeigt, verhält sich die Schattenlänge zur Pfahlhöhe wie die Entfernung zwischen Syene und Alexandria zum Erdradius, was dessen Berechnung ermöglicht.

Arabische Philosophen haben zahlreiche Schriften der Griechen aufgezeichnet und übersetzt. Durch die Kreuzzüge gelangen sie nach Europa.

Eine besondere Verbindungsstelle zur arabischen Welt stellt der Hof des Stauferkaisers Friedrich II dar. Sein Reich umfaßt Deutschland und Teile von Italien bis hin nach Sizilien. Er lebt im orientalisch geprägten Sizilien und umgibt sich mit einer muslimischen Elitetruppe. Bei seinen Feinden hat er den Ruf besonderer Grausamkeit, seine Anhänger nannten ihn „Stupor mundi", das „Staunen der Welt". Warum? Friedrich ist an wissenschaftlichen Dingen hochinteressiert. Er geht der Frage nach, warum Lichtstrahlen im Wasser gebrochen sind (Warum sind gerade Lanzen, wenn man sie ins Wasser taucht, nach der Wasserfläche hin gekrümmt?). Er erstellt ein Werk mit dem Titel „Über die Kunst, mit Vögeln zu jagen", welches erstaunlich detailgetreue Aussagen über Vögel, insbesondere Falken, enthält, deren Richtigkeit man erst heute mit Nachtsichtgläsern und ähnlichen Hilfsmitteln verifizieren konnte. Dieses Buch ist erhalten und wird in der päpstlichen Bibliothek des Vatikans aufbewahrt. Dem bedeutendsten Mathematiker des Mittelalters, Leonardo von Pisa, genannt Fibonacci, läßt er das folgende Problem vortragen: Gibt es eine Quadratzahl, bei der man 5 addieren oder subtrahieren kann, so daß wieder eine Quadratzahl entsteht? Fibonacci übernimmt von den Arabern die aus Indien kommende Methode der Darstellung der Zahlen mit zehn Ziffern, beschreibt sie in seinem Buch „Liber Abaci" und macht sie damit in Europa bekannt. Arabische Gelehrte sind in großer Zahl am Hofe Friedrichs zu Gast, unter ihnen al-Idrisi, der die Erde als eine Kugel betrachtet und eine Weltkarte anfertigt. Friedrich macht durch seine Vermittlung dieses Wissen für das Abendland nutzbar, darin enthalten die Übersetzungen der bedeutendsten Philosophen und Mathematiker der griechischen Antike.

Einer der maßgebenden Philosophen der Antike ist Aristoteles, ein Schüler Platons. Ihn beschäftigt die Frage, was der Mensch ist und was er werden soll. Dabei entdeckt er, daß der Logos das ureigenste Wesen des Menschen ist und daß er diesen Logos verwirklichen

Die Ausgangslage – Scholastik und griechische Philosophie

muß. Dazu gehört die Erkenntnis und das Verstehen der Dinge sowie die Notwendigkeit, dieses Verstehen systematisch voranzutreiben. Aristoteles wird so der Vater der abendländischen Logik. Im Unterschied zur heutigen Denkweise ist für Aristoteles die Welterkenntnis, nicht die Weltbeherrschung vordergründig.

Die griechische Philosophie ist eine Philosophie des Verstandes. Die Wirklichkeit wird als ein in sich geschlossenes System aufgefaßt, welches Gesetzen unterliegt, die mit der Vernunft erfahrbar und beschreibbar sind. Ein Beispiel ist die Euklidische Geometrie, welche bis ins 19. Jahrhundert die einzige anerkannte Form geometrischen Denkens war. Galilei und Kepler glaubten an die Realität dieser Geometrie. So schrieb Kepler einmal an Galilei, die (Euklidische) Geometrie sei einzigartig und strahle wider aus dem Geiste Gottes. Daß Menschen an ihr teilhaben dürften, sei einer der Gründe, weshalb der Mensch ein Ebenbild Gottes sei.

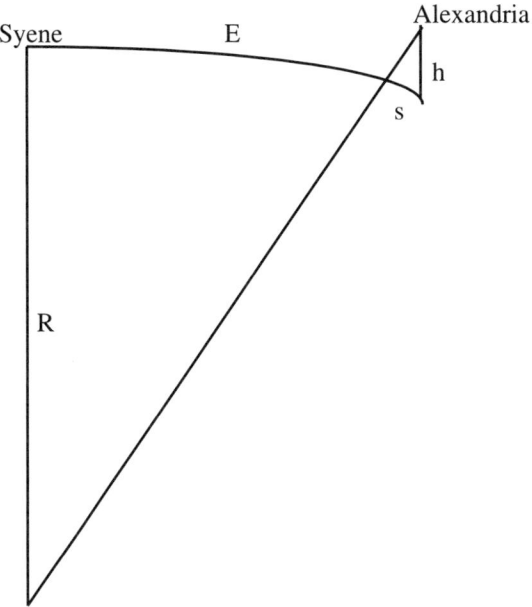

***Abb. 1**: Eratosthenes ermittelte den Erdradius R aus der Streckenlänge E Syene-Alexandria und der Pfahlhöhe h sowie dessen Schattenlänge s eines Pfahles in Alexandria. Es gilt offenbar (in Näherung) $R : E = h : s$.*

Es mußte zwangsläufig zu Konflikten mit dem scholastischen Denken kommen, bei dem die Dominanz des Glaubens über die Vernunft vorgegeben ist. Ein anfänglicher Versuch, beide Denkschulen nebeneinander zu belassen, scheitert. Beide Sichten, die in über tausend Jahren gewachsene christliche Ideologie und die in mehr als anderthalb Jahrtausenden gereifte rationale Weltschau der Griechen streiten um die Anerkennung. Beide Gesichtspunkte behaupten, daß sie wahr seien, beide scheinen sich zu widersprechen. Dies muß zu einer heillosen Disharmonie führen. Da tritt einer der Großen des Mittelalters auf den Plan: Thomas von Aquin. Was schier unmöglich scheint, nämlich beide Denkschulen miteinan-

der zu versöhnen, gelingt ihm. In seinen Werken, insbesondere in „Summa theologica" schafft er eine Synthese, die jeder der beiden Denkweisen gerecht wird und eine Basis bildet für das philosophische Denken der folgenden Generationen.
Erst im 15. Jahrhundert beginnen erste Auflösungserscheinungen des scholastischen Denkens. Subtile und vordergründige Streitfragen lassen die Dynamik der scholastisch geprägten Lebensform erlahmen. Naturphilosophische Auffassungen – insbesondere an der Pariser Universität – bereiten der Physik den Boden vor.

2.2 Der Beginn naturanalytischen Denkens – Kopernikus, Kepler, Galilei

Um 1450 sah man die Welt mit den Augen des Aristoteles. Die aristotelische Lehre erkannte die Zusammenhänge dieser Welt aus einer spekulativen Grundhaltung heraus und unterschied sich daher wesentlich von der neu beginnenden naturanalytischen Denkweise. Das kosmologische Weltbild war das des Ptolemäus. Klaudios Ptolemäus (Ptolemaios) lebte im 2. Jahrhundert n.Chr. in Alexandria und leitete aus eigenen astronomischen Beobachtungen das nach ihm benannte geozentrische Weltbild her, nach dem die Sonne um die Erde kreist. Sein Modell der Sonnen- und Planetenbewegung war so gut an die Realität angepaßt, daß es Vorhersagen von Mond- und Sonnenfinsternisse gestattete. Ptolemäus schuf erstmals eine Tabelle zur sphärischen Trigonometrie. Sein Handbuch zur Astronomie war maßgeblich bis ins 15. Jahrhundert.
Die mathematischen Kenntnisse der damaligen Zeit bezogen sich auf die Geometrie, wie sie Euklid entwickelt hatte und auf Rechengesetze, die teilweise auf arabische Quellen zurückgingen. Am Ende des 15. Jahrhunderts gab es bereits Schriften über Gesetze der Algebra und des Rechnens, zum Beispiel von dem in Franken geborenen Adam Riese, sowie Ansätze zur Trigonometrie. 1475 erschienen die *Tabulae Directionum* des Mathematikers und Astronomen Regiomontanus (eigentlich : Johannes Müller). Die Tafeln enthielten zum Beispiel eine Tangens-Tafel. Regiomontanus war es, der zum ersten Mal die Möglichkeit in Erwägung zog, daß die Erde um die Sonne kreist.
Eine radikale Wende des Denkens in Bezug auf die Position der Erde im All vollzog Kopernikus. Nikolaus Kopernikus lebte als Kanzler des Domkapitels des Bistums Ermland in Frauenburg. Zu Beginn des 16. Jahrhunderts ergab sich die Notwendigkeit einer Kalenderreform und im Rahmen der damit verbundenen Erwägungen revidierte Kopernikus das herrschende Bild über die Planetenbewegungen (Ptolemäisches Weltbild) und entschied sich für das heliozentrische Weltbild, nach dem die Planeten sich auf einer kreisförmigen Bahn um die Sonne bewegen. Die Erde selbst dreht sich täglich um die eigene Achse und wird vom Mond umkreist.
Ob Kopernikus wirklich der Begründer des heliozentrischen Weltbildes war oder ob er es nur übernommen hat, ist nicht ganz sicher. Fest steht, daß Aristarch, ein Grieche des dritten Jahrhunderts v.Chr., bereits behauptet hatte, daß die Erde als Kugel sich *„auf einer schrägen Bahn um die Sonne"* bewege und daß sich die Erde um ihre eigenen Achse drehe. Als das Ptolemäische Weltbild aufkam, gerieten die Schriften des Aristarch in Vergessenheit und das Modell des Ptolemäus wurde das Standardmodell für viele

Jahrhunderte. Lediglich Regiomontanus hatte den Verdacht geäußert, daß die Erde möglicherweise nicht still steht, sondern sich bewegt.

Kopernikus war von seinem geozentrischen Weltmodell nicht sehr überzeugt. Es war hervorragend geeignet, den Lauf der Planeten vorauszusagen, aber vielleicht war es nur eine Hypothese, ein Rechenmodell. Er fürchtete eine Blamage und so verwahrte er seine Aufzeichnungen über dreißig Jahre in der Schublade. Erst in seinem Todesjahr 1543 erschien sein Werk „De revolutionibus orbium coelestium" und blieb zunächst von der Kirche unbeanstandet. Den Beweis für die Richtigkeit des heliozentrischen Weltbildes konnte Kopernikus (wie auch später Kepler) nicht erbringen.

Etwa 80 Jahre später erfuhr das kopernikanische Weltbild wesentliche Verbesserungen durch den Prager kaiserlichen Mathematiker und Hofastronomen Johannes Kepler. Kepler ersetzte die Kreisbahnen der Planeten durch Ellipsenbahnen und formulierte Gesetze bezüglich der Umlaufzeit, Umlaufgeschwindigkeit und Umlaufbahn (Keplersche Gesetze). Darüber hinaus suchte Kepler nach einer mechanischen Erklärung für die Bewegung der Planeten, indem er eine gegenseitige Anziehung von Massenkörpern annahm. Planeten werden nicht durch überirdische Mächte bewegt, sondern durch physikalische Kräfte. Als tiefreligiöser Mensch stellte Kepler das Wirken Gottes auf eine höhere Ebene, indem er eine direkte intelligente Einwirkung auf den Lauf der Gestirne durch ein mechanisches System ersetzte, welches auf den von Gott geschaffenen Naturgesetzen basierte.

Es begann eine allmähliche Auflösung der Einheit von Glauben und Wissen, dies letztlich zu beiderseitigem Nutzen. Daß dieser Auflösungsprozeß nicht reibungslos ablaufen konnte, ist verständlich. Die Aussage, daß die Erde nicht Mittelpunkt des Alls ist, war ein ungeheurer Angriff auf das Denkgefüge der damaligen Zeit. Einer jahrhundertelangen Anschauung wurde der Boden entzogen. Ideologische Kämpfe zwischen denen, die das alte Weltbild nicht aufgeben wollten und den neuen Naturwissenschaftlern konnten nicht ausbleiben. Dabei war die Position der Neuerer denkbar schlecht, denn sie konnten ihr Weltbild nicht nur nicht beweisen, es gab sogar „Gegenbeweise", die sie nicht zu entkräften vermochten. Einer dieser Gegenbeweise war die Aussage, daß, wenn die Erde sich um die Sonne bewegen würde, man die Fixsterne im Winter aus einem anderem Winkel heraus zu sehen sein würden als im Sommer (Parallaxe). Dies war aber nicht zu beobachten, die Position der Fixsterne war unabhängig von der Jahreszeit. Wieso sollte sich dann die Erde bewegen? Kopernikus und Kepler konnten dem nichts entgegensetzen. Die Tatsache, daß die Fixsterne so weit entfernt sind, daß eine Parallaxe nicht beobachtbar ist, war nicht bekannt und auch nicht vorstellbar.

Eine besonders dramatische Form nahmen diese Auseinandersetzungen bei dem in Florenz lebenden Hofmathematiker und Hofphilosophen Galileo Galilei an. Galilei trat offen für das kopernikanische Weltbild ein und war durch seinen Übereifer nicht ganz unschuldig daran, daß die Lehre 1614 durch den Papst verboten wurde. Galilei wurde vermahnt, doch der Streit schwelte weiter. 1633 kam es zum Prozeß, der mit der Abschwörung Galileis und dessen Verurteilung endete. Der bekannte Ausspruch Galileis *„Und sie bewegt sich doch"* ist vermutlich Legende.

Galilei wurde zu unbefristeter Haft verurteilt, die er in seinem Landhaus in Arterie bei Florenz verbrachte. Das ihm aufgetragene wöchentliche Beten von Bußpsalmen erledigte seine Tochter, einer Karmeliterschwester. In seinem Landhaus schrieb er ein für die damalige Physik richtungsweisendes Werk, welches unter anderem die Anfänge der Kinematik,

darunter die Fallgesetze enthält. Später entwickelte Christof Huygens auf dieser Grundlage die Gesetze der Dynamik.
Entgegen vielen Darstellungen war Galilei nicht der Begründer experimenteller Methoden. Experimente wurden auch von seinen wissenschaftlichen Zeitgenossen durchgeführt, so von dem Erfinder des Barometers, E. Torricelli, und dem Erfinder der Luftpumpe, O. von Guericke. Ob Galilei die Fallgesetze am schiefen Turm von Pisa ausführte, ist nicht einwandfrei erwiesen. Galilei fand das Gesetz für das Fadenpendel, er baute das in Holland erfundene Fernrohr nach und entdeckte die bergige Natur des Mondes und die Jupitermonde.
Daß auch zu damaliger Zeit neuere technische Erfindungen nach ihrem militärischen Nutzen beurteilt wurden, zeigt ein Briefausschnitt eines Briefes, den ein Prozeßbeobachter (der Jesuit Juan Valdez) beim Galilei-Verfahren an einen Freund richtete. Er schrieb über das Fernrohr: „*Galileis Erfindung, das Fernrohr, mit dem man noch weit entfernte Truppen des Gegners in eine bisher ungenutzte Nähe des Beobachters rücken kann.*"

2.3 Die Begründung neuzeitlichen Denkens – René Descartes

Der Verlust jahrhundertealter Denkstrukturen führte zum Verlust von Sicherheiten, die die Menschen nach neuen Denkansätzen Ausschau halten ließ. Ein Beispiel für Sicherheit und Zuverlässigkeit war die gerade im Aufbruch befindliche Mathematik. Deren Aussagen waren eindeutig, zuverlässig und klar. Einer der ersten, der versuchte, mathematische Denkformen auf die Philosophie zu übertragen, war René Descartes. Descartes war ein Denker, den man zu Recht als den Begründer der neuzeitlichen Philosophie nennt. Darüber hinaus gab er der Mathematik wesentliche Impulse (das kartesische Koordinatensystem ist nach ihm benannt).
1596 in La Haye geboren und aus adligem Geschlecht stammend, besuchte er die Jesuitenschule in La Flèche. Hier wurde das Wissen seiner Zeit in alter scholastischer Manier dargeboten. Descartes entwickelt sich zum Musterschüler, beginnt aber irgendwann die Thesen, Sätze und Inhalte, die er lernt, zu hinterfragen. Besonders die Philosophie scheint ihm in vielem suspekt, unlogisch, unsicher. Später schreibt er, man könne sich nichts noch so Seltsames und Unglaubhaftes ausdenken, was nicht schon einmal von einem Philosophen gedacht worden wäre. Die aus dem Zeitgeist heraus entstehende Abkehr von traditioneller Wissenschaft und Philosophie spricht ihn an. Später wird er diesen Denkströmen ein logisches Fundament schaffen.
Zunächst geht Descartes nach Paris, ohne einer tieferen Beschäftigung nachzugehen. Dann verschwindet er in der Einsamkeit, um sich mathematischen und philosophischen Gedankengängen hinzugeben. Schließlich wird er Soldat, allerdings als Offizier und ohne Sold, denn er ist reich genug.
In einem Winterquartier in Neuburg an der Donau – sein Haus ist so verschneit, daß er es nicht verlassen kann – findet er einen Gedanken, der als eine Art Grundstein betrachtet werden kann für das, was Descartes später denken und schreiben wird. Er versucht nämlich, herauszufinden, welche Aussagen der Philosophie so sicher und unzweifelhaft sein könnten, daß sie wie mathematische Axiome die Basis für ein philosophisches

Gedankengebäude sein könnten, ein Gebäude, das ebenso sicher und unzweifelhaft richtig wäre wie die Mathematik selbst. Indem er philosophische Aussagen auf ihren Wahrheitsgehalt prüft, stellt er fest, daß es zu jeder Wahrheit eine Gegenwahrheit gibt. Alles scheint fragwürdig zu sein. Descartes weicht dem Zweifel nicht aus, sondern stellt sich ihm. Warum die Fragwürdigkeit und: Gibt es Strukturen im Erkenntnisprozeß, welche absolut und grundsätzlich sind? Descartes meint, eine letzte absolute Wahrheit in dem zu finden, der erkennt. Mag auch alles anfechtbar sein, so existiere doch ich, der Erkenntnis sucht. Descartes formuliert den berühmten Satz: „*Ich erkenne, also bin ich*" („*Cogito, ergo sum*").

Später zieht sich Descartes in die Einsamkeit nach Holland zurück. Nicht einmal seine Freunde wissen, wo er sich aufhält. Er schreibt seine Gedanken auf und entwickelt wichtige Konstrukte der Mathematik, so eine Vorstufe zur analytischen Geometrie. Descartes führt als erster algebraische Symbole ein wie zum Beispiel die Symbole der Potenzrechnung und des Wurzelziehens und formuliert den Fundamentalsatz der Algebra. Darüber hinaus stellt er einen Satz von der Konstanz der Bewegungsgröße im Weltall auf, den ersten Vorläufer aller Erhaltungssätze.

Seine Philosophie aber führte zu einer radikalen Wende der Betrachtung der Dinge. War im Mittelalter Gott der sichere und ursprüngliche Ausgangspunkt jeder abstrakten Überlegung, so war es jetzt der Mensch selbst. Descartes verlagerte das Zentrum sicherer Erkenntnis von Gott auf den Menschen, von der Ganzheit zum partikulären logischen Denken. Damit begründet er eine Denktradition, die die Neuzeit prägen sollte und ihren vorläufigen Höhepunkt in der Französischen Revolution fand, wo der Mensch als das alleinige Maß aller Dinge auftrat. Descartes begründete damit eine Autonomie des Menschen, aus der heraus dieser hochrangige wissenschaftliche Leistungen zu erbringen vermochte, die die ökonomische Überlegenheit der westlichen Kulturen begründeten. Er setzte im abendländische Denken Weichen in Richtung einer partikulären Betrachtungsweise, welche im Gegensatz zu einem ganzheitlichen Verständnis steht, wie wir es etwa in östlichen traditionellen Kulturen finden. Ob der Verlust der Ganzheit, wie sie in der Metaphysik und Philosophie des Mittelalters noch zu finden war, immer segensreich war, muß zumindest angezweifelt werden angesichts der Katastrophen, die die Menschheit in diesem Jahrhundert heimsuchten und die letztlich stets in einer Hybris des Menschen begründet waren. Andererseits führte diese Denkweise zu technischen Erfindungen und Möglichkeiten, die das Überleben des Menschen in der Massengesellschaft sicherten.

Descartes hielt an der Verbindung von Theologie und Philosophie fest und entwickelte sogar einen Beweis der Existenz Gottes, dies wohl aus der Sehnsucht heraus, die zerstörte Metaphysik wiederherzustellen. Zumindest ahnt man diese Sehnsucht, wenn er sagt, er sei ein Mensch, der allein und in der Finsternis geht.

Descartes stirbt mit 54 Jahren in Schweden. Königin Christine hatte ihn als Hofphilosophen nach Schweden geholt. Das ungewohnte Klima und auch das von der Königin gewünschte Arbeitspensum setzten ihm, der stets eine schwache Gesundheit besaß, stark zu, so daß er noch vor der geplanten Rückreise verstarb.

2.4 Die neue Mechanik – Isaac Newton

Einen der wichtigsten Meilensteine in der Entwicklung der klassischen Physik setzte Isaac Newton. Er begründete ein strukturiertes Schema in der Mechanik, welches als „Newtonsche Mechanik" bis heute Grundlage mechanischen Denkens ist. Neben Leibniz begründete er die Infinitesimalrechnung und gewann wichtige Erkenntnisse zur Optik.

Isaac Newton wurde 1643 geboren in einem Weiler namens Woolsthorpe, im Kirchspiel Colsterworth, Lincolnshire. Der Vater war kurz vor der Geburt Newtons verstorben. Die Mutter heiratete bald darauf und zog ins Nachbardorf, wobei sie den Knaben Isaac bei den Großeltern zurückließ. Hier wuchs dieser auf in einer Kleinlandwirtschaft, die der Großvater betrieb.

Es stellte sich bald heraus, daß Isaac für die praktische Arbeit eines Landwirts denkbar ungeeignet schien. Durch die Vermittlung von Verwandten konnte er Schulen besuchen und sich 1660 in die Aufnahmebücher des Trinity Colleges in Cambridge eintragen lassen. Newton studierte erstmals die Schriften von Kepler, Galilei, Kopernikus und Descartes. Daneben lernte er Griechisch, Hebräisch und Latein und hörte theologische Vorlesungen. Einer seiner mathematischen Lehrer war Isaac Barrow, einer der besten Mathematiker seiner Zeit. 1669 verzichtete Barrow auf seinen Lehrstuhl zu Gunsten von Newton, weil er diesen für fähiger hielt. So wurde Newton Professor für Mathematik in Cambridge und blieb es fast 30 Jahre lang. Später lebte Newton in London, wo er als Aufseher der Königlichen Münzanstalt sowie als Präsident der Royal Society bis zu seinem Tod 1727 wirkte.

Newtons Hauptverdienste liegen in seinen Schriften zur Mechanik, deren Erstauflage 1687 unter dem Titel *Philosophiae naturalis principia mathematica* erschien und die die Grundlage für einen neuen Denkansatz bei der Beschreibung mechanischer Systeme wie auch der Himmelskörper werden sollten (Die deutsche Übersetzung von J. Wolfers erschien 1872 unter den Titel „Mathematische Grundlagen der Naturwissenschaften). Nicht weniger wichtig sind seine Beiträge zur Infinitesimalrechnung, die er (parallel zu Leibniz) begründete. Auch in der Optik lieferte Newton wichtige Beiträge. Weniger bekannt ist, daß er auch theologische Forschungen betrieb, so gibt es Abhandlungen über die Trinität, über die Prophezeiungen der Heiligen Schrift und über die Apokalypse des hl. Johannes.

Beginnen wir mit der Newtonschen Mechanik. Newton beobachtete zunächst die Bewegungsgesetze materieller Körper. Er stellte fest, daß jeder Körper entweder im Zustand der Ruhe oder im Zustand einer gleichförmigen gradlinigen Bewegung sich befindet. Eine Änderung dieser Zustände ist nur möglich durch einen äußeren Einfluß, der Kraft. Bei gleicher Kraft ist aber die Bewegungsänderung bei großen Körpern geringer als bei kleinen. Auf diese Art entdeckte Newton die Masse.

Newton ging von drei Grundgesetzen, den Newtonschen Axiomen, aus.

1. Jeder Körper verharrt im Zustand einer gleichförmigen Bewegung, solange keine Kräfte an ihn angreifen. (Trägheitsgesetz)

2. Eine Änderung der Bewegungsgröße geschieht in deren Richtung und ist der antreibenden Kraft proportional. (Grundgesetz der Mechanik).

3. Jede Kraft ruft eine gleich große Gegenkraft hervor. (actio = reactio).

Die Welt besteht aus Massenpunkten, die obigen Bewegungsgesetzen gehorchen. Da jede Bewegung in Raum und Zeit erfolgt, muß Newton definieren, wie man sich Raum und Zeit vorstellen muß. Newton führt den absoluten Raum ein. Er schreibt: *„Der absolute Raum bleibt vermöge seiner Natur und ohne Beziehung auf einen äußeren Gegenstand stets gleich und unbeweglich."* Zunächst war dieser unendlich ausgedehnte dreidimensionale Raum nur ein Bezugssystem zur Beschreibung von Bewegungen. Doch darüber hinaus glaubt Newton, daß dieser Raum auch real der Raum des Kosmos sei. Einen Hinweis für diese Annahme findet er in der Existenz der Fliehkräfte. Der Raum wird strukturiert durch die Gesetze der Geometrie und die Geometrie ist für Newton genau so absolut und real wie der Raum selbst.

Newtons Arbeitsweise besteht in vielem darin, daß er die Dinge „einfriert", also in einen Ruhezustand bringt, indem er Zeichnungen und Skizzen dieser Dinge anfertigt. Anhand dieser bildlichen Darstellungen kann er die geometrische räumliche Beschaffenheit studieren, um daraus Folgerungen für das dynamische Verhalten zu ziehen. So entstehen zum Beispiel auch seine Vorstellungen zum unendlich Kleinen, die direkt zur Infinitesimalrechnung führen.

Wer Bewegungsgesetze aus der Ruhelage heraus erkennen will, muß sich mit der Zeit beschäftigen. In seinen Schriften finden wir: *„Die absolute, wahre und mathematische Zeit verfließt an sich und vermöge ihrer Natur gleichförmig und ohne Beziehung auf irgend einen äußeren Gegenstand. Sie wird auch mit dem Namen Dauer belegt."* Die Zeit ist damit für Newton ebenso absolut wie der Raum. Der absolute Raum und die absolute Zeit, beide völlig unabhängig von materiellen Körpern, waren die Basis der Newtonschen Mechanik.

Für die Keplerschen Gesetze der Planetenbewegung sucht Newton Begründungen und findet das Gravitationsgesetz. *„Es scheint... eine Kraft zu geben, die Körper vermöge ihrer bloßen Anwesenheit durch den Raum hindurch aufeinander ausüben.... Diese wunderbare Wirkung der Dinge kann man Gravitation nennen."* Newton findet, daß diese Gravitationskraft proportional dem Produkt der beiden Massen der sich anziehenden Körper und umgekehrt proportional dem Quadrat der Entfernung ist. Newton schreibt: *„Die Gravitation muß durch ein Agens, welches konstant nach gewissen Gesetzen wirkt, verursacht sein".* Diese letzte Ursache einer Fernwirkung durch den leeren Raum vermutet er in dem Wirken eines allgegenwärtigen Schöpfers. Eine glanzvolle Bestätigung erfuhr die Newtonsche Mechanik, als sich herausstellte, daß die Keplerschen Gesetze direkt aus den Newtonschen Annahmen ableitbar und somit beweisbar waren.

Auch in der Mathematik leistete Newton Entscheidendes, war er doch zusammen mit Gottfried Wilhelm Leibniz der Erfinder der Differential- und Integralrechnung. Beide hatten unabhängig voneinander diese wohl im Hinblick auf die Physik wichtigste und leistungsfähigste mathematische Disziplin entwickelt, wobei jeder eigene Schwerpunkte setzte und eigene Formalismen verwendete. Im sogenannten Prioritätenstreit kam es zu Auseinandersetzungen zwischen deutschen, französischen und schweizerischen Anhängern Leibniz' (zum Beispiel Bernoulli, de l'Hospital) und den englischen Anhängern Newtons. Jede Seite beschuldigte die andere des Plagiats. Erst spätere Forschung belegte, daß beide – Leibniz und Newton – eigenständig und auf unterschiedlichem Wege die Entdeckung dieses machtvollen Instrumentariums der Mathematik gelang.

Nicht unerwähnt seien Newtons Leistungen in der Optik. Er stellte Theorien zur Farbenlehre auf, entwickelte Fernrohre und Spiegelteleskope. Newton glaubte, daß Licht aus Korpuskeln besteht, welche den Gesetzen der Mechanik gehorchen. Dies stand im Widerspruch zur Wellentheorie, welche annahm, daß Licht durch Schwingungen eines Äthers, der den ganzen Raum ausfüllt entsteht. Diese Theorie wurde zum Beispiel von

Hooke und von Huygens vertreten. Newton lehnte zwar die Wellentheorie nicht gänzlich ab, da es Vorgänge gibt, die sich mit Welleneigenschaften vorzüglich erklären lassen, aber er gab der Korpuskulartheorie eindeutig den Vorzug. Seine Korpuskel waren unterschiedlich groß, die Größe definierte die Farbe. Er begründete die Korpuskulartheorie des Lichtes mit der gradlinigen Ausbreitung von Lichtstrahlen, die man nur schwerlich mit Wellen erklären kann, mit Gesetzen der Mechanik aber bestens beschreiben kann. Diese Einstellung kam Newtons Vorliebe für mechanische Erklärungen für Naturvorgänge entgegen. Es ist interessant, daß diese Dualität zwischen Wellenerklärung und Korpuskelerklärung in der modernen Quantentheorie wieder neu aktuell wurde.

Newton und sein Weltbild in der Folgezeit

Die Newtonsche Mechanik, seine Aussagen zur Optik, seine mathematischen Ansätze und insbesondere der von ihm eingeführte absolute Raum und die absolute Zeit wurden in der Folgezeit richtungsweisend für die weitergehende Forschung. Albert Einstein bemerkte hierzu in seinem Buch *Mein Weltbild*: *„Newtons Grundprinzipien waren vom logischen Standpunkt derart befriedigend, daß der Anstoß zu Neuerungen aus dem Zwang der Erfahrungstatsache entspringen mußte."*
Es ist eine Erfahrung, daß neue Ideen zunächst oft zu Euphorien und überhöhten Bewertungen führen, die dem Wirklichen nicht unbedingt gerecht werden. In diesem Sinne wurden Newtons Ideen Leitbilder für eine Ideologie, die die Vernunft als höchstes Prinzip deklarierte und Machbarkeit sowie Autonomie des Menschen als Zukunftsvisionen beinhaltete. Einer der Protagonisten war Voltaire, der extra nach London anreiste, um mit Newton zu diskutieren. Als er ankam, erfuhr er vom Tod Newtons und nahm noch an dessen Begräbnis teil. Voltaire wählte Newton für sein neues Bild der Aufklärung als Leitfigur. Er sah in Newtons Lebenswerk einen sicheren Weg zur Erkenntnis. Newton habe nicht wie Kopernikus, Kepler und Galilei die Wissenschaft mit der Theologie verkoppelt, sondern diese eigenständig betrieben. Daß Newton nur Erkenntnisse sammeln wollte und niemals eine neue philosophische Richtung anstrebte, widerspricht allerdings der Auffassung Voltaires.
Ganz anders sah Goethe das Wirken Newtons. Nach Goethe – dem sich auch später Hegel anschloß – wird sich durch Newtons Anstöße die Naturforschung vom Menschen absondern und dieses betrachtete er als das größte Unheil. Goethe befürchtete, daß sich die Technik verselbständigen könnte. Werner Heisenberg formulierte diesen Gedanken in den fünfziger Jahren, indem er meinte, die menschliche Einstellung zur Natur habe sich in der Neuzeit von einer kontemplativen zu einer pragmatischen entwickelt. *„Man war nicht mehr so sehr interessiert an der Natur wie sie ist, sondern man stellte eher die Frage, was man aus ihr machen kann. Die Naturwissenschaft verwandelte sich daher in Technik."*
Simon de Laplace erstellte 1799 ein fünfbändiges Werk über Mechanik, welches auf der Newtonschen Mechanik basierte. In der Folgezeit etablierte sich die physikalische Wissenschaft auf der Basis von Raum, Zeit, Materiepunkten und deren Wechselwirkungen. Mit Hilfe der von Newton und Leibniz entdeckten Gesetze zur Infinitesimalrechnung konnten diese Wechselwirkungen nicht nur hervorragend beschrieben werden, sondern auch exakte Voraussagen getroffen werden, die der Realität entsprachen. Das Newtonsche Weltbild wurde Allgemeingut, es befruchtete die Weiterentwicklung und bestach durch seine einheitliche Konzeption. Es war die Grundlage für das Verständnis von Zusammenhängen in der Wärmelehre und in der Akustik. Die statistische Mechanik von Boltzmann fußte auf

den Denkmustern der Newtonschen Ideen. Selbst Modelle zur Erklärung elektrischer und magnetischer Erscheinungen, wie sie Faraday und Maxwell später beschrieben, benutzten die Newtonschen Grundannahmen über Raum und Zeit.

Die Probleme mit dem Licht

Im 18. Jahrhundert galt die Newtonsche Vorstellung, daß das Licht aus kleinen Partikeln besteht, die sich mit ungeheurer Geschwindigkeit durch den Raum bewegen. Die Geschwindigkeit des Lichtes war bereits um 1675 Olaf Römer durch Auswertung der Umlaufzeiten des innersten Jupitermondes gelungen. Die Korpuskelvorstellung erklärte auch, warum sich Licht durch den leeren Weltraum bewegen konnte.

Zu Beginn des 19. Jahrhunderts entdeckte Thomas Young, daß, wenn man Licht durch zwei eng beieinander liegende Spalte schickt, auf dem dahinter aufgestellten Sichtschirm deutliche Streifen entstehen. Young war Professor an der Royal Institution in London und beschäftigte sich mit Wellen und deren Eigenschaften. Die Erscheinung, daß beim Überlagern verschiedener Wellenzüge Muster entstehen, kann man bei Wasserwellen beobachten, wenn zwei Wellenbewegungen aufeinandertreffen und wird als Interferenz bezeichnet (siehe Abb. 2). Sollte Licht nichts anderes als eine Wellenbewegung sein? Young folgerte dieses aus seinen Beobachtungen. Er konnte so erstmals Farberscheinungen durch die Wellentheorie des Lichtes erklären.

Die Vorstellung von der Wellenbewegung des Lichtes war so ungewohnt, daß es erhebliche Einwände gab. Die „Edingburgh Review" schrieb 1803, daß Youngs Theorie gegen den wissenschaftlichen Fortschritt gerichtet sei. Zu sehr war man noch dem Newtonschen Weltbild verhaftet, welches ja alles mechanistisch erklären konnte, als daß man dieses so einfach aufgeben wollte. Eine Wellenbewegung des Lichtes wäre zwar nicht gegen das Newtonsche Modell, aber die Korpuskelvorstellung des Lichtes ließ sich natürlich viel eleganter in die Newtonsche Mechanik integrieren.

Nun sind Interferenzerscheinungen ein so klares Indiz für Wellen, daß sich das Wellenmodell schließlich durchsetzen mußte. Allerdings tauchte ein Problem auf: Wie konnte das Licht, wenn es nicht aus Korpuskeln bestand, den leeren Weltraum überwinden? Wellen setzen ein Medium voraus: für Wasserwellen Wasser, für Schallwellen Luft usw. Welches Medium ermöglicht Lichtwellen? Da ein solches nicht bekannt war, aber andererseits existieren mußte, erfand man eines, den Äther. Die Vorstellung eines Äthers, der als feiner Stoff den gesamten Weltraum erfüllt, war bereits früher aufgetaucht, jedoch mehr als Hypothese. Jetzt schien es bewiesen zu sein, daß der Äther existiert, denn wie sonst sollen Wellenbewegungen entstehen?

***Abb. 2**: Interferenz von Wellen. Die ersten beiden Bilder zeigen je eine Wellenbewegung und das dritte Bild die Interferenz, welche entsteht, wenn beide Wellen sich überlagern.

2.5 Elektrische Erscheinungen – Faraday und Maxwell

Elektrische und magnetische Erscheinungen waren schon in der Antike bekannt. Um 1600 untersuchte William Gilbert (und 1752 auch Benjamin Franklin) die Gesetze elektrischer Ladungen. Man fand eine Analogie zum Newtonschen Gravitationsgesetz, was die Anziehung und Abstoßung elektrischer Ladungen betrifft.

Der erste, der sich systematisch mit elektrischen und magnetischen Phänomenen beschäftigte, alle bekannten Fakten systematisch sammelte und sie untersuchte, war der Engländer Michael Faraday. Faraday war wohl eine der sympathischsten Erscheinungen in der Geschichte der Wissenschaft. Er stammte aus ärmlichen Verhältnissen (sein Vater war Dorfschmied) und begann mit 12 Jahren, zunächst Zeitungen auszutragen und danach eine Lehre bei einem Buchhändler. Schließlich erlernte er den Beruf des Buchbinders. Er las viel und oft, insbesondere chemische und physikalische Bücher und stellte die beschriebenen Experimente in einem kleinen Labor nach, welches er in der Werkstatt seines Lehrherrn Ribeau einrichten durfte. Mit 19 Jahren besuchte er öffentliche Physikvorlesungen, die er penibel protokollierte. Als er durch solche Vorlesungen den Chemiker H. Davy von der Royal Institution in London kennenlernte, bewarb er sich bei diesen um eine gerade freigewordene Laborgehilfenstelle. Davy war beeindruckt von den 400 Seiten, die Faraday über eigene Versuche aufgezeichnet hatte und stellte ihn ein. Später wurde Faraday Laborleiter, schließlich Direktor der Royal Institution. Am Ende seines Lebens gehörte Faraday allen bedeutenden Akademien der Wissenschaften als Mitglied an.

Faraday hatte keine mathematische Ausbildung, daher finden wir in seinen Aufzeichnungen kaum mathematische Formeln. Er argumentierte verbal und da er ein untrügliches Gespür für physikalische Zusammenhänge hatte, stellte er oft Theorien auf, denen seine wissenschaftlichen Zeitgenossen nicht folgen mochten, die sich aber später als richtig erwiesen. Ein Beispiel ist sein Kraftlinien-Modell für elektrische Erscheinungen. Der Physiker John Thyndall, sein Nachfolger als Direktor der Royal Society, erklärte: *„Es ist amüsant zu beobachten, wie viele Menschen an Faraday schreiben, um ihn zu fragen, was Kraftlinien bedeuten. Er macht sogar bedeutende Leute irre"*, und der Physiker Biot meinte, wenn man nach exaktem Wissen in Faradays Werken suche, werde man enttäuscht.

Als Faraday starb, hinterließ er 16 000 Seiten Aufzeichnungen und viele Veröffentlichungen. Trotz seiner Erfolge war er stets bescheiden geblieben. Er lehnte die angebotene Erhebung in den Ritterstand ab und verzichtete darauf, in der Westminster Abbey an der Seite Newtons begraben zu werden.

1821 entdeckte Faraday Zusammenhänge zwischen stromdurchflossenen Leitern und deren Magnetfeldern. Am 29.8.1831 formulierte er das Induktionsgesetz, eines der fundamentalen Gesetze der Elektrotechnik. Die heute gebräuchliche Nomenklatur bei elektrochemischen Zusammenhängen geht auf Faraday zurück. Neben seinen Forschungen im Bereich der elektrischen und magnetischen Erscheinungen arbeitete er auf dem Gebiet der Chemie, so stellte er zum Beispiel 1824 erstmals Benzol her.

Um elektrische oder magnetische Kräfte besser verstehen und beschreiben zu können, führte Faraday den Begriff der Feldlinie ein, eine Linie im Raum, die die Kraftrichtung beschreibt. Die Menge aller so definierten Kraftlinien bilden ein Feld. Elektrische und Magnetische Felder erwiesen sich als ein probates Mittel zur Erklärung der zugehörigen

Kräfte. In diesem Sinne wurden sie zur Zeit Faradays als eine Art Buchhaltungsmethode betrachtet, später sprach Faraday den Feldern eine reale Existenz zu. Elektrische und magnetische Felder existieren im Raum, sie füllen den Raum aus.
Faraday bereitete damit den Boden für eines der faszinierendsten Gedankengebäude der Physik, der Maxwellschen Theorie. James Clerk Maxwell, geboren 1831 in Edingburgh, Professor in Aberdeen, London und Cambridge, sammelte die Erkenntnisse seiner Zeit über elektrische und magnetische Phänomene und versuchte, diese auf möglichst abstrakter Ebene mathematisch zu formulieren. Dabei bediente er sich eines mathematischen Formalismus, der von den Mathematikern Gauß, Stokes und anderen im Rahmen der Vektoranalysis entwickelt worden war. Maxwell trug alle bekannte Gleichungen zusammen, erkannte formale Ähnlichkeiten, reduzierte die Zahl der Gleichungen und landete schließlich bei vier Gleichungen, die das gesamte Wissen über elektrische und magnetische Erscheinungen beinhalteten. Diese nach ihm benannten „Maxwellschen Gleichungen" kann man an den Anfang der Elektrotechnik stellen und dann mathematisch und formal sämtliche Aussagen wie Induktionsgesetz, Oerstedtsches Gesetz, Verhalten elektromagnetischer Wellen (also z.B. der Radiowellen) usw. ableiten.

$$\mathrm{rot}\ \vec{E} = -\mu \cdot \mu_0 \frac{\partial \vec{H}}{\partial t}$$

$$\mathrm{rot}\ \vec{H} = \varepsilon \cdot \varepsilon_0 \frac{\partial \vec{E}}{\partial t} + \vec{j}$$

$$\mathrm{div}\ \vec{E} = \frac{\rho}{\varepsilon \varepsilon_0}$$

$$\mathrm{div}\ \vec{H} = 0$$

Maxwellsche Gleichungen. (E = elektrische Feldstärke, H = magnetische Feldstärke)

Die aus den Maxwellschen Gleichungen ableitbaren Aussagen zu den elektromagnetischen Wellen zeigten, daß sich diese mit Lichtgeschwindigkeit ausbreiten müssen. Elektrische und magnetische Felder breiten sich mit einer endlichen Geschwindigkeit aus. Da solche Felder auf elektrische Ladungen Fernwirkungskräfte auslösen, war diese Erkenntnis ein erster Bruch mit der Newtonschen Physik, denn Newton hatte angenommen, daß alle Fernwirkungskräfte sofort und gleichzeitig wirken.
Maxwell nahm an, der Raum sei ausgefüllt mit einem Medium, dem Äther. In diesem Äther pflanzen sich nach seiner Vorstellung die magnetischen und elektrischen Kräfte mit einer endlichen Geschwindigkeit fort. Später konnte Heinrich Hertz die Annahme einer endlichen Geschwindigkeit durch Experimente bestätigen. Damit war die Fernwirkungsthese Newtons überwunden, welche von der absoluten Gleichzeitigkeit an verschiedenen Orten ausging. Diese Gleichzeitigkeit konnte es nicht geben, wenn Fernwirkungen sich mit endlichen Geschwindigkeiten fortpflanzen und dies führte später zwangsläufig zur Relativitätstheorie Einsteins.
Maxwells Gleichungen beschreiben elektromagnetische Wellen, also Auswirkungen schwingender elektrischer Ladungen auf die Umwelt. Solche Auswirkungen sind zum Bei-

spiel die Radiowellen, Röntgenstrahlen oder auch Wärmestrahlen. Obwohl diese Wellen zum damaligen Zeitpunkt noch nicht bekannt waren, konnte sie Maxwell auf Grund seiner Gleichungen voraussagen. Die Gleichungen lieferten nicht nur die Struktur der Wellen, sie ergaben zudem, daß sie sich mit Lichtgeschwindigkeit ausbreiteten.
Dies zog natürlich die Frage nach sich, ob Licht etwa selbst aus elektromagnetischen Wellen besteht. Im Zusammenhang mit den Interferenzerscheinungen des Lichtes ergab sich fast zwangsläufig, daß Licht durch elektromagnetische Schwingungen von Ladungen erzeugt wird. Seit den Maxwell-Gleichungen war es daher für die Physiker klar, daß Licht elektromagnetische Wellen sind, wobei die Farbe von der Frequenz bzw. der Wellenlänge vorgegeben ist.
Existierten die elektromagnetischen Wellen zunächst nur theoretisch durch die Vorhersage der Maxwellschen Gleichungen, wurden sie knapp 20 Jahre später auch experimentell erzeugt. Heinrich Hertz gelang es 1887 im Experiment zu zeigen, daß schwingende elektrische Ladungen Wellen aussenden. Hertz hatte Radiowellen erzeugt.

2.6 Determinismus

Mit Kopernikus, Galilei, Kepler und Descartes begann eine neue Denkweise, die die von den Griechen – insbesondere Aristoteles – begründete und den mittelalterlichen Scholastikern gepflegte Form des Denkens ablöste.
Während die griechische und mittelalterliche Philosophie mehr durch eine passive Reflexion der Erscheinungen gekennzeichnet war und ihre Begriffe aus einer ganzheitlichen Perspektive heraus gedacht wurden, nahmen die Naturwissenschaftler der Neuzeit eine mehr aktive Position ein, welche durch Beobachtung und Experiment gekennzeichnet war. Die ganzheitlichen Schau ersetzten sie durch partielles Denken. Dadurch, daß sie ihre ganze geistige Energie auf partielle Probleme der Naturerscheinungen konzentrierten, fanden sie Lösungen, die in ihrer Gesamtheit schließlich zu einer neuen Weltschau führten, was zwangsläufig zu Spannungen mit den Denkern der alten Schule führen mußte.
Kopernikus stellte 1514 die Behauptung auf, daß die Erde sich nicht in Ruhe befindet. Kepler entwickelte diese Ideen weiter und benutzte als erster die Mathematik, um die Gesetze der Himmelskörper beschreiben zu können. Galilei entdeckte unter anderem die Bewegungs- und Fallgesetze. Die neuen Werkzeuge wie Fernrohr, Mikroskop und Vakuumpumpe erweiterten beträchtlich den Beobachtungsradius des Menschen und mit dem neuen mathematischen Hilfsmittel der Infinitesimalrechnung konnten auf Grund der Beobachtungsdaten leicht allgemeine Gesetzmäßigkeiten gefunden werden. Isaac Newton faßte die Erkenntnisse seiner Zeit zusammen, erweiterte sie beträchtlich und integrierte sie in ein logisches System, welches er in seinen „Prinzipien" veröffentlichte. Für Newton war der uns umgebende Raum absolut und in Ruhe. Er gehorchte den Gesetzen der Euklidischen Geometrie, einer Geometrie, die – wie wir heute wissen – nicht unbedingt die Geometrie des Weltalls sein muß, die aber in hinreichender Weise die Gesetze der Geraden, Ebenen und des Raumes darstellt. Der Satz des Pythagoras gehört genauso dazu wie der Satz des Thales und die Aussage, daß ein Dreieck die Winkelsumme von 180 Grad besitzt. Ebenso war die Zeit etwas Absolutes, ohne Anfang und ohne Ende. In diesem Raum bewegten sich Massen, die den Trägheitsgesetzen gehorchten. Dieses als Newtonsche Mechanik bezeichnete logische Lehrgebäude erwies sich als erstaunlich leistungsfähig in

der Beschreibung, Vorausberechnung und Determinierung von dynamischen, also zeitabhängigen Systemen. Bahnen von Himmelskörpern ließen sich genau so zuverlässig berechnen wie das Verhalten von Massen und Körpern, die Kräften ausgesetzt sind. Man muß lediglich Position und Geschwindigkeit eines Körpers sowie die auf ihn wirkenden Kräfte kennen und kann sein Verhalten für die Zukunft exakt vorausberechnen. Dies gilt für alle Körper, seien es Sterne, Planeten, Dachziegel oder gar Schneeflocken.

In der Folgezeit wuchs das Vertrauen in die Newtonsche Mechanik. Man ging davon aus, daß möglicherweise die gesamte Welt eine riesige Maschine darstellt, deren Einzelteile sich nach den Gesetzen der Newtonschen Mechanik verhalten. Es entstand das mechanistische Weltbild. Als im 18. Jahrhundert Laplace die Sichtbarkeitszeit des Halleyschen Kometen exakt vorausberechneten konnte, war man von der Richtigkeit dieser Sichtweise überzeugt. Man ging davon aus, daß letztlich alles mechanistisch erklärbar sei und damit auch erkennbar. Was man nicht weiß, weiß man noch nicht. Die Welt war wie ein riesiges Uhrwerk von Gott in Gang gesetzt worden und lief nun nach eigenen Gesetzen ab, ohne daß man eingreifen konnte. Alles war in diesem Uhrwerk vorherbestimmt und damit berechenbar. Man mußte nur die Daten der Gegenwart kennen und konnte die Zukunft exakt vorausberechnen. Der Determinismus war geboren.

Pierre Simon Laplace, Astronom und Mathematiker, Mitbegründer der Wahrscheinlichkeitsrechnung sowie Entdecker wichtiger mathematischer Gesetzmäßigkeiten, erklärte um 1800 in Paris, daß eine Intelligenz, welche zu einem Zeitpunkt alle Positionen, Geschwindigkeiten und Kräfte von Körpern und Atomen kennen würde, exakt die Zukunft vorausberechnen könnte. Da die Gleichungen der Newtonschen Physik so strukturiert sind, daß die Zeit auch rückwärts verlaufen kann, ist Vergangenheit wie Zukunft offen für mathematische Berechnungen. Setzten Voltaire und seine Zeitgenossen für das Uhrwerk des Kosmos noch einen Uhrmacher voraus, legte Laplace ein bewußt atheistisches Glaubensbekenntnis ab, als er Napoleon auf die Frage, wo denn in seinem System Gott sei, antwortete: *„Sire, diese Hypothese habe ich nicht nötig gehabt."*

Die Vermessenheit und Überheblichkeit jener Zeit spürt man, wenn man Laplace sagen hört, daß zukünftigen Generationen von Astronomen nur noch bleibt, die „Überbleibsel eines Festmahls" aufzupicken wie zum Beispiel die Katalogisierung neuer Sterne, Entdeckung neuer Kometen usw. Alles andere und das Wesentliche sei bereits entdeckt. *„So wie es nur ein Universum gibt, das der Erklärung bedarf, so kann niemand zum zweitenmal tun, was Newton getan hat, der glücklichste aller Sterblichen."*

Dieser vollkommene Determinismus konnte nicht ohne Wirkung auf andere Wissensgebiete bleiben. Wenn alles eine reine Funktion von Anfangsbedingungen ist, warum dann nicht auch der Mensch? Die Vernunft wurde zum Maßstab aller Dinge. In der extremsten Ausrichtung während der Französischen Revolution ersetzte man in der Kathedrale Notre-Dame religiöse Symbole durch die Göttin der Vernunft, die man als Statue auf dem Altar errichtete. Die Vernunft wurde zum Götzen erhoben. Karl Marx propagierte 50 Jahre später seine Idee, daß der Mensch eine Funktion der Umwelt sei. Man muß – so sein bekannter Ansatz – nur die Umwelt verändern, dann verändert man auch den Menschen. Die gewaltsame Veränderung der Umwelt durch das Proletariat wird dann zu einer kommunistischen Gesellschaft führen. Unter den Prämissen des Determinismus war es geradezu logisch und zwangsläufig, daß ökonomische Abläufe kausalen Schablonen folgen, die manipulierbar und damit planbar sind. Es entstand das Konzept der Planwirtschaft. All jene politischen, wirtschaftlichen und sozialen Gedankensysteme, die auch heute noch nicht vollständig überwunden sind, entstanden unter dem Einfluß eines einengenden naturwissenschaftlichen Weltbildes, welches zu Ende des 19. Jahrhundert die ersten Risse bekam und erst in diesem Jahrhundert überwunden werden konnte.

Die Akzeptanz der materialistisch-deterministischen Denkformen im 19. Jahrhundert ist nur zu gut verständlich: Hatten nicht all die neuerbauten Maschinen wie Dampfmaschinen, Elektromotoren, Pumpen und all die anderen Geräte das Leben in ungeheurer und nie erlebter Weise verändert und erleichtert und arbeiteten diese Maschinen nicht deterministisch? Wenn so bewundernswerte Gegenstände wie diese Maschinen nach deterministischen Regeln ablaufen, dann vermutlich auch der Rest der Welt.

Es entstand so eine materialistische Philosophie. Wenn alles deterministisch vorausbestimmt ist, wie kann es dann einen freien Willen geben? Wenn der Mensch aber unfrei ist, wie eine Maschine agiert, kann er auch nicht zur Verantwortung gezogen werden. Mörder und Verbrecher sind folgerichtig Opfer von Vererbung und Umwelt. Diese radikale Form wurde als „Gespenst des Determinismus" bezeichnet. Es entstanden psychologische Denkschulen, die den Menschen als Opfer des Unterbewußtseins sahen. In der Medizin wurde der Mensch zu einer Maschine, die es zu erforschen galt. Man ging davon aus, daß es nur noch eine Zeitlang dauern würde, bis alles erforscht sei und der Mensch als Mittelpunkt des Alls alle Fäden seines Schicksals in der Hand halten würde. Die „Machbarkeit" aller Dinge wurde zur Doktrin.

2.7 Zufall und Wahrscheinlichkeit

Das Bild der klassischen Physik wäre nicht vollständig beschrieben, wenn wir nicht auf eine Komponente des physikalischen Gedankengebäudes eingingen, welches gegen Ende des letzten Jahrhunderts entstand, die Thermodynamik.

Thermodynamische Beschreibungen lassen sich nämlich nicht durch Newtons Universalansatz lösen. Es geht um die Temperatur und das Verhalten eines Gases. Wenn wir die Temperatur eines Gases aus der Bewegungsenergie der einzelnen Atome oder Moleküle ableiten, indem wir den Newtonschen Ansatz benutzen, müßten wir für jedes Molekül dessen Bewegungsgleichung lösen, für ein Liter etwa 10^{23} mal, denn soviel Teilchen befinden sich in einem Liter Gas bei Zimmertemperatur. Dies wäre selbst für die schnellsten Computer unmöglich und eine Wettervorhersage auf dieser Basis – falls dies überhaupt möglich wäre – würde unweigerlich zu einer Wetternachsage mit erheblicher Verzögerung.

Eine ähnliche Situation haben wir, wenn wir einen Würfel werfen. Theoretisch könnten wir die zu erwartende Zahl vorausberechnen. Wir müßten nur alle Einflußgrößen kennen wie die Anfangshöhe, den Abwurfwinkel, die Anfangslage des Würfels in der Hand, die Anfangsgeschwindigkeit, die Oberflächenbeschaffenheit des Tisches, den Luftdruck im Zimmer und.. und... und. Wenn all dieses bekannt wäre, könnten wir im Sinne von Laplace mit Newtons Formalismus die Zahl berechnen. Phantastische Aussichten für Spielbankbesucher täten sich auf, mit einem kleinen Taschencomputer könnten sie die alles entscheidende Zahl vorausberechnen und – während die Kugel rollt – noch schnell setzen. Versagt hier Newtons Mechanik? Nein, behauptet Laplace und schreibt: *„Aber unser Unwissen um die verschiedenen Ursachen, die beim Werden eines Ereignisses zusammenwirken, sowie ihre Komplexität und die Unvollkommenheit der Analyse verhindern, daß wir* *die gleiche Sicherheit haben.*" Laplace schiebt die Ursache also auf unsere Unfähigkeit, derartige Berechnungen anzustellen, nicht aber auf das Versagen der Newtonschen Prämissen.

Nun ist allgemein bekannt, daß beim Würfeln im Durchschnitt jedes sechste mal die Zahl 1 fällt. Wir sagen, die Wahrscheinlichkeit für die Zahl 1 ist ein Sechstel. Mit Wahrscheinlichkeitsaussagen scheint sich ein Ausweg anzubahnen. In der Tat gelang es dem österreichischen Physiker Ludwig Boltzmann, die Thermodynamik auf dieser Grundlage zu beschreiben.

Die Wahrscheinlichkeitsrechnung wurde begründet von Blaise Pascal und Pierre de Fermat im 17. Jahrhundert, als sie sich mit Glücksspielen beschäftigten. Sie stützten sich dabei auf Überlegungen des Italieners Girolamo Cardano, die dieser 100 Jahre zuvor veröffentlicht hatte. Laplace nahm dessen Gedanken auf, erweiterte sie und formulierte so 1812 eine geschlossene Theorie zur Wahrscheinlichkeitsrechnung in seinem Werk *Analytische Theorie der Wahrscheinlichkeitsrechnung*.

Aus der Wahrscheinlichkeitsrechnung entwickelte sich die Statistik. Eines der wichtigsten Instrumente der Statistik ist die Gaußsche Normalverteilung, jene Glockenkurve, die die statistische Verteilung von unendlich vielen Datenmengen beschreibt wie Ährenlängen, Gehalt, Einkommensteuer, Krankheitsdaten, das Gewicht Gleichaltriger und die Länge von Büroklammern.

L. Boltzmann wandte in der zweiten Hälfte des 19. Jahrhunderts die inzwischen ausgereiften Methoden der Statistik auf das Verhalten von Gasmolekülen an und erhielt eine Theorie, die wir heute als „Boltzmann-Statistik" bezeichnen. Sie beschreibt die Thermodynamik, deren Parameter Mittelwerte wie die mittlere Geschwindigkeit der Moleküle, die mittlere Energie usw. sind. Den Druck eines Gases erhält man zum Beispiel, wenn man vom mittleren Impuls der Teilchen ausgeht, die pro Zeiteinheit auf die Wand des Behälters prallen.

Die Boltzmann-Statistik geht davon aus, daß ein System stets dem wahrscheinlichsten Zustand zustrebt, den man das thermodynamische Gleichgewicht nennt. Ist das thermodynamische Gleichgewicht erreicht, erfolgt keine Veränderung mehr. Nehmen wir ein einfaches Beispiel: In einem Behälter mit einer Trennwand in der Mitte befindet sich auf der einen Seite ein heißes Gas, auf der anderen Seite eines mit niedriger Temperatur. Entfernen wir die Trennwand, werden sich beide Gase solange vermischen, bis eine einheitliche Temperatur herrscht. Dies ist der wahrscheinlichste Zustand und damit das thermodynamische Gleichgewicht. Nach dem Energie-Erhaltungssatz der Newton-Mechanik ergibt es keinen Widerspruch, wenn die beiden unterschiedlichen Gase sich nicht mischen, ja es wäre sogar möglich, daß ein einheitliches Gas sich spontan so trennt, daß zwei verschiedene Temperaturbereiche entstehen, daß also heiße Gasteile ach links und kalte Teile nach rechts gehen. Die Boltzmann-Statistik ist daher eine notwendige Ergänzung für die thermodynamischen Prozesse.

Wenn sich die Gasmengen im obigen Beispiel einmal gemischt haben, ist dieser Prozeß nicht mehr rückgängig zu machen, der Prozeß ist irreversibel. Hieraus ergibt sich ein fundamentaler Unterschied zur Newtonschen Mechanik. Dort nämlich ist ein Prozeß umkehrbar. Wenn Sie zum Beispiel bei einem (reibungsfreien) Pendel die Zeit rückwärts laufen lassen könnten, würden Sie feststellen, daß das Pendel dieselben Bewegungsmuster wie vorher ausführt. Dieses Bewegungsmuster genügt ebenfalls der Newtonschen Mechanik. Ganz anders in der Boltzmann-Statistik: Die Umkehrung eines Mischungsprozesses der obigen Art liefert einen Vorgang, bei dem sich ein ausgeglichenes Gas in einen heißen Anteil und einen kalten Anteil aufteilt. Dies ist aber nach der Boltzmann-Statistik nicht möglich.

Damit hat bei Boltzmann die Zeit eine Richtung erhalten, in der die Prozesse ablaufen müssen. Ein dynamisches System verhält sich offenbar so, daß es stets in den wahrscheinlicheren Zustand übergeht. Die Zeit ist nicht umkehrbar.

Wenn wir den Zustand, in dem sich ein System befindet, durch seine Wahrscheinlichkeit ausdrücken, dann könnten wir den Satz formulieren: Ein System ändert sich stets so, daß seine Wahrscheinlichkeit zunimmt. Boltzmann führte für den Zustandsparameter eine Größe S ein, die man als Entropie bezeichnet und wie die Wahrscheinlichkeit wächst. (Genau gilt die Gleichung: $S = k \cdot \ln(W)$, wobei k die Boltzmann-Konstante ist und W die Wahrscheinlichkeit.)

Demnach verhält sich jedes System in seiner Dynamik so, daß die Entropie wächst. Erst wenn das System im thermodynamischen Gleichgewicht ist, ändert sich S nicht mehr.

2.8 Das Ende der klassischen Physik

Am Ende des letzten Jahrhunderts bot die Physik ein Szenario, in welchem alles berechenbar, voraussehbar, determinierbar zu sein schien. Man war überzeugt, daß es nur noch eine kurze Zeit dauern würde, bis man die Welt voll verstehen könne. Diese Grunderwartung bezog sich nicht nur auf die Physik, auch in der Biologie glaubte man, daß die Evolutionstheorie Darwins ein geeignetes Instrumentarium sei, die Entstehung des Lebens sowie das Leben selbst funktionell zu erklären. Als der junge Albert Einstein Physik studieren wollte, riet man ihm davon ab mit der Begründung, daß in der Physik ohnehin fast alles erforscht sei. Man könne die bekannten Aussagen höchstens noch um einige Stellen verbessern.

Was waren die wesentlichen Elemente dieses Gedankengebäudes, welches so sicher war, daß es Planentenbewegungen, Sonnenfinsternisse, das Verhalten von Maschinen, Fernrohren und Mikroskopen usw. präzise berechnen und vorhersagen konnte?

Die grundlegende Voraussetzung war der absolute Raum, wie ihn Newton postuliert hatte. Dieser Raum war unendlich ausgedehnt und in ihm galt die Euklidische Geometrie. Daneben war die Stetigkeit eine weitere Grundlage. Stetig bedeutet, daß in winzigen Zeitläufen ein Körper sich auch nur ein winziges Stück fortbewegen kann, das heißt, er kann keine Sprünge machen. Masse und Energie kommen in beliebig kleinen Einheiten vor, es gibt keine untere Grenze (Vorstellungen, die sich später als falsch herausstellten). Die Welt läuft wie ein Uhrwerk stetig ab, man muß nur noch die richtigen Gleichungen kennen und kann sie vorausberechnen. Dieses Weltbild mit all seinen Gleichungen und Gesetzen beschreibt die Realität.

Fassen wir zusammen:
- Der Raum ist unendlich ausgedehnt, es gilt die Euklidische Geometrie. Veränderungen verlaufen stetig, für physikalische Größen gibt es keine untere Grenze. Alles ist berechenbar.
- Das Weltbild beschreibt umfassend die Realität.

Um 1900 begannen dunkle Wolken heraufzuziehen, die dieses harmonische und so sichere Bild unserer Welt zu bedrohen schienen. Während ein kleiner Teil der Physiker sich neu-

gierig dieser Bedrohung stellte, reagierten die meisten Physiker ärgerlich auf die neuen Herausforderungen und glaubten, daß es sich nur um vorübergehende Gewitter handeln würde, welche sicher wieder abziehen würden, wenn man nur lange genug warten würde.
Eine dieser Bedrohungen war die Relativitätstheorie, welche sich zwangsläufig aus gewissen Experimenten ergab. Ihre Aussagen stellten Grundpfeiler des klassischen Weltbildes radikal in Frage, nämlich den absoluten Raum Newtons und die Euklidische Geometrie. Der zweite Schlag kam 1900, als Max Planck zur Erklärung gewisser Strahlungsgesetze Unstetigkeiten einführen mußte, also die Stetigkeit in Frage stellte. Die weiteren Entwicklungen auf diesem Gebiet führten zur Quantentheorie mit ihren völlig neuartigen und teilweise jeder klassischen Vorstellung widersprechenden Modellen. Die sich in den später abzeichnende Chaostheorie stellte die Berechenbarkeit aller Dinge in Frage und mathematische Erkenntnisse der dreißiger Jahre, an denen hauptsächlich Kurt Gödel beteiligt war, ließen die Beschreibbarkeit aller Aussagen durch ein theoretisches Modell fragwürdig erscheinen.
Wir werden uns in den folgenden Kapiteln mit diesen Theorien beschäftigen.

3 Die Spezielle Relativitätstheorie oder das Ende der absoluten Zeit

> *Er hatte die Geschichte eines Mannes gelesen, der sich nur für eine Sekunde in einer Zauberhöhle aufgehalten hatte, und als er zurückkehrte, waren hundert Jahre verstrichen, und von allen Menschen, die er gekannt hatte, lebte nur noch einer, der damals ein kleines Kind gewesen und jetzt uralt war.*
> *Michael Ende in „Unendliche Geschichte"*

Können Sie sich vorstellen, daß Sie am Stadtrand von München spazierengehen und gleichzeitig in der Innenstadt gesehen werden? In der Welt der Elementarteilchen ist dieses – wie in einem der folgenden Abschnitte gezeigt wird – durchaus möglich. Diese und viele weitere Merkwürdigkeiten wie zum Beispiel die Aussage, daß die Zeit in einer schnellen Rakete langsamer verläuft als auf der Erde, daß „gleichzeitig" stattfindende Vorgänge von einem Beobachter als „nacheinander" wahrgenommen werden können, daß Massen beliebig groß werden, wenn sie schnell bewegt werden usw. sind Folgerungen aus der speziellen Relativitätstheorie. Diese Theorie wurde von Physikern wie H.A. Lorentz und H. Poincaré vorbereitet und von Albert Einstein ausgebaut und entwickelt. Die folgenden Abschnitte beschreiben die spezielle Relativitätstheorie.

3.1 Der Äther

Bei der Ausbreitung des Lichtes im Raum beobachtet man Phänomene, die in ähnlicher Weise auch bei Wasserwellen oder Schallwellen auftreten. Licht ist daher als Wellenbewegung gut beschreibbar. Bei Schall- und Wasserwellen gibt es ein Grundmedium, das als Träger der Schwingungen in Frage kommt, so zum Beispiel Luft bei der Ausbreitung des Schalls in der Atmosphäre und Wasser bei Wasserwellen. Was ist das Grundmedium bei der Lichtausbreitung? Wasserwellen ohne Wasser kann es nicht geben, also müßte auch für das Licht eine Grundmedium existieren. Dieses Medium wurde als feiner Stoff gedacht, der alle Materie durchdringt und in Anlehnung an ähnliche Vorstellungen in der Antike „Äther" genannt. Da das Licht den Weltraum durchdringt, war es klar, daß Äther den gesamten Weltraum ausfüllt. Nach der Maxwellschen Theorie ist Licht nur eine spezielle Erscheinung elektromagnetischer Wellen, so daß der Äther auch Träger der elektromagnetischen Wellen ist.

Es ist verständlich, daß die Physiker des 19. Jahrhunderts, als die Wellennatur des Lichtes erkannt war, brennend daran interessiert waren, die Existenz des Äthers im Experiment nachzuweisen. Im Jahre 1880 hatte der amerikanische Physikprofessor und spätere Nobelpreisträger Albert Abraham Michelson hierzu eine glänzende Idee. Um sein Experiment verstehen zu können, wollen wir zunächst das folgende Gedankenspiel betrachten:

Sie haben den Auftrag, von München nach Salzburg zu fliegen mit einem Flugzeug, das genau 100 km pro Stunde fliegt. Die Strecke ist ebenfalls 100 km lang. Sobald Sie in Salzburg ankommen, sollen Sie wenden und wieder zurückfliegen. Natürlich sind Sie nach genau zwei Stunden wieder zurück in München.

Wie lange werden Sie wohl brauchen, wenn in Richtung von München nach Salzburg ein Wind weht mit der Windgeschwindigkeit von 20 km pro Stunde? Auf dem Hinweg erhält das Flugzeug durch den Rückenwind eine zusätzliche Geschwindigkeit, es ist schneller. Dafür hat es auf dem Rückweg Gegenwind und ist langsamer. Erste Vermutung: Beides gleicht sich aus, die Gesamtzeit ist wieder zwei Stunden.

Eine einfache Rechnung zeigt aber, daß dies nicht der Fall ist. Das Flugzeug benötigt fünf Minuten länger, also zwei Stunden und fünf Minuten.

Michelson folgerte daraus, daß auch folgendes gelten müsse: Die Erde bewegt sich mit etwa 27 km pro Sekunde durch den Weltraum. So wie ein Motorradfahrer auch bei Windstille Gegenwind verspürt, wenn er schnell fährt, muß es auch auf der Erde eine Art Ätherwind geben in entgegengesetzte Richtung zur Erdbewegung. Also muß ein Lichtstrahl, wenn man ihn gegen den Ätherwind in Bewegungsrichtung der Erde schickt und dann per Spiegelung wieder zum Ausgangspunkt zurückschickt – wie obiges Flugzeug – eine längere Zeit brauchen als wenn man ihn senkrecht zur Erdbewegung schickt, wo es keinen Ätherwind überwinden muß. Michelson führte diesen Versuch aus und konnte mit Hilfe feinster optischer Meßmethoden (Interferenzmessungen) den Laufzeitunterschied feststellen.

Mit großer Überraschung stellte er fest, daß es keinen Laufzeitunterschied gab. Er wiederholte den Versuch zusammen mit dem amerikanischen Chemiker E.W. Morley, jedoch war das Ergebnis das gleiche. Später wurde der Versuch, der als Michelson-Versuch in die Geschichte der Physik einging, von vielen Forschern mit noch genaueren Meßmethoden nachvollzogen, jedoch war stets der Laufzeitunterschied null.

Michelson und Morley betrachteten ihr Experiment als gescheitert. In den folgenden Jahren wurden zahlreiche Hypothesen und Theorien aufgestellt, um den Ausgang des Versuches zu erklären, aber keine dieser Theorien konnte ganz überzeugen.

Zu Beginn des 20. Jahrhunderts ging ein Physiker des Eidgenössischen Patentamtes Bern mit dem Namen Albert Einstein von der simplen Annahme aus, daß es vielleicht gar keinen Äther gibt. Dies war die Geburtsstunde der Relativitätstheorie.

3.2 Die Lichtgeschwindigkeit ist konstant

Die Lichtgeschwindigkeit beträgt mit ziemlicher Sicherheit c = 300 000 km pro Sekunde. Für c ergibt sich aus dem Michelson-Versuch eine verblüffende Aussage, die wir nun herleiten wollen.

Wir betrachten unser Flugzeug, welches von München nach Salzburg und zurück fliegt. Wenn die Flugzeit stets zwei Stunden betragen würde, egal ob Wind weht oder nicht, kann das nur bedeuten, daß das Flugzeug immer 100 km/h fliegt, die Fluggeschwindigkeit wäre unabhängig von den Windverhältnissen. Der Michelson-Versuch sagt uns, daß genau dieses für die Lichtgeschwindigkeit c gilt, sie ist unabhängig von der Ausbreitungsrichtung des Lichtes und damit unabhängig von einem eventuellen Ätherwind. Falls ein Ätherwind existieren würde, wäre die Stärke des Ätherwindes abhängig von der Erdgeschwindigkeit auf ihrer Reise um die Sonne. Also ist die Lichtgeschwindigkeit c unabhängig von der Geschwindigkeit der Erde. Ob die Erde sich also mit 27 km pro Sekunde bewegt oder stillsteht, die Lichtgeschwindigkeit ist stets c.

Daß diese Aussage unseren üblichen Aussagen völlig widerspricht, soll das folgende Beispiel deutlich machen: Sie sitzen am Ufer eines großen Flusses, auf dem ein Tanker schwimmt. Er schwimmt mit einer Geschwindigkeit von 10 km pro Stunde an Ihnen vorbei. Auf dem Schiff fährt ein Matrose auf einem Fahrrad in Fahrtrichtung des Schiffes. Seine Geschwindigkeit beträgt laut Fahrradtachometer 20 km pro Stunde. Als bewegt sich der Matrose mit insgesamt 30 km pro Stunde an Ihnen vorbei. Sie messen mit ihren eigenen Meßinstrumenten nur 20 km pro Stunde, was Ihren Erwartungen natürlich völlig widerspricht.

Wenn Sie nun den Tanker durch die Erde und den Matrosen durch das Licht ersetzen, haben Sie den gleichen Sachverhalt. Für einen Beobachter außerhalb der Erde müßte das Licht, das auf der Erde in Bewegungsrichtung der Erde emittiert wird, eine Geschwindigkeit von 300 000 km/s + 27 km/s = 300 027 km/s haben, es hat aber „nur" den Wert c = 300 000 km/s.

Ein zweites Beispiel: Wir nehmen an, eine Rakete könne mit halber Lichtgeschwindigkeit fliegen. Sie fliege an der Erde vorbei und in diesem Moment werde von der Erde ein Lichtblitz abgeschossen in Flugrichtung der Rakete. Nach einer Sekunde ist

- das Licht: 300 000 km von der Erde entfernt
- die Rakete: 150 000 km von der Erde entfernt.

Da beide in die gleiche Richtung fliegen, müßte die Rakete zu diesem Zeitpunkt 150 000 km hinter dem Licht sein. In Wirklichkeit aber hat das Licht aus der Warte des Astronauten in der Rakete ebenfalls die Geschwindigkeit c, also ist nach einer Sekunde das Licht 300000 km von der Rakete entfernt.

Dies ist gegen jede Mathematik und scheint paradox, jedoch ist es eine logische Folgerung aus dem Michelson-Versuch. Wenn wir das Ergebnis interpretieren wollen, müssen wir möglicherweise einige Grundbegriffe unseres Denkens modifizieren, was im nächsten Abschnitt geschehen soll.

Wir fassen das Ergebnis dieses Abschnitts wie folgt zusammen: Wenn zwei Physiker in zwei Laboratorien, die sich mit verschiedenen Geschwindigkeiten bewegen, die Lichtgeschwindigkeit (etwa die des Sonnenlichtes) messen, erhalten beide das gleiche Ergebnis, nämlich c. Die Lichtgeschwindigkeit ist konstant und unabhängig davon, wo wir sie messen.

3.3 Nicht alle Uhren gehen gleich

Wir betrachten nochmals das Beispiel des radelnden Matrosen. Wenn der Tanker zehn und der Matrose zwanzig Kilometer pro Stunde fahren und Sie statt der erwarteten 30 km/h nur 20 km/h messen, wenn Sie zudem wissen, daß die angegebenen Geschwindigkeiten von Tanker und Radfahrer völlig korrekt sind, dann können Sie, wenn Sie nicht resignieren wollen und der Sache auf den Grund gehen möchten, einmal hypothetisch annehmen, Ihre Stoppuhr gehe falsch. Dies würde zumindest erklären, warum Sie solche Fehlwerte erzielten. Daß die von Ihnen gemessen Geschwindigkeit zu klein ist, kann nur bedeuten, daß die Stoppuhr zu große Zeiten anzeigt, also zu schnell geht. Die Hypothese, die Uhr des am Ufer ruhenden Beobachters geht schneller als die bewegten Schiffsuhren, würde also den Sachverhalt klären.

Um aus unserem Dilemma der paradoxen Aussagen herauszukommen, wagen wir jetzt im physikalischen Sinne eine ähnliche Hypothese: Die Uhren eines bewegten Systems – zum Beispiel die einer Rakete – gehen langsamer als die Uhren eines ruhenden Beobachters. Wie beim radelnden Matrosen könne wir durch diese Forderung die durch den Michelson-Versuch aus dem Lot geratene Physik wieder in Ordnung bringen. Wir werden noch sehen, daß die Konsequenzen der Forderung, daß verschiedene bewegte Systeme verschiedene Zeiten haben, ziemlich aufregend sind.

Aus der Aussage, daß die Lichtgeschwindigkeit in allen bewegten Systemen gleich und stets c ist, kann man leicht ausrechnen, um wieviel langsamer eine bewegte Uhr geht. Der niederländische Professor H.A. Lorentz fand als erster die Transformationsformel, mit der man exakt ausrechnen kann, um wieviel langsamer eine mit der Geschwindigkeit v bewegte Uhr geht (Lorentz-Transformation).

Ob die Zeitverzögerung bewegter Systeme in der Natur wirklich vorhanden ist, wurde früher immer wieder von einzelnen Forschern angezweifelt. Heute ist die Existenz der Zeitverzögerung (Zeitdilatation) auf Grund verschiedener Experimente gesicherter Bestandteil der speziellen Relativitätstheorie. So konnten zum Beispiel die Physiker K. Hafele und R. Keating im Jahre 1971 die Zeitverzögerung nachweisen mit Hilfe von Atomuhren in Flugzeugen.

3.4 Wer reist, altert langsamer

Wenn in einer rasenden Rakete Uhren langsamer gehen als auf der Erde, dann bedeutet dies, daß physikalische Bewegungen langsamer ablaufen. Also werden auch biologische Vorgänge im Körper eines Mitreisenden langsamer verlaufen als auf der Erde und der Betreffende altert nicht so schnell wie seine Verwandten auf der Erde.

Nehmen wir an, ein Astronaut im Alter von 30 Jahren starte zu einer Weltraumreise. Er verabschiedet sich von seiner gleichaltrigen Ehefrau und seinem elfjährigen Sohn und fliegt nach seiner Borduhr genau 20 Jahre lang mit einer Geschwindigkeit von 260 000 km pro Sekunde. Danach – inzwischen ist er 50 Jahre alt – landet er wieder auf der Erde. Mit Hilfe der Lorentz-Transformation kann man leicht nachrechnen, daß dort inzwischen 40 Jahre vergangen sind. Er wird daher von seiner 70-jährigen Ehefrau begrüßt sowie von seinem Sohn, der inzwischen mit 51 Jahren älter ist als sein Vater.

Das Beispiel zeigt, daß Reisen jung erhält. Ein reisender Vertreter altert langsamer als ein sitzender Postbeamter. Der Zeitgewinn ist jedoch unerheblich. Die Rechnung ergibt, daß ein Vertreter, der täglich mit dem Auto acht Stunden unterwegs ist und dabei 140 km/h zurücklegt, bei seinem 40-jährigen Dienstjubiläum um 0,0000008 Sekunden jünger ist als jemand, der die Zeit sitzend verbrachte.

Der Grund liegt darin, daß die Geschwindigkeit von 140 km/h einfach zu klein ist. Je höher die Geschwindigkeit, um so größer die Zeitverschiebung. Erst wenn die Geschwindigkeit in Größenordnungen der Lichtgeschwindigkeit (also ein Zehntel der Lichtgeschwindigkeit oder ähnlich) angebbar ist, erhält man große Zeitdilatationen.

Als im Rahmen des amerikanischen Apollo-Programms die ersten Menschen zum Mond flogen, erreichten sie eine Geschwindigkeit von 40 000 km pro Stunde. Selbst bei dieser riesigen Geschwindigkeit gehen die Borduhren nach einer Stunde nur um 0,0000025 Sekunden nach.

3.5 Myonen – meßbar und doch nicht vorhanden?

Was würden Sie sagen, wenn Sie am Stadtrand von München spazierengehen und gleichzeitig in der Münchener Innenstadt am Stacchus gesehen werden? Unmöglich, sagen Sie? In der Welt der Elementarteilchen gibt es Erscheinungen, bei denen Teilchen an Orten registriert werden, wo sie eigentlich gar nicht sein dürften.

Diese Teilchen heißen Myonen. Sie entstehen beim Aufprall der kosmischen Weltraumstrahlung auf die Lufthülle der Erde in ca. 30 km Höhe und fliegen dann mit annähernd Lichtgeschwindigkeit durch den Raum.

Wie die meisten Elementarteilchen haben die Myonen nur eine sehr kurze Lebenszeit, nämlich 0,0000022 Sekunden, danach zerfallen sie. Die Strecke, die sie während dieser Zeit zurücklegen, errechnet man, wenn man ihre Lebenszeit mit ihrer Geschwindigkeit multipliziert. Man erhält weniger als 700 Meter. Da die Geburt der Myonen in ca. 30 km Höhe stattfindet, können sie den Erdboden nie erreichen. Trotzdem lassen sie sich auf der Erdoberfläche nachweisen.

Dieser scheinbare Widerspruch löst sich auf, wenn man die Zeitverzögerung heranzieht: Die Lebenszeit von 0,0000022 Sekunden gilt für ruhende Myonen. Schickt man sie auf die Reise, altern sie langsamer und ihre Lebenszeit wird größer. Die Myonengeschwindigkeit in unserem Beispiel ist so groß, daß die Lebenszeit auf das 50-fache wächst, womit auch die in dieser Zeit zurückgelegte Strecke um den Faktor 50 wächst, also auf ca. 35 km. Daher ist es für die Myonen möglich, den Erdboden zu erreichen.

Im Jahre 1959 wurde die Veränderung der Myonen-Lebenszeit im Europäischen Kernforschungszentrum CERN in Genf experimentell nachgeprüft. In einem Speicherring wurden Myonen auf den 0,9942-fachen Wert der Lichtgeschwindigkeit beschleunigt. Die dabei gemessene verlängerte Lebenszeit bestätigt die Aussage der Zeitdilatation und damit der speziellen Relativitätstheorie.

3.6 Das Zwillingsparadoxon

Als Einwand gegen die spezielle Relativitätstheorie oder die Zeitdilatation wurde oft das folgende Paradoxon angeführt: Wir betrachten ein Zwillingspaar. Jeder der Zwillinge sitze in einer Rakete. Wir nehmen der Einfachheit halber an, die Namen der Zwillinge seien Max und Moritz und das folgende spiele sich im Weltraum ab.
Wir starten die Rakete mit dem Zwilling Max und bringen sie auf eine hohe Geschwindigkeit. Während des Fluges altert Max langsamer als sein Bruder Moritz in der anderen ruhenden Rakete. Nach einigen Jahren möge Maxens Rakete abgebremst werden und den Rückweg antreten. Auch während des Rückfluges altert Max langsamer, so daß beim Zusammentreffen beider Brüder Max deutlich jünger ist als sein Bruder Moritz.
Doch halt! Bewegungen sind immer relativ. Von der Warte des Zwillings Max bietet sich ein anderes Bild: Nach Zündung seiner Rakete sieht er aus seinem Bugfenster, daß Moritzens Rakete sich von ihm entfernt. Sie wird kleiner und kleiner, bis sie verschwindet. Nach einigen Jahren taucht sie wieder auf und Moritz bewegt sich auf ihn zu, bis man sich wieder trifft. Für Max ist es Moritz, der sich bewegte, also müßte er der Jüngere sein.
Liegt hier ein Paradoxon vor? Wegen der Relativität der Bewegungen sind beide Raketen als gleich zu betrachten. Wenn Rakete A sich relativ zu Rakete B bewegt, dann auch Rakete B relativ zu Rakete A. Am besten kann man die Relativität der Bewegungen erfahren, wenn man in einem Zug sitzt, der am Bahnhof anfährt. Wenn auf dem Nachbargleis ein zweiter Zug steht, weiß man oft nicht, welcher der beiden Züge fährt und welcher steht.
Wer ist also nun wirklich der Jüngere, Max oder Moritz?
Die Auflösung dieses scheinbaren Widerspruches geschieht so: Obige Aussagen sind nur dann richtig, wenn eine echte Symmetrie der beiden Raketen vorliegt. Alles, was mit und in der einen Rakete geschieht, muß auch mit der zweiten geschehen. Diese Symmetrie ist zwar bezüglich der Bewegung gegeben, daß sie aber darüber hinaus verletzt ist, sieht man sofort, wenn man bedenkt, daß der Zwilling Max sowohl einer Beschleunigung als auch einer Bremsung seiner Rakete ausgesetzt ist. Wenn zum Beispiel die Größe der Beschleunigung der mehrfachen Erdbeschleunigung entspricht, kann dies sehr unangenehm für ihn sein. Seinem Bruder Moritz, der ja stets in Ruhe ist, bleibt diese Unannehmlichkeit erspart, er erfährt weder Beschleunigung noch Bremsung. Daher sind beide Raketen nicht vergleichbar. Daß eine echte Symmetrie nicht vorliegt, löst den obigen Widerspruch.
Zudem gelten die Aussagen der speziellen Relativitätstheorie nur dann, wenn Beschleunigungskräfte nicht auftreten und alle Bewegungen gleichförmig sind. Sind Beschleunigungs- oder Bremskräfte vorhanden, gelten die Aussagen der allgemeinen Relativitätstheorie, mit der wir uns später beschäftigen werden.

3.7 Größer als Lichtgeschwindigkeit?

Wie wir gesehen haben, vergeht die Zeit um so langsamer, je schneller wir mit einer Rakete fliegen. Bei einer Raketengeschwindigkeit von 50 000 km/h verkürzt sich die Stunde auf 59 Minuten. Für 280 000 km/h verkürzt sie sich auf 21 Minuten und bei 299 000 km/h würde man weniger als 5 Minuten erhalten. Bei Lichtgeschwindigkeit schließlich bleibt die Zeit stehen.

Wie wir noch sehen werden, lassen sich diese riesigen Geschwindigkeiten zwar nicht praktisch erreichen, aber theoretisch sind sie denkbar und die Formeln der Relativitätstheorie liefern genau obige Ergebnisse.

Wenn eine Uhr immer langsamer geht, falls man ihre Geschwindigkeit erhöht, wenn sie schließlich fast stehen bleibt, wenn die Lichtgeschwindigkeit annähernd erreicht ist und bei der Geschwindigkeit c überhaupt keine Zeit mehr vergeht, was wird passieren, wenn man die Lichtgeschwindigkeit überschreitet? Wird die Zeit dann etwa rückwärts verlaufen?

Dies würde zu logischen Widersprüchen führen. Die Formeln der Lorentz-Transformation, die den Zeitverlauf eines bewegten Systems angeben, zeigen darüber hinaus ganz eindeutig, daß eine Geschwindigkeit größer als die Lichtgeschwindigkeit unmöglich ist. Man würde, wenn man eine solche Geschwindigkeit in die Formeln einsetzen würde, komplexe Zahlen erhalten. Dies sind Zahlen, die entstehen, wenn man die Wurzel aus einer negativen Zahl zieht wie $\sqrt{-1}$, was bekanntlich nicht möglich ist.

Damit ist c = 300 000 km pro Sekunde die größtmögliche Geschwindigkeit, die im All existiert. Es gibt keine Massenteilchen, die sich schneller bewegen.

Hierzu betrachten wir das folgende Gedankenexperiment, das einen scheinbaren Widerspruch zu dieser Aussage darstellt. Wenn ich auf dem Meer eine Information von einem Schiff zu einem anderen übermitteln will, gibt es die folgenden Möglichkeiten:

a) Ich rudere mit einem Boot rüber.

b) Ich übermittle die Botschaft durch Zuruf.

c) Ich übertrage die Nachricht durch optische Signale (zum Beispiel Flaggen, Lampen etc.).

In allen drei Fällen ist die Übertragungsdauer

$t = s / v$

wobei s die Entfernung der Schiffe und v die Übertragungsgeschwindigkeit ist. Im ersten Fall ist v die Geschwindigkeit des Bootes, im zweiten Fall ist v die Schallgeschwindigkeit und im dritten Fall die Lichtgeschwindigkeit c.

Da c die größtmögliche Geschwindigkeit ist und nicht überboten werden kann, ist eine schnellere Übertragung als im Falle 3 nicht erreichbar, d.h.

$t = s / c$

ist die kleinstmögliche Übertragungsdauer für die Übermittlung einer Information über eine Strecke s.

Das folgende Gedankenexperiment scheint dieser Aussage zu widersprechen:

Man lege von dem einen Schiff zum anderen eine Eisenstange. Wenn ich die Stange vom ersten Schiff aus leicht in Richtung der Stange verschiebe, wird diese Verschiebung im selben Augenblick auch auf dem zweiten Schiff stattfinden. Die Information „Verschieben" hat sich damit mit der Übertragungszeit 0 fortgepflanzt. Dies kann nur bedeuten, daß die Übertragungsgeschwindigkeit unendlich ist.

Dies kann nicht sein, denn größere Geschwindigkeiten als c gibt es nicht. Wo liegt der Widerspruch? Man muß annehmen, daß es starre Körper in Strenge nicht geben kann. Unsere Eisenstange ist eben gummiartig zusammendrückbar, auch wenn das nicht wahrnehmbar ist.

3.8 Gleichzeitig ist nicht gleichzeitig

In einem Eisenbahnwaggon befinden sich in der Mitte des Wagens zwei Schaffner. Auf ein Kommando hin starten beide, und zwar der eine in Richtung zum hinteren Ende des Wagens, der andere in Richtung zum vorderen Ende. Dort befinden sich je eine Klingel. Sobald die Schaffner dort ankommen, sollen sie die Klingel betätigen (vgl. Abb. 3). Beide Schaffner laufen gleich schnell. Da sie beide die gleiche Strecke zu bewältigen haben, kommen sie gleichzeitig an, die Klingeln ertönen gleichzeitig.

Nun betrachten wir den Vorgang von außerhalb des fahrenden Zuges, wir stehen an der Bahnstrecke. Der Schaffner, der nach hinten läuft, ist nun im Vorteil, denn das hintere Ende des Wagens kommt ihm wegen der Fahrt des Zuges entgegen. Er hat eine kürzere Strecke zu bewältigen. Der nach vorne laufende Schaffner dagegen hat eine längere Strecke vor sich, da der Zug sich vorwärts bewegt und das vordere Ende ihm davonfährt. Der erste Schaffner ist daher früher am Ziel als der zweite, die Klingeln ertönen nacheinander.

Wir fassen zusammen: Sind Sie Reisender im Zug, hören Sie die Klingeln gleichzeitig. Stehen Sie aber draußen an der Bahnstrecke, während der Zug vorbeifährt, hören Sie erst die eine und dann die andere Klingel. Was aus der eine Position gleichzeitig ist, ist aus der anderen Position nacheinander.

Sie sind skeptisch? zu Recht. Das Gedankenexperiment ist Unsinn, auch jetzt erklingen die akustischen Signale gleichzeitig. Der Grund: Der nach vorne gehende Zugschaffner bewegt sich – von außen beobachtet – mit einer Geschwindigkeit, die sich addiert aus seiner Gehgeschwindigkeit und der Zuggeschwindigkeit. Er bewegt sich also schneller und kann daher die größere Strecke in der gleichen Zeit bewältigen wie vorher. Für den nach hinten gehenden Schaffner gilt ähnliches, wenn man die Geschwindigkeiten subtrahiert.

Trotzdem gibt es physikalische Vorgänge, bei denen genau das oben Beschriebene geschieht, also Gleichzeitigkeit und Aufeinanderfolge von Signalen gleichberechtigt sind. Wir müssen nur die beiden Schaffner durch Lichtsignale ersetzen, die von der Mitte des Waggons nach hinten und vorne losgeschickt werden. Bei Ankunft sollen sie durch Fotozellen und raffinierte Schaltungen je die Klingel auslösen. Sind wir im Wagen, haben beide Lichtsignale die gleiche Strecke zurückzulegen, die Klingeln ertönen gleichzeitig. Sind wir aber außerhalb des fahrenden Zuges, hat der nach vorne gehende Lichtstrahl eine längere Strecke zurückzulegen, da der Wagenanfang ihm davonfährt. Im Gegensatz zu eben addiert sich aber

Abb. 3: Zwei Schaffner laufen in entgegengesetzte Richtungen und betätigen bei der Ankunft die Klingel.

jetzt nicht die Geschwindigkeit des Lichtstahls mit der Zuggeschwindigkeit, sondern sie ist genau so groß wie vorher, nämlich c. Der Lichtstrahl kommt also tatsächlich später vorne an. Genauso erkennt man, daß der nach hinten gehende Lichtstrahl früher ankommt. Die Klingeln ertönen jetzt nacheinander, erst die vordere, dann die hintere.

Der Grund für diese Merkwürdigkeit ist die physikalische Aussage, daß die Lichtgeschwindigkeit stets c ist, egal ob der Zug fährt oder nicht. Die Lichtgeschwindigkeit ist konstant und unabhängig von dem System, in dem sie gemessen wird. Obiges Beispiel zeigt, daß dieser Sachverhalt zu Erscheinungen führt, die widersprüchlich zu sein scheinen. Für einen Reisenden geschehen zwei Vorgänge gleichzeitig, für den Streckenwärter am Bahngleis geschehen exakt dieselben Vorgänge nacheinander, erst klingelt es vorne, dann hinten. Gleichzeitig ist nicht gleichzeitig, es kommt auf die Beobachtungssituation an.

Natürlich sind die beiden Vorgänge des Klingelns so dicht hintereinander, daß man sie getrennt gar nicht wahrnehmen kann, da die Zuggeschwindigkeit zu klein ist verglichen mit der Lichtgeschwindigkeit. Aber selbst wenn der Zug mit halber Lichtgeschwindigkeit fahren würde, wäre der Unterschied kaum erkennbar (vielleicht mit raffinierten elektronischen Messungen). Die Strecke des Lichtes (d.h. die Länge des Wagens) ist viel zu klein.

Vergrößern wir also die Dimensionen. Von der Erde richten wir zwei Lichtstrahlen auf entfernte Gestirne, die gleich weit entfernt sind (sagen wir eine Milliarde Kilometer). Sie kommen *gleichzeitig* dort an. Wird der Vorgang aber von einem Astronauten beobachtet, der mit seiner Rakete mit halber Lichtgeschwindigkeit an der Erde vorbeifliegt, kommt für ihn erst der eine und dann der andere Lichtstrahl an, wobei die Zeitdifferenz etwa eine Stunde beträgt.

Gleichzeitigkeit ist nicht in jedem Fall Gleichzeitigkeit.

3.9 Kausalität

Wir nehmen folgendes an: Ich befinde mich in der Wüste. In jede Richtung kann ich mit der Geschwindigkeit 5 km/h laufen. Auf meiner Uhr ist es genau 12 Uhr und mir ist bekannt, daß ein Freund, der die Wüste durchwandert, genau um 14 Uhr eine Oase passiert, die 15 km entfernt ist. Ich müßte ihn warnen, da, wenn er seine Route fortsetzt, in Gefahr gerät, denn er läuft direkt in die Arme eines räuberischen Wüstenstammes.

Eine einfache Rechnung zeigt, daß es mir unmöglich ist, den Freund zu warnen. Bis 14 Uhr kann ich nämlich höchstens 10 km zurücklegen, die Oase ist aber 15 km entfernt. Eine allgemeine Überlegung ergibt: Ich kann nur diejenigen Wüstenwanderer beeinflussen und warnen, die in den nächsten t Stunden einen Punkt erreichen, der höchstens s km von mir entfernt ist, wobei s kleiner oder gleich 5·t ist (5·t ist nämlich die Strecke, die ich in den nächsten t Stunden schaffe). Also:

$$s \leq 5 \cdot t$$

Meine Möglichkeiten vergrößern sich, wenn mir ein Jeep zur Verfügung steht. Wenn dieser die maximale Geschwindigkeit v erreicht, kann ich in den nächsten t Stunden alle Punkte erreichen, die höchstens s km von mir entfernt sind mit

$$s \leq v \cdot t$$

Alle Punkte außerhalb dieses Radius liegen außerhalb meiner Beeinflussungsmöglichkeit. Anders ausgedrückt: Ich kann die Zukunft aller Wüstenkarawanen beeinflussen, die in den nächsten t Stunden höchstens s ≤ v·t km entfernt sind. Alles was außerhalb dieses Bereiches sich befindet, kann ich kausal nicht beeinflussen.
Wir übertragen diese Überlegungen auf die Natur. Von jedem Punkt des Weltalls kann eine Umgebung kausal beeinflußt werden, die diejenigen Materieteilchen enthält, die in den nächsten t Sekunden höchstens s km entfernt sind mit

$$s \leq c \cdot t$$

denn c ist die größtmögliche Geschwindigkeit. Die alternative Aussage lautet: Alle Materieteilchen, die in den nächsten t Sekunden s km vom Punkt entfernt sind, mit

$$s > c \cdot t$$

sind in dieser Zeit nicht beeinflußbar. Es gibt keine Kausalverbindung zwischen dem betrachteten Punkt und den Teilchen.
Wie wir früher gesehen haben, vergeht die Zeit langsamer, wenn ein System (zum Beispiel eine Rakete) sich bewegt. Wenn nun zwei Ereignisse kausal zusammenhängen, hängen sie auch kausal zusammen, wenn man sie von der Rakete aus betrachtet, in der allerdings eine andere Zeitmessung gegeben ist?
Wir betrachten hierzu das folgende Beispiel: In einem Boxkampf streckt ein Boxer seine Gegner nieder, indem er ihm einen Haken verpaßt. Man beobachtet die folgenden Ereignisse:
1. den Haken des Boxers;
2. das Niedergehen des Gegners.

Es ist klar, daß das Ereignis Nr. 2 die Folge des Ereignisses Nr. 1 ist, die beiden Ereignisse hängen kausal zusammen. Beide Ereignisse haben einen Abstand s von weniger als zwei Metern und die Zeitdifferenz t beträgt wenige Sekunden. Daher gilt mit Sicherheit $s \leq c \cdot t$, was ja eine Voraussetzung für einen Kausalzusammenhang ist.
Wie registriert nun ein astronautischer Beobachter die Vorgänge aus seiner Rakete? Gilt für ihn auch die kausale Reihenfolge Haken-Niedergehen oder könnte es sein, daß bei einer hohen Geschwindigkeit nahe c der Astronaut erst das Niedergehen des Gegners und dann den Haken beobachtet?
Man kann beweisen, daß für alle Ereignisse, für die $s \leq c \cdot t$ gilt, eine eventuell vorhandene Kausalität in dem Sinne erhalten bleibt, daß auch ein in einer Rakete vorbeifliegender Astronaut die Reihenfolge der Ereignisse in Sinne der Kausalität – also erst den Haken des Boxers und dann die Reaktion des Gegners – wahrnimmt.

3.10 Massen sind nicht unveränderlich

Ein Raumschiff, welches beschleunigt wird, vergrößert seine Geschwindigkeit. Was würde geschehen, wenn man ein Raumschiff über Jahre hinaus ohne Unterbrechung beschleunigen würde? Natürlich würde es immer schneller werden. Eine Beschleunigung in der Größen-

ordnung der Erdbeschleunigung (9,81 m/ s^2) würde das Raumschiff in einem Jahr auf die Geschwindigkeit 310 000 km/s bringen.
Doch halt! Es gibt keine größeren Geschwindigkeiten als c = 300 000 km/s. Unser Raumschiff wird 310 000 km/s nie erreichen können, auch wenn wir es noch so lange beschleunigen. Es muß also irgend etwas geben, welches verhindert, daß c überschritten wird, auch wenn wir ununterbrochen die Rakete mit der Schubkraft F beschleunigen.
Das Newtonsche Grundgesetz der Mechanik lautet: Kraft = Masse · Beschleunigung oder

$$F = m \cdot a$$

wobei m die Masse und a die Beschleunigung ist. Daraus folgt

$$a = F / m$$

Dieses a, welches ja die Beschleunigung darstellt, kann nicht stets gleich bleiben, denn sonst würden wir irgendwann Überlichtgeschwindigkeit erreichen. Also muß a kleiner werden, wenn die Geschwindigkeit wächst. Das kann aber nach obiger Gleichung nur dann sein, wenn m (die Masse) immer größer wird. Wenn die Rakete in die Näher der Lichtgeschwindigkeit kommt, muß die Masse sogar unendlich groß werden, damit a beliebig klein wird und nicht die Rakete doch noch auf Überlichtgeschwindigkeit kommt.
Die Formeln der speziellen Relativitätstheorie zeigen tatsächlich, daß für einen Körper, der sich immer schneller bewegt, dessen Masse wächst. Je schneller ein Körper sich bewegt, um so größer wird seine Masse. Eine Geschwindigkeit von 260 000 km/s würde die Masse eines Raumschiffes glatt verdoppeln.
Die Massenzunahme bei hohen Geschwindigkeiten wurde durch zahlreiche Experimente bestätigt. Eines dieser Experimente wurde im Europäischen Kernforschungszentrum CERN durchgeführt. Protonen (elektrisch positiv geladene Teilchen mit der Ruhemasse 1,6726 · 10^{-27} kg) wurden in einer sieben Kilometer langen kreisförmigen Umlaufbahn (Synchroton) mit Hilfe von elektrischen Feldern auf das 0,99999726-fache der Lichtgeschwindigkeit beschleunigt. Nach Formeln der Relativitätstheorie müßte dabei die Masse auf das 423-fache anwachsen. Die Teilchen wurden beim Umlauf durch ein Magnetfeld auf eine Kreisbahn gehalten. Dabei stellte sich heraus, daß dieses nur möglich ist, wenn das Magnetfeld 423 mal so stark ist als wenn keine Massenveränderung vorhanden wäre. Dies bestätigt die Massenzunahme der Protonen.
Weitere Experimente wurden an beschleunigten Elektronen durchgeführt. So ließen sich in einem Linearbeschleuniger in Stanford (USA) Elektronen auf eine so hohe Geschwindigkeit bringen, daß die Massenzunahme das 40 000-fache betrug.
Bei den geringen Geschwindigkeiten, denen wir – zum Beispiel in Verkehrsmitteln – ausgesetzt sind, sind die Massenveränderungen natürlich so gering, daß sie kaum meßbar sind. Ein Auto mit dem Gewicht von 1000 kg wird bei der Geschwindigkeit von 100 km/h um 0,093 Milligramm schwerer. Wie bei der Zeitdilatation werden die Massenänderungen erst dann gravierend, wenn die Geschwindigkeit sich der Lichtgeschwindigkeit annähert.

3.11 Masse und Energie

Daß ein bewegter Körper Energie enthält, wird augenfällig, wenn er mit anderen Körpern zusammenstößt. Die Zerstörungen bei Autounfällen machen dies besonders deutlich. Wenn ich zum Beispiel eine Eisenkugel aus großer Höhe auf die Erde fallen lasse, reißt sie normalerweise ein Loch in den Erdboden, das um so größer wird, je höher die Geschwindigkeit der Kugel beim Aufprall ist.

Jeder bewegte Körper enthält daher Bewegungsenergie (kinetische Energie W_{kin}). In der Schule lernten wir, daß diese Energie durch die Formel

$$W_{kin} = 1/2 \cdot m \cdot v^2$$

berechnet werden kann, wobei m die Masse und v die Geschwindigkeit des Körpers ist. Nachdem uns bekannt ist, daß die Masse zunimmt, wenn die Geschwindigkeit wächst, entsteht die Frage, welcher Wert für m einzusetzen ist. Die Formel $1/2 \cdot m \cdot v^2$ war lange vor der Entwicklung der Relativitätstheorie bekannt und es war stets selbstverständlich, daß m die Ruhemasse m_0 ist (also die Masse für einen Körper, der sich nicht bewegt). Wie wirkt sich aber die Massenänderung auf die kinetische Energie aus?

Beschleunigt man einen Körper auf die Geschwindigkeit v, wächst seine Masse von m_0 auf m. Die Massenänderung ist also $m - m_0$. Es war Albert Einstein, der herausfand, daß folgendes gilt:

Massenänderung · Lichtgeschwindigkeit zum Quadrat $\approx W_{kin} = 1/2 \cdot m_0 \cdot v^2$

(Das Symbol $\approx$ bedeutet, daß obiges nicht ganz exakt, aber mit ziemlicher Genauigkeit gilt) Setzen wir für die Massenänderung $m - m_0$ ein, erhalten wir:

$$(m - m_0) \cdot c^2 = 1/2 \cdot m_0 \cdot v^2$$

oder

$$m \cdot c^2 - m_0 \cdot c^2 = 1/2 \cdot m_0 \cdot v^2$$

Diese Formel bietet die folgende interessante Interpretationsmöglichkeit: Wir ordnen jeder Masse m die Energie $W = m \cdot c^2$ zu. Wenn dann ein Körper auf die Geschwindigkeit v beschleunigt wird, wächst sein Masse von der Ruhemasse m_0 auf die Masse m und die Energie wächst von $m_0 \cdot c^2$ auf $m \cdot c^2$. Die Differenz ist gerade die kinetische Energie, die man zur Beschleunigung in den Körper hineinstecken muß.

Wir wollen dies genauer formulieren. Jede Masse enthält die Energie

$$W = m \cdot c^2$$

Verändert man die Geschwindigkeit eines Körpers, wächst oder schwindet die Masse m zur Masse m' und nachher hat der Körper die Energie $m' \cdot c^2$. Die Energieänderung $m \cdot c^2 - m' \cdot c^2$ ist die kinetische Energie, die die Geschwindigkeitsänderung bewirkt hat.

Die Einsteinsche Formel $W = m \cdot c^2$ hat in der Kernphysik und in der Elementarteilchenphysik vielfache Bestätigung gefunden. Sie besagt, daß Materie in Energie und umgekehrt Energie in Materie umformbar ist. Materie und Energie sind daher nur verschiedene Erscheinungsformen, die ineinander verwandelbar sind. Eine Anwendung im atomaren Bereich soll kurz beschrieben werden.

Ein Atomreaktor gewinnt seine Energie durch Spaltung von Atomkernen. Diese Spaltungen werden durch Neutronen, die mit hoher Geschwindigkeit auf den Kern aufprallen, bewirkt. Würde man nun die Masse eines Kerns vor der Spaltung messen und das Ergebnis mit der Gesamtmasse aller Spaltprodukte nachher vergleichen, würde man einen Massenverlust feststellen.

Die bei der Spaltung verlorengegangene Masse Δm ist genau der Teil, der sich in Energie verwandelt. Die gewonnene Energiemenge ist dann $W = \Delta m \cdot c^2$. Bei der Spaltung von 1 kg Uran ist $\Delta m = 0{,}95$ g. Wegen der Größe von c^2 errechnet man einen Energiegewinn $W = \Delta m \cdot c^2 = 23\,833\,333$ kWh. Dies entspricht der Heizleistung von 2400 Tonnen Steinkohle.

Daß man mit nur 0,95 g. Massenverlust eine so riesige Energiemenge gewinnen kann, liegt an der Größe von c. Es ist nämlich in der Formel $W = m \cdot c^2$ der Ausdruck

$$c^2 = 9000000000000000 \text{ m}^2/\text{s}^2$$

Eine einfache Rechnung ergibt, daß man mit einem Gramm Masse 25 Millionen kWh gewinnt. Dies bedeutet, daß zum Beispiel eine Eisenkugel von 15 cm Durchmesser, könnte man sie ganz in Energie auflösen, den jährlichen Energiebedarf Deutschlands fast decken würde. Ein kleines Reiskorn enthält die Energie, die durch Verbrennen von 500 Zentner Steinkohle entsteht. Schließlich beruht auf der Einsteinschen Formel auch die verheerende Wirkung der Atombombe.

Wenn man von der Kernenergie absieht, entsteht jede in unserem Lebensbereich beobachtbare Energie letztlich durch Sonneneinstrahlung. Dies gilt für pflanzliche Energien genau so wie für die aus Kohle und Öl gewonnen Energieformen. Die Sonne selbst aber verliert in jeder Sekunde $4{,}4 \cdot 10^9$ kg Masse, was einer Eisenkugel von 100 m Durchmesser entspricht. Diese Masse wird in Energie verwandelt und in den Weltraum abgestrahlt. Daher kann man sagen, daß jede Energieform letztlich ihren Ursprung im Massenverlust hat.

3.12 Die Längenkontraktion

Wenn sich eine Masse verändert, falls man ihre Geschwindigkeit erhöht, ergibt sich die Frage nach der geometrischen Gestalt des Körpers. Wäre es zum Beispiel möglich, daß ein Würfel eine andere geometrische Form annimmt, wenn man ihn schnell bewegt, oder bleibt ein Würfel ein Würfel, wenn Geschwindigkeit und Masse zunehmen?

Die Frage läßt sich durch das folgende Gedankenexperiment beantworten: Wir fahren in einem Zug an einem Bahnsteig vorbei. Die Geschwindigkeit des Zuges sei v. Beim Erreichen des Bahnsteigs betätigen wir eine Stoppuhr und stoppen die Zeit, bis wir das Ende des Bahnsteigs erreicht haben. Die gemessene Zeit sei t' und die Länge des Bahnstegs errechnet sich dann zu

$$L' = v \cdot t'$$

Nach der Bahnhofsuhr benötigt der Zug von einem Ende des Bahnsteiges bis zum anderen die Zeit t, und man hat die Bahnsteiglänge

$L = v \cdot t$

Nun ist aber die Zeit des bewegten Zuges kleiner als die Zeit der ruhenden Bahnhofsuhr, denn wir haben gesehen, daß Uhren in bewegten Systemen langsamer gehen. Demnach ist t' kleiner als t und deshalb auch L' kleiner als L. Vom Zug aus gesehen ist der Bahnsteig daher verkürzt.

Man kann das Ergebnis dieses Gedankenexperimentes auch so interpretieren: Vom Standpunkt eines Reisenden rast der Bahnsteig mit hoher Geschwindigkeit an seinem Fenster vorbei. Dabei ist der Bahnsteig verkürzt. Also gilt für alle bewegten Körper, daß ihre geometrischen Längen in Geschwindigkeitsrichtung verkürzt sind. Ein Würfel verwandelt sich zum Beispiel in einen Quader.

Könnte ein Zug mit der Geschwindigkeit von 100 000 km pro Sekunde einen 100 Meter langen Bahnsteig passieren, wäre dieser für die Reisenden nur etwa 94 Meter lang. Die Reisenden würden eine eigenartige Welt wahrnehmen. Autoreifen vorbeifahrender oder parkender Autos wären nicht rund, sondern ellipsenförmig. Würfel würden zu Quadern und dicke Leute auf dem Bahnsteig wären schlank. Gleichzeitig würde – wegen der Zeitdilatation – auf dem Bahnsteig alles in Zeitlupe ablaufen. Es ist klar, daß bei den üblichen Zuggeschwindigkeiten die Veränderungen so gering sind, daß sie nicht wahrnehmbar und nicht einmal meßbar sind.

Es existiert also beim Übergang auf bewegte Systeme eine Längenverkürzung. Diese gilt nur in Richtung der Geschwindigkeit. Alle anderen Richtungen bleiben unverändert.

3.13 Relativitätstheorie und Elektrizität

Elektrische Ströme verursachen in ihrer Umgebung magnetische Felder. Diese Erscheinung ist eine Folge der Längenkontraktion, wie in diesem Abschnitt gezeigt wird.

Wir stellen uns folgendes vor: Auf einer Autostraße fahren im Abstand von 100 Metern Autos in die gleiche Richtung mit derselben Geschwindigkeit. Am Straßenrand stehen alle 100 Meter Wegemarkierungen. Es ist klar, daß unter diesen Voraussetzungen auf jedem Teilstück der Autostraße genau so viele Autos fahren wie Wegemarkierungen vorhanden sind.

Dieses gilt nicht mehr, wenn wir die Situation aus der Warte eines Autofahrers betrachten. Nehmen wir einmal an, die Geschwindigkeit des fahrenden Autos sei so groß, daß relativistische Längenveränderungen auftreten. In diesem Fall haben die Wegemarkierungen einen kürzeren Abstand als 100 Meter, denn von der Warte des Autofahrers bewegt sich die Straße mit ihren Markierungen. Andererseits fahren die Autos nach wie vor im Abstand von 100 Metern hintereinander. Daraus folgt, daß auf jedem großen Teilstück der Straße jetzt mehr Wegemarkierungen als Autos vorhanden sind.

Diese Gedanken lassen sich auf den elektrischen Strom übertragen. Wir ersetzen die Autos durch Elektronen, die einen Draht entlang wandern und damit einen elektrischen Strom verursachen. Die Wegemarkierungen ersetzen wir durch die Atome des Drahtes. Wir nehmen an, es gebe genau so viele wandernde Elektronen wie Atome (Abb. 4).

Die Elektronen des Stromes stammen aus der Atomhülle der Drahtatome, sie wurden quasi aus den Atomen herausgerissen. Dadurch wurden die Atome zu elektrisch positiv geladenen Ionen, während die Elektronen eine elektrisch negative Ladung tragen. Da die

Zahl der Ionen und Elektronen gleich groß ist, gibt es genau so viel elektrisch positive wie negative Ladung. Nach außen ist der Draht daher elektrisch neutral.

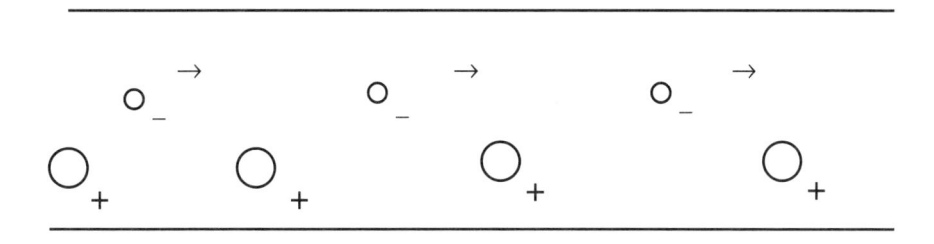

Abb. 4 : Elektronen (-) wandern an den Atomen (+) vorbei

Nunmehr betrachten wir das ganze aus der Perspektive eines wandernden Elektrons. Wie bei unserem Autostraßen-Experiment liegen die Atome bzw. Ionen jetzt dichter als die Elektronen. Daraus folgt, daß die positive elektrische Ladung gegenüber der negativen Ladung der Elektronen überwiegt. Nach außen scheint der Draht jetzt eine positive elektrische Ladung zu besitzen. Dies wirkt sich dahingehend aus, daß auf andere elektrische Ladungen außerhalb des Drahtes jetzt eine Kraft (Abstoßung oder Anziehung) ausgeübt wird. In der Sprechweise der Physik sagt man, in der Umgebung des Drahtes herrsche ein elektrisches Feld.

Das, was ein mit den Elektronen wandernder Beobachter erkennt und das, was man von außerhalb des Drahtes als ruhender Beobachter wahrnimmt, scheint sich zu widersprechen. In dem einen Fall herrscht ein elektrisches Feld und auf Ladungen wirkt eine Kraft. Im anderen Fall ist der Draht nach außen elektrisch neutral, und es existiert daher kein elektrisches Feld, das eine Kraft bewirken könnte. Andererseits kann die Antwort auf die Frage, ob außerhalb des Drahtes eine Kraft wirkt oder nicht, in keinem Fall von der Position des Beobachters abhängen. Entweder gibt es eine solche Kraft oder es gibt keine.

Wir wollen diesen scheinbaren Widerspruch klären, indem wir uns beide Beobachtungspositionen genauer anschauen.

Ein mit den Elektronen wandernder Beobachter nimmt infolge der Kontraktion der positiven Ionen ein elektrisches Feld wahr, welches die Kraft auf Ladungen außerhalb des Drahtes erklärt. Für einen ruhenden Beobachter ist der Draht elektrisch neutral, d.h. es existiert kein elektrisches Feld.

Nun gibt es in der Elektrodynamik ein Gesetz, welches besagt, daß bewegte Elektronen in ihrer Umgebung ein Magnetfeld aufbauen, welches Kräfte auf andere elektrische Ladungen ausüben kann. Die oben beschriebene Kraft läßt sich daher auch von der ruhenden Beobachtungsposition aus erkennen, nur wird der ruhende Beobachter diese Kraft nicht einem elektrischen Feld, sondern einem durch die wandernden Elektronen verursachten Magnetfeld zuschreiben.

Der beobachtbare Naturvorgang ist also – wie es ja auch zu erwarten ist – in beiden Fällen der gleiche, nur die Ursachen sind verschieden. In einem Fall gibt es ein elektrisches Feld, aber kein magnetisches Feld, im anderen Fall existiert nur das Magnetfeld, aber kein elektrisches Feld. Es gibt Beobachtungspositionen, wo beide Felder vorhanden sind und sich überlagern. So zum Beispiel, wenn man in Richtung der Elektronen mitwandert, aber mit einer anderen Geschwindigkeit als die der Elektronen.

Zusammengefaßt ergibt sich das folgende Bild: Ein stromdurchflossener Draht bewirkt eine Kraft auf elektrische Ladungen außerhalb des Drahtes. In Abhängigkeit von der Position eines messenden Beobachters muß man diese Kraft einem elektrischen Feld oder einem Magnetfeld zuschreiben. Magnetfeld und elektrisches Feld sind verschiedene Erscheinungsformen ein und desselben Naturvorganges. Man spricht vom elektromagnetischen Feld.

Obige Aussagen über die Struktur von Feldern in der Umgebung eines stromdurchflossenen Leiters gewannen wir durch die Anwendung der Relativitätstheorie, speziell der Längenkontraktion. Durch frühere Betrachtungen wissen wir, daß Längen- und Zeitverkürzungen nur dann physikalisch ins Gewicht fallen, wenn die zu Grunde liegenden Geschwindigkeiten groß sind. Um so erstaunlicher ist die Wirkung der Längenkontraktion in der Elektrotechnik, so wie wir es oben gesehen haben, denn die Geschwindigkeit der Elektronen in einem stromführenden Draht beträgt nur einige Millimeter pro Sekunde. Wenn wir für eine solch geringe Geschwindigkeit die Längenverkürzung ausrechnen, so erhalten wir einen Wert, der etwa der Verkürzung des Erdumfanges um 0,1 Millimeter entspricht. Andererseits ist diese Verkürzung im Draht Ursache für jene elektromagnetischen Kräfte, die Straßenbahnen und Züge antreiben.

Der Grund für die enorme Wirkung einer so geringen Längenverkürzung ist die gewaltige Anzahl von Atomen und Elektronen. Würde man die Atome eines ein Millimeter langen normalen Kupferdrahtes hintereinanderlegen, hätte die entstehende Kette die mehrfache Länge des Erdumfanges.

3.14 Maxwells Gleichungen und die Relativitätstheorie

Unsere Welt ist eingebettet in Raum und Zeit. Da der uns umgebende Raum drei Dimensionen besitzt, benötigt man zur Darstellung eines physikalischen Vorganges drei Raumkoordinaten x, y, z und eine Zeitkoordinate t. Die Beschreibung eines Naturgesetzes geschieht dann durch mathematische Gleichungen (Formeln), in denen x, y, z und t als Rechengrößen eingehen.

Da die spezielle Relativitätstheorie sich mit bewegten Systemen beschäftigt, wollen wir uns überlegen, ob jene Formeln, welche Naturgesetze beschreiben, auch in bewegten Systemen unverändert gültig sind. Wenn zum Beispiel ein Physiker auf dem Mond Messungen anstellt und daraus Formeln zur Beschreibung eines Naturgesetzes herleitet, sind dann diese Formeln identisch mit denen, die ein Physiker auf der Erde finden würde?

Nehmen wir als einfaches Beispiel die bekannte und auf Newton zurückgehende mechanische Grundformel

   Kraft = Masse · Beschleunigung

Wie wir früher sahen, ändert sich die Masse, wenn man sie in Bewegung setzt. Folglich kann obige Formel beim Übergang zu einem bewegten System nicht unverändert richtig bleiben.

In der Tat erwies sich die Newtonsche Mechanik im Sinne der Relativitätstheorie als nicht korrekt. Setzt man Formeln der klassischen Mechanik für Bewegungsabläufe ein, bei denen die Geschwindigkeit weit unter der Lichtgeschwindigkeit liegt, sind die Fehler äußerst gering und vernachlässigbar. Die Newtonsche Mechanik ist hier verwendbar. Sobald man allerdings mit der Geschwindigkeit in die Nähe der Lichtgeschwindigkeit kommt, sind die klassischen Formeln falsch und nicht einsetzbar.

Anders sieht es im Bereich des Elektromagnetismus aus. Die von Maxwell 1861 veröffentlichten Gleichungen, die alle Erscheinungen des Elektromagnetismus elegant beschreiben (siehe Kapitel 1), sind heute noch genau so aktuell wie vor hundert Jahren. Insbesondere zeigte es sich, daß im Gegensatz zur Newtonschen Mechanik diese Formeln ihre Gültigkeit behalten, wenn man von der Ruhe zur Bewegung übergeht, wobei die Bewegungsgeschwindigkeit auch groß sein kann. Für einen Physiker auf dem Mond gelten demnach dieselben Formeln wie für einen Physiker auf der Erde. Die Maxwellsche Theorie ist streng korrekt im relativistischen Sinne.

Auf dem gegenüber der Erde bewegten Mond gelten also dieselben elektromagnetischen Formeln wie auf der Erde. Da auf dem Mond eine andere Zeit herrscht und auch die Raumkoordinaten anders zu messen sind, entsteht die Frage, wie sich beim Übergang von der Erde zum Mond – oder allgemeiner von der Ruhe zur Bewegung – die Raum- und Zeitkoordinaten ändern, damit die Maxwellschen Gleichungen erhalten bleiben. Die Änderungsformeln für Raum und Zeit wurden gegen Ende des vorigen Jahrhunderts von dem niederländischen Physiker und Nobelpreisträger H.A. Lorentz gefunden. Man bezeichnet sie als Lorentz-Transformation.

Genau genommen waren die Maxwellschen Gleichungen der Ausgangspunkt für die Spezielle Relativitätstheorie. So hatte die erste Arbeit Einsteins zur Speziellen Relativitätstheorie den Titel *Zur Elektrodynamik bewegter Systeme*.

4 Die Allgemeine Relativitätstheorie oder der gekrümmte Raum

Ein mystischer Schauer ergreift den Nichtmathematiker, wenn er von „vierdimensional" hört... Und doch ist keine Aussage banaler als die, daß unsere gewohnte Welt ein vierdimensionales zeiträumliches Kontinuum ist.
Albert Einstein

Nehmen wir an, Sie besteigen eine Superrakete, diese hebt ab und steigt senkrecht nach oben in den Weltraum. Sie erreichen riesige Geschwindigkeiten und sind – reines Gedankenexperiment – mehrere Milliarden Jahre unterwegs. Dann kann es sein, daß Sie irgendwann an ihren Startpunkt Erde wieder zurückkommen, obwohl Sie immer stur geradeaus geflogen sind: Der Raum ist gekrümmt. Daß die Geometrie des Raumes derart beschaffen sein kann, daß dieses möglich ist, zeigte zu Beginn dieses Jahrhunderts Albert Einstein in der Allgemeine Relativitätstheorie

4.1 Schwere und träge Masse

Sie sind Zuschauer bei einer Quizveranstaltung. Der Quizmaster führt zwei Kandidaten einen Film vor mit folgendem Inhalt: In einem großen geschlossenen Kasten hält eine Hand eine Eisenkugel und läßt sie los. Die Kugel schwebt langsam wie eine Feder zu Boden. Die Frage des Quizmasters: Wo hat sich diese Szene abgespielt?
Antwort des Kandidaten A: Der Kasten steht auf dem Mond. Wegen der geringen Anziehungskraft des Mondes fällt die Kugel viel langsamer zu Boden als auf der Erde.
Antwort des Kandidaten B: Der Kasten steht in einer Rakete im Weltraum. Wegen der Schwerelosigkeit schweben alle Gegenstände im Raum. Beschleunigt man die Rakete, so bewegen sie sich langsam zum hinteren Teil der Rakete. Genau dieses war im Film der Fall. Die Kugel wurde während der Beschleunigung der Rakete in eine Richtung gedrängt, die von der Kamera als „unten" angesehen wurde.
Der Quizmaster, der eigentlich an den Mond dachte, wendet sich an den anwesenden Sachverständigen. Dieser – ein promovierter Physiker der Universität – erklärt beide Antworten für richtig. Der Quizmaster, der über den Ausgang der Befragung nicht sehr glücklich zu

sein scheint, weil er einen Sieger braucht, interveniert. Ob es nicht möglich sei, zwischen der Anziehungskraft des Mondes einerseits und der Bewegung der Kugel infolge einer Beschleunigung andererseits prinzipiell zu unterscheiden und so vielleicht doch noch eine eindeutige Entscheidung herbeizuführen. Der Physiker bedauert, beide Kandidaten seien im Recht. Er erläutert, daß selbst ein hochqualifizierter Experimentalphysiker, der, mit den raffiniertesten Geräten ausgerüstet und sich im Kasten befindet, nicht entscheiden kann, ob sich sein Kasten auf dem Mond oder in einer Rakete befindet.

Wir verlassen die Quizveranstaltung und denken weiter über diesen Sachverhalt nach. In den beiden geschilderten Fällen waren die Ursachen für die Bewegung der Eisenkugel jeweils verschieden.

Im ersten Fall wirkt auf die Kugel die Anziehungskraft (Gravitationskraft) des Mondes. Diese bewirkt eine Beschleunigung und damit eine Bewegung der Kugel in Richtung des Mondes. Spätestens beim Aufprall der Kugel auf die Mondoberfläche merkt man, daß die Kugel eine Kraft ausübt, welche man durch Multiplikation der Beschleunigung mit der Masse der Kugel leicht berechnen kann. Die hier auftretende Masse bezeichnet man als *schwere Masse*.

Im zweiten Fall verharrt die Kugel in Ruhe, während sich die sie umgebende Rakete bewegt. Ein mitfahrender Astronaut stellte, falls er von der Kugel getroffen würde, eine Kraft fest. Auch hier ist die Kraft gleich der Masse der Kugel, multipliziert mit der Beschleunigung der Rakete. Da diese Kraft infolge der Trägheit der Kugel zustande kommt, spricht man hier von *träger Masse*.

In beiden Fällen ist also die Kraft gleich der Masse, multipliziert mit der Beschleunigung. Daher erhält man umgekehrt die Masse, indem man die Kraft durch die Beschleunigung dividiert. Da beide betrachteten Fälle grundverschieden sind, ist es durchaus möglich, daß verschiedene Massen herauskommen. Mit den oben eingeführten Bezeichnungen kann es also durchaus sein, daß die träge Masse nicht gleich der schweren Masse ist.

Nun wurde aber bereits erwähnt, daß ein in einem Kasten eingeschlossener Physiker nicht in der Lage ist, herauszufinden, warum seine Kugel eine beschleunigte Bewegung ausführt: Infolge einer Gravitationskraft oder infolge der Beschleunigung seines Kastens bzw. der Rakete.

Es ist daher sinnvoll, träge und schwere Masse als gleich zu betrachten. Dieses physikalische Grundgesetz der Äquivalenz von träger und schwerer Masse wurde in der Physik schon seit Newton anerkannt.

Zu Beginn dieses Jahrhunderts setzte Albert Einstein das Gesetz

     träge Masse = schwere Masse

an den Beginn seiner Überlegungen und zog logische Konsequenzen daraus. Die mathematischen Aussagen, die er dadurch gewann, waren ebenso aufregend wie die Folgerungen aus dem Michelson-Versuch, die zur Speziellen Relativitätstheorie führten. Sie bilden die Grundlage der Allgemeinen Relativitätstheorie.

4.2 Gekrümmte Lichtstrahlen

Was ist eine gerade Linie? Eine gerade Linie läßt sich mit dem Lineal zeichnen. Allerdings wäre ein Zeichner sehr enttäuscht, wenn er seine Linie mit dem Mikroskop betrachten

Gekrümmte Lichtstrahlen

würde. Er würde feststellen, daß seine Linie ziemlich krumm und mit vielen Haken und Bögen versehen ist. Eine bessere Realisierung der geraden Linie wäre die Bahn eines sich bewegenden Teilchens im Weltraum. Aber auch hier ist sogleich einzuwenden, daß jedes Materieteilchen durch die Anziehungskraft von Sternen, Planeten und Monden seine Bahn ändert und eine gekrümmte Linie entsteht. Es bleibt als letzter Ausweg der Lichtstrahl. Dieser scheint in der Tat das ideale Beispiel einer geraden Linie zu sein. Nicht umsonst bezeichnen die Mathematiker eine unendlich ausgedehnte und an einem Punkt beginnende Linie als „Strahl".

Wir wollen untersuchen, ob in diesem Sinne ein Lichtstrahl wirklich gerade verläuft. Das folgende Experiment läßt sich leicht ausführen:

Sie sitzen in einem Zug und werfen während der Fahrt senkrecht zur Fahrtrichtung einen Tennisball. In der Abb. 5 wird der Ball vom Punkt A aus geworfen. Falls der Zug stets die gleiche Geschwindigkeit hat, landet der Ball an der gegenüberliegenden Wand im Punkt B. Wie die Abbildung zeigt, ist die Wurfbahn einer gerade Linie.

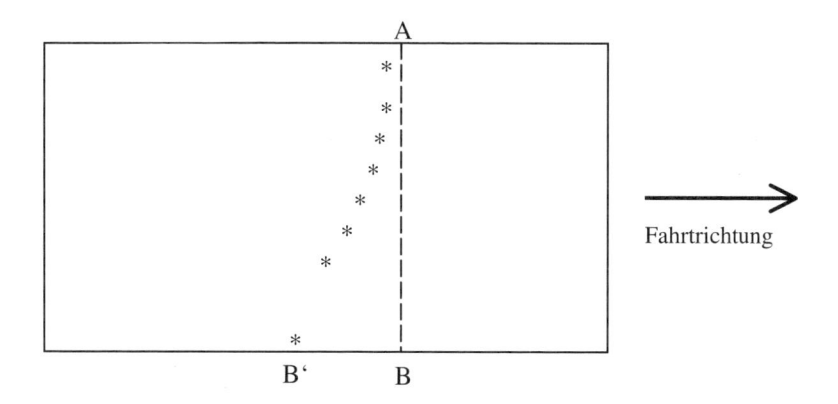

Abb. 5: *Die Bahn eines Tennisballs in einem Zug bei gleichförmiger und beschleunigter Geschwindigkeit.*

Nunmehr wiederholen wir das Experiment am nächsten Bahnhof, während der Zug gerade anfährt. Während des Wurfes vergrößert der Zug ständig seine Geschwindigkeit. Dieses Mal können wir beobachten, daß die Wurfbahn des Tennisballs eine gekrümmte Linie ist. Der Ball landet in B'. Je größer die Beschleunigung des Zuges ist, um so weiter ist B' von B entfernt, um so gekrümmter ist also die Wurfbahn.

Wir stellen uns jetzt vor, wir würden dieses Experiment mit einem Lichtstrahl durchführen. Da der Lichtstrahl sich letztlich wie der Tennisball mit endlicher Geschwindigkeit fortbewegt, gilt dasselbe Gesetz: Wenn der Zug beschleunigt, ist die Bahn des Lichtstrahls gekrümmt. Natürlich ist die Krümmung bei den üblichen Zugbeschleunigungen so minimal, daß sie nicht feststellbar ist.

Wir können daher die folgende wichtige Aussage treffen: Ein Lichtstrahl in einem beschleunigten System (zum Beispiel eine Rakete) kann gekrümmt sein.

Wie wir früher bereits feststellten, ist es vom physikalischen Standpunkt aus völlig gleichgültig, ob ich mich in einem beschleunigten System (zum Beispiel einer Rakete) oder in

einem Gravitationsfeld (zum Beispiel dem des Mondes) befinde. Wenn daher ein Lichtstrahl in einem beschleunigten System gekrümmt ist, muß er logischerweise auch in einem Gravitationsfeld (d.h. in der Nähe von Sternen und Planeten) gekrümmt sein.
Ein Lichtstrahl wird unter dem Einfluß der Gravitation gekrümmt.
Diese Aussage leitete Einstein aus der Gleichheit von schwerer und träger Masse ab. Er berechnete, daß ein an der Sonne vorbeifliegender Lichtstrahl eine Ablenkung von 0,0005 Grad erfahren sollte. Gleichzeitig schlug er ein Experiment vor, das darüber Aufschluß geben könnte, ob die Lichtkrümmung in der Natur wirklich vorhanden ist oder nicht.
Dieses Experiment mißt die Lichtablenkung durch die Sonne. Wenn es eine Ablenkung gibt, dann muß das Licht von Sternen, die am Firmament in Richtung der Sonne stehen, abgelenkt werden. Wenn man nun die Standorte solcher Sterne genau vermißt und die Messung zu einem späteren Jahreszeitpunkt, wenn die Sonne nicht mehr in diesem Bereich der Himmelssphäre steht, wiederholt, müßten verschiedenen Ergebnisse herauskommen. Nur für den Fall, daß es in der Natur keine Lichtablenkung gibt, wären die Ergebnisse beider Messungen identisch.
Leider ist allerdings das Sonnenlicht so hell, daß man Sterne in der Nähe der Sonne nicht mehr wahrnehmen kann. Dieses wäre nur während einer Sonnenfinsternis möglich. Eine solche Sonnenfinsternis gab es am 29. Mai 1919. Auf der portugiesischen Insel Principe wurden unter der Leitung des Physikers Eddington Messungen vorgenommen, die Einsteins Voraussagen über die Lichtablenkung mit sehr großer Genauigkeit bestätigten. Auch neuerliche Messungen an Quasaren zeigen die Richtigkeit der Aussagen über die Lichtablenkung durch die Gravitation.

4.3 Uhren im Gravitationsfeld

Bei der Projektierung von zukünftigen Weltraumstationen, in denen Menschen über eine längere Zeitspanne leben sollen, versucht man, die Lebensbedingungen in einer solchen Station denen auf der Erde möglichst genau anzupassen. Eines der dabei zu verfolgenden Ziele ist es, die Schwerelosigkeit zu überwinden.
Hierzu gibt es ein sehr einfaches Modell: Man lasse ein Gebilde, das wie ein riesiger Autoschlauch aussieht, um den Mittelpunkt M rotieren (Abb. 6). Bei einer Raumstation dieser Gestalt treten Fliehkräfte auf, die alle Gegenstände im Schlauch nach außen an den Rand treiben.
Bewohner der Raumstation werden gegen die Außenwand gedrückt. Dabei entsteht für sie der subjektive Eindruck, daß die Wand „unten" ist und – wenn sie einen Gegenstand loslassen – „fällt" er zu Boden. Man kann auf der Außenwand laufen wie auf der Erde.
Wenn man eine solche Station mit einem Durchmesser von 100 Metern so rotieren läßt, daß in 10 Minuten 42 Umdrehungen ausgeführt werden, entsteht eine Fliehkraft mit einer Beschleunigung, die ungefähr der Erdbeschleunigung entspricht. Astronauten würden sich also wie auf der Erde fühlen.
Wir wollen nun Zeitmessungen an verschiedenen Stellen unserer Raumstation durchführen. Dazu stellen wir eine Uhr in den Mittelpunkt M und eine zweite Uhr an die Außenwand, wo die Fliehkraft am größten ist. Die Außenuhr bewegt sich entsprechend der Rotation im Kreis, während die Uhr im Punkt M in Ruhe ist. Nach unseren Überlegungen im Rahmen

der Speziellen Relativitätstheorie geht aber eine bewegte Uhr langsamer als eine ruhende Uhr, also haben wir für beide Uhren verschiedene Zeiten.

Ein Astronaut läuft an der Außenwand seines schlauchförmigen Raumschiffes wie auf der Erde. Er merkt nicht, daß er nicht durch eine Gravitationskraft, sondern durch Fliehkräfte an die Außenwand gedrückt wird (falls er nicht gerade zum Fenster rausschaut). Fliehkräfte aber werden durch träge Massen hervorgerufen. Früher sahen wir, daß träge und schwere Masse gleichwertig sind. Daraus können wir die Vermutung ableiten, daß es für die Uhr völlig egal ist, ob sie Fliehkräften oder Gravitationskräften ausgesetzt ist, sie geht auf jeden Fall langsamer. Dies aber könnte bedeuten, daß Uhren auch im Gravitationsfeld langsamer gehen.

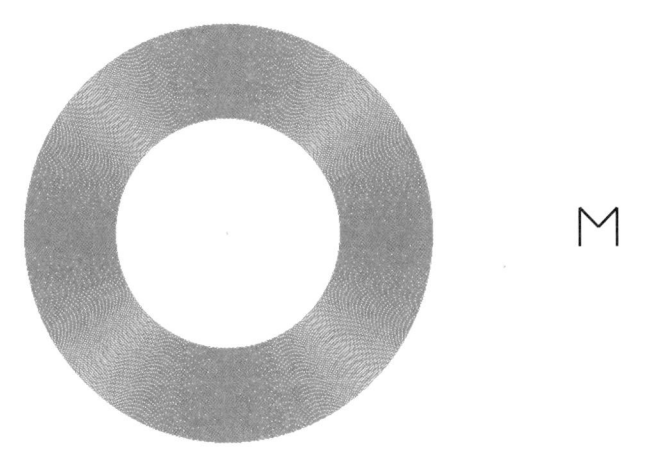

Abb. 6: Modell einer rotierenden Weltraumstation

Diese Vermutung wurde inzwischen durch Experimente als richtig erwiesen. Die Zeit an der Erdoberfläche verläuft also langsamer als die Zeit im gravitationsfreien Weltraum.
Eines dieser Experimente wurde 1976 mit einem Flugzeug durchgeführt. In einem 60-Stunden-Flug in 10 000 Meter Höhe wurde die Zeit gemessen und eine Zeitverzögerung gegenüber der Zeit an der Erdoberfläche festgestellt.
Mit einfachen Formeln, in die die Gravitationsbeschleunigung eingeht, kann man die Zeitverzögerung exakt messen. Eine Rechnung mit diesen Formeln zeigt, daß eine Uhr auf einem 1000 Meter hohen Berg in 100 Jahren etwa 0,0001 Sekunde vorgeht. Man altert zwar schneller, wenn man im Hochgebirge lebt, aber nur um Bruchteile von Sekunden. Erst wenn die Gravitation groß wird (etwa in der Nähe von Riesensternen), ergibt die Rechnung, daß die Zeit wesentlich langsamer verläuft als im gravitationsfreien Raum.

4.4 Längen im Gravitationsfeld

Wie wir früher bei der Behandlung der Speziellen Relativitätstheorie sahen, verkürzt sich ein Körper in Flugrichtung, wenn er eine bestimmte Geschwindigkeit besitzt. Diese

Längenkontraktion sollte sich wie die Zeitdilatation auf Körper im Gravitationsfeld übertragen lassen.

Nehmen wir zum Beispiel die Raumstation der Abbildung 6. Dort müßten an den Stellen Längen und Strecken verkürzt sein, wo Uhren langsamer gehen. Dies war an der Peripherie der Station der Fall, dort, wo eine Beschleunigung herrscht. Wegen der Gleichheit von kinematischer und gravitativer Beschleunigung ergibt sich, daß Längen im Gravitationsfeld verkürzt sein müßten.

Bei schnell bewegten Körpern war die Längenverkürzung stets in Flugrichtung, in den anderen Richtungen blieben Längen unverändert. Eine Übertragung auf Gravitationsfelder würde ergeben, daß die Längenverkürzung nur in Richtung des Gravitationsfeldes wirkt. Im Schwerefeld der Erde würden demnach Längen in Richtung zur Erde hin (also in Fallrichtung) verkürzt sein. Eine Kugel wäre in Wirklichkeit ein Ellipsoid.

Es hat viele Versuche gegeben, die Längenkontraktion im Gravitationsfeld eines Planeten nachzuweisen. Heute ist die Existenz der Längenkontraktion im Gravitationsfeld auf Grund dieser Experimente nicht mehr umstritten.

Einer der vielen erfolgreichen Beweise erfolgt über die Ausmessung der Umlaufbahn des Planeten Merkur um die Sonne. Wie alle Planeten durchläuft der Merkur eine Ellipsenbahn. Diese Bahn unterliegt gravitativen Störungen von außen, daher liegt sie nicht fest im Raum, sondern dreht sich im Laufe der Zeit geringfügig. Die Drehung der Ellipsenbahn beträgt 574,1 Winkelsekunden im Jahrhundert.

Natürlich kann man diese Ellipsenbahndrehung (Periheldrehung) auch berechnen. Benutzt man die Formeln der klassischen Mechanik, erhält man den Wert 531,5 Winkelsekunden, also 42,6 Winkelsekunden zu wenig. Der französische Astronom U.J. Leverrier (1811–1877) erklärte die Differenz mit einem noch unbekannten Planeten, der durch seine Gravitation stört. Allerdings ist dieser vermutete Planet nie gefunden worden.

Berücksichtigt man bei den Berechnungen die Spezielle Relativitätstheorie, also die relativistische Massenzunahme, erhält man einen etwas besseren Wert, der bei 538 Winkelsekunden liegt. Die restliche Differenz läßt sich einwandfrei mit Hilfe der Allgemeinen Relativitätstheorie erklären, wenn man die Längenverkürzung und die sich daraus ergebenden Folgerungen berücksichtigt. Welche Rolle die Längenverkürzung für die Ausmessung der Planetenbahnen spielt, werden wir im nächsten Abschnitt sehen.

Natürlich kann man die Längenkontraktion durch exakte Formeln angeben.

4.5 Planetenbahnen werden vermessen

Wir wollen den Weltraum vermessen.

Dazu können wir zum Beispiel Punkte im Raum festlegen und deren Abstand ausmessen. Wir können auch die Längen der Bahnkurven von Planeten ausmessen und die erhaltenen Werte mit den durch mathematische Formeln vorausgesagten Werten vergleichen.

Um die Rechnung besonders einfach zu gestalten, nehmen wir eine kreisförmige Bahn eines Planeten um die Sonne an. Die Ausmessung der Länge der Bahn kann im Gedankenexperiment dadurch geschehen, daß wir – ähnlich wie der Zimmermann mit den Zollstock – einen Maßstab solange hintereinanderlegen, bis wir die ganze Bahn vermessen haben. Wenn wir anschließend darangehen, den Durchmesser des Kreises mit derselben Methode zu ermitteln, werden wir eine Überraschung erleben. In diesem Fall haben wir eine Strecke

zu vermessen, die direkt durch die Sonne geht. Dabei liegt unser Maßstab in Gravitationsrichtung und erleidet daher eine Verkürzung. Also müssen wir ihn öfter anlegen als es im Fall ohne Gravitation nötig wäre. Unsere Strecke wird länger als erwartet.
Bei einem Kreis, der näherungsweise der Umlaufbahn der Erde entspricht, wäre bei dieser Meßmethode der Durchmesser über 10 Kilometer zu lang.
Es gibt ein Experiment, welches die Existenz der Längenverkürzung im Gravitationsfeld nachweist. Es wurde 1965 wurde von dem amerikanischen Physiker Irwin I. Shapiro vorgeschlagen und durchgeführt. Man sende ein Radarsignal von der Erde zum Planeten Venus. Der Strahl wird dort reflektiert und trifft nach einer bestimmten Zeit wieder auf der Erde ein. Aus der Zeitdifferenz zwischen Sendung und Empfang des Radarstrahls läßt sich die Entfernung zwischen Venus und Erde ermitteln. Andererseits kann man diese Entfernung auch mit geometrischen Mitteln berechnen, da die Umlaufradien von Erde und Venus bekannt sind.

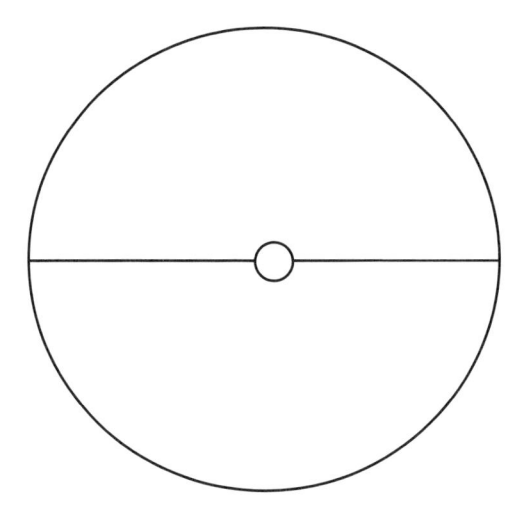

Abb. 7: Mißt man den Umfang und Durchmesser einer kreisförmigen Planetenbahn dadurch aus, daß man Maßstäbe hintereinanderlegt, ist nach den Formeln der (Euklidischen) Geometrie der Durchmesser zu lang.

Das Experiment wurde bei einer solchen Konstellation der beiden Planeten durchgeführt, bei denen der Radarstrahl dicht an der Sonne vorbeigehen mußte und ergab eine Entfernung, die etwa 40 Kilometer über dem errechneten Wert lag.
Die Erklärung ist mit Hilfe der Allgemeinen Relativitätstheorie möglich: Der Radarstrahl besteht aus elektromagnetischen Wellen, die eine bestimmte Wellenlänge besitzen. Im Gravitationsfeld der Sonne verkürzen sich die Wellenlängen und daher wird wie in unserem Gedankenbeispiel die Strecke länger als erwartet. Benutzt man die Formeln der Allgemeinen Relativitätstheorie zur Berechnung der Verlängerung, stimmen theoretischer und gemessener Wert bis auf 1% überein.
Zu Beginn der achtziger Jahre konnten diese Messungen mit sehr viel größerer Genauigkeit für die Entfernung Erde-Mars wiederholt werden. Dies wurde möglich durch die beiden Viking Landefähren, die auf dem Mars niedergingen. Die Messungen bestätigten die Allgemeine Relativitätstheorie mit einer Genauigkeit von zwei Promille.

4.6 Ist der Weltraum gekrümmt?

Nach dem, was wir oben gesehen haben, hat ein Kreis um die Sonne – gemessen an seinem Kreisumfang – einen zu großen Durchmesser. Nach bekannten geometrischen Gesetzen gilt
Kreisumfang dividiert durch Kreisdurchmesser = π = 3,1415926536...
Würde man allerdings einen Kreis um die Sonne vermessen, welcher in der Größe etwa der Erdumlaufbahn entspricht, erhielte man
Kreisumfang dividiert durch Kreisdurchmesser = π = 3,141594853...
Dies bedeutet, daß die in der Geometrie so wichtige Zahl π im gravitationserfüllten Raum andere Zahlenwerte annimmt.
Daß viele weitere Gesetze der uns bekannten und auf Euklid zurückgehenden Geometrie verletzt sind, werden wir im folgenden sehen.
Es gibt eine Interpretation der Längenverkürzung, die interessante Schlußfolgerungen zuläßt. Man kann sich nämlich auf den Standpunkt stellen, daß die gravitative Längenverkürzung gar nicht existiert, daß also Längen im Gravitationsfeld unverändert bleiben. Statt dessen wird durch die Gravitation der Raum gedehnt. Das bedeutet für den, der mit einem Maßstab eine Länge vermißt, daß sich sein Maßstab nicht verkürzt, sondern sich die zu messende Strecke verlängert.

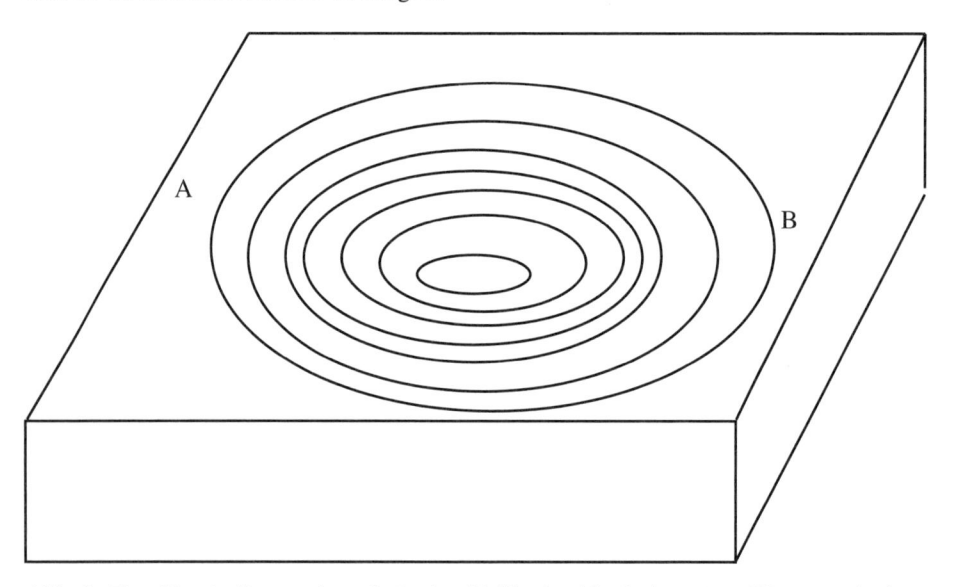

Abb. 8: Eine Kugel, die von A nach B eine Mulde durchläuft, hat einen Weg zurückzulegen, der länger ist als der Durchmesser des Kreises, der durch A und B geht. Der Grund ist die Krümmung der Fläche.

Dies kann man sich für den dreidimensionalen Raum, in dem wir leben, nur schwer vorstellen. Würden wir in einem zweidimensionalen Raum – also einer Fläche – leben, hätten wir die Situation der Abb. 8. Wenn dort eine Kugel vom Punkt A zum Punkt B rollen soll, hat sie offenbar einen Weg zurückzulegen, der länger ist als der Durchmesser des durch A

und B gehenden Kreises. Der Grund ist, daß wir keine ebene Fläche haben. Könnte es sein, daß der Weltraum in ähnlicher Weise gekrümmt ist?
Wenn es einen solchen dreidimensionalen gekrümmten Raum geben sollte, könnten wir das folgende aus den obigen Überlegungen ableiten: Die Formel

$$\text{Kreisumfang} = \text{Durchmesser} \cdot \pi$$

wäre in diesem Raum nicht gültig. Wir werden im nächsten Abschnitt sehen, daß viele weitere Gesetze der Geometrie verletzt sind, so zum Beispiel der Satz des Pythagoras und der Satz, daß die Winkelsumme im Dreieck 180 Grad beträgt. All diese für uns selbstverständlichen Gesetze der Schulgeometrie bilden die Euklidische Geometrie. Falls der Weltraum gekrümmt ist, gilt in ihm nicht die Euklidische Geometrie. Ein solcher Raum hätte andere geometrische Gesetze, die man als „nichteuklidische Geometrie" zusammenfaßt. Wir werden darauf zurückkommen.

4.7 Die Welt der Flächenmenschen

Bekanntlich leben wir in einem dreidimensionalen Raum. Die Ebene hat zwei Dimensionen, die Gerade nur eine. All diese Gebilde bezeichnet der Mathematiker als n-dimensionale Räume, wobei n = 1 für die Gerade, n = 2 für die Ebene und n = 3 für den uns umgebenden Raum steht. Auch vier-, fünf- und mehrdimensionale Räume lassen sich mathematisch exakt und ziemlich einfach beschreiben, obgleich sie nicht mehr vorstellbar sind. Wir denken in dreidimensionalen Vorstellungen, da die Bilder, die wir aufnehmen, höchstens dreidimensional sind. Es ist daher für uns völlig unmöglich, uns eine vierdimensionale Kugel vorzustellen. Die abstrakte mathematische Beschreibung dieser Kugel ist allerdings in einfacher Weise möglich.
Der eindimensionale Raum (Gerade) wird auch als Unterraum des zweidimensionalen Raumes (Ebene) bezeichnet, was soviel heißt wie: Die Gerade läßt sich in eine Ebene einbetten. Genauso ist ein zweidimsioaler Raum Unterraum eines dreidimensionalen Raumes. Allgemein ist ein k-dimensionaler Raum Unterraum eines n-dimensionalen Raumes, wenn k kleiner als n ist.
In all diesen Räumen gilt die Euklidische Geometrie. Der Satz des Pythagoras, der Satz von der Winkelsumme im Dreieck und all die anderen Aussagen der Euklidischen Geometrie sind für n-dimensionale Räume gültig, falls n größer als eins ist.
Wir bewegen uns, handeln und leben in einem dreidimesnioalen Raum. Wie mag unsere Welt wohl auf einen Beobachter wirken, der in einem vierdimensionalen Raum lebt und für den unsere Welt nur ein Unterraum ist?
Wir können dessen Eindrücke in etwa beschreiben und veranschaulichen, wenn wir Beobachter sind für eine zweidimensionale Welt – eine Ebene –, in der zweidimensionale Menschen, Tiere und Pflanzen leben. Jedes Tier und jeder Mensch wird dann nicht ein Volumen, sondern eine Fläche in der Ebene ausfüllen. Alle Flächenlebewesen bewegen sich auf einer unendlich ausgedehnten Ebene, ihre Bewegungen können dabei durchaus nach den Gesetzen der Physik ablaufen. Begriffe wie Geschwindigkeit, Beschleunigung usw. lassen sich definieren. Wissenschaftlich interessierte Flächenmenschen werden feststellen, daß sie in einer Welt leben, in der die Euklidische Geometrie gilt. Sie ermitteln dieselben geometrischen Gesetze, wie wir sie gefunden haben.

Nunmehr verpflanzen wir unsere Flächenlebewesen auf eine riesige Kugeloberfläche. Da sie weiterhin in einer zweidimensionalen Welt leben, werden sie zunächst keinen Unterschied zu ihrem früheren Lebensbereich, der Ebene, feststellen. Allerdings werden Wissenschaftler unter den Flächenmenschen irgendwann mit großer Überraschung feststellen, daß die Winkelsumme eines Dreiecks mehr als 180 Grad beträgt, denn ein Dreieck hat nur in der Ebene die Winkelsumme 180 Grad, auf einer Kugeloberfläche ist die Winkelsumme größer.

Unsere Flächenmenschen erleben weitere wundersame Dinge. Abenteurer, die weite Reisen machen wollten, kommen plötzlich wieder an den Ausgangspunkt ihrer Reise zurück, nachdem sie die Kugel umrundet haben.

Da unsere Flächenmenschen nur zwei Raumdimensionen kennen, ist ihnen der Begriff „Kugel" völlig unbekannt und sie finden keine Erklärung für ihre ungewollte Heimreise. Auch die Formeln für den Kreisumfang und die Kreisfläche stimmen plötzlich nicht mehr. Der Satz des Pythagoras hat seine Gültigkeit verloren.

Geometrisch gebildete Flächenmenschen merken nunmehr, daß in ihrer Welt die Euklidische Geometrie nicht gilt, daß sie also in einer Welt mit nichteuklidischer Geometrie leben. Sie versuchen herauszufinden, wie es möglich ist, eine weite Reise anzutreten und fernen Ländern zuzustreben und sich plötzlich ungewollt daheim wiederzufinden.

Ein besonders intelligenter Flächengeometer stellt fest, daß dieses Phänomen auch auftritt, wenn man entlang eines Kreisbogens läuft und den Kreis umrundet. Er abstrahiert diese Erkenntnis zu der Aussage: „Ein eindimensionaler gleichmäßig gekrümmter Raum" – womit er zweifelsfrei den Kreis meint – „hat die Eigenschaft, daß, wenn man ihn entlang geht, man an den Ausgangspunkt zurückkommt". Und jetzt kommt eine für den Flächenmenschen geniale Verallgemeinerung: Wenn – so meint er – dieses für eindimensionale gekrümmte Räume gilt, dann auch für zweidimensionale gekrümmte Räume. Da diese Krümmung sich in der dritten Dimension vollzieht, kann sich unser Geometer dieses von ihm beschriebene Gebilde gar nicht vorstellen, aber er hat korrekt das beschrieben, was wir eine Kugel nennen. Unser Wissenschaftler stellt nun eine sensationelle kosmische Theorie auf: „Wir leben" – so deklariert er – „in einem zweidimensionalen gekrümmten Raum, der in sich geschlossen ist". Seine Schüler entwickeln diesen Ansatz weiter, indem sie den abstrakten Begriff einer dreidimensionalen Kugel definieren und erklären, daß sie auf der Oberfläche einer solchen riesigen Kugel leben.

Nunmehr beenden wir unsere Beobachtungen in der Flächenwelt und wenden die Erkenntnisse der Flächenmenschen auf unseren dreidimensionalen Raum an. Wenn der Kreis ein eindimensionaler gekrümmter Raum und die Kugeloberfläche ein zweidimensionaler gekrümmter Raum ist, dann sollte es auch einen dreidimensionalen gekrümmten Raum als „Oberfläche" einer vierdimensionalen Kugel geben. So wie die Flächenmenschen die Kugel und deren Oberfläche zwar exakt beschreiben, sie aber sich nicht vorstellen können, so können auch wir die vierdimensionale Kugel und deren dreidimensionale Oberfläche mathematisch exakt darstellen, aber unser dreidimensionales räumliches Vorstellungsvermögen reicht nicht aus, daß wir uns dieses Gebilde plastisch vorstellen können. Sie ist eingebettet in einem vierdimensionalen Raum und ihre dreidimensionale Oberfläche hat die Struktur des uns vertrauten und umgebenden Raumes.

Daraus ergibt sich, daß es zumindest möglich sein könnte, daß der uns umgebende Weltraum die Oberfläche einer vierdimensionalen Kugel ist. Wenn dieses so wäre, würden dieselben Gesetze gelten, die die Flächenmenschen auf ihrer Kugel feststellten, und sie würden uns genau so merkwürdig berühren wie diese. Wenn zum Beispiel jemand eine lange Reise in den Weltraum unternähme, würde er letztlich, wenn er lange genug unterwegs ist, die vierdimensionale Kugel umrunden und irgendwann wieder zu Hause ankommen. Dabei ist es – wie bei den Flächenmenschen – völlig gleichgültig, in welche Richtung er davonfährt. Konkret: Sie fliegen mit einer Superrakete in eine beliebige Richtung und halten den Kurs immer geradeaus. Irgendwann kommen Sie an den Startpunkt ihrer Reise wieder zurück. Auch der Satz des Pythagoras wäre nicht mehr gültig und die Winkelsumme im Dreieck wäre größer als 180 Grad. Die Struktur des Weltraumes wäre bestimmt durch die Gesetze der nichteuklidischen Geometrie.

Es sei darauf hingewiesen, daß hier nicht behauptet wurde, der Weltraum wäre exakt die Oberfläche einer vierdimensionalen Kugel. Wir haben nur festgestellt, daß es so sein könnte. Natürlich kommen auch andere Geometrien in Betracht. Eines jedoch können wir aus obigen Überlegungen ableiten: Es wäre ein Zufall, wenn die Geometrie des Weltalls ausgerechnet euklidisch wäre. Eine Antwort findet man – wie wir noch sehen werden – in den Aussagen der Allgemeinen Relativitätstheorie.

4.8 Die Raumkrümmung

Wir kehren zurück zu den Flächenmenschen auf der Kugeloberfläche. Sobald diese entdeckt haben, daß ihre Welt sowohl euklidisch als auch nichteuklidisch sein könnte, werden sie sich vermutlich dafür interessieren, ob man durch geometrische Messungen herausfinden kann, welche Geometrie wirklich vorliegt. Eine weitere interessante Frage wäre, ob sie ermitteln können, wie stark ihre Welt im nichteuklidischen Fall gekrümmt ist oder anders gesagt, wie groß der Radius der Kugel ist, auf der sie leben. Daß sie tatsächlich solche Messungen vornehmen können, soll im folgenden erläutert werden.

Nehmen wir an, Sie fliegen mit einem Flugzeug vom Nordpol ausgehend in Richtung Süden, bis Sie den Äquator erreichen (in der Abb. 9 von A nach B). Dort ändern Sie ihren Kurs um 90 Grad und fliegen stur in Richtung Westen immer den Äquator entlang. Sobald Sie ein Viertel des Äquators überflogen haben (im Punkt C), drehen Sie nochmals um 90 Grad in Richtung Norden und fliegen zum Nordpol zurück. Wenn Sie dort ankommen und wieder nach B fliegen wollen, ist eine erneute Drehung um 90 Grad notwendig. Insgesamt haben Sie dabei das Dreieck A, B, C umflogen (Abb. 9) und an jedem Winkel um genau 90 Grad gedreht. Das bedeutet, daß das Dreieck A, B, C die Winkelsumme von 270 Grad hat. Dies gilt allgemein für eine beliebige Achtelkugel.

Bläst man nun die Kugel wie einen Luftballon auf und läßt das Dreieck A, B, C in seinen Seitenlängen dabei unverändert, so erhält man aus dem Dreieck A, B, C ein Dreieck A', B', C', das in Abb. 10 dargestellt ist. Man sieht, daß das Dreieck bei Vergrößerung der Kugel immer „ebener" wird und damit auch die Winkelsumme sich immer mehr 180 Grad nähert. Man kann in der Tat die Winkelsumme beliebig an 180 Grad annähern, wenn man die Kugel genügend groß macht.

Wir halten fest: Ein Dreieck, das durch seine Seitenlängen fest vorgegeben ist und auf einer Kugeloberfläche liegt, hat eine Winkelsumme, die größer als 180 Grad ist und um so näher bei 180 Grad liegt, je größer die Kugel ist.

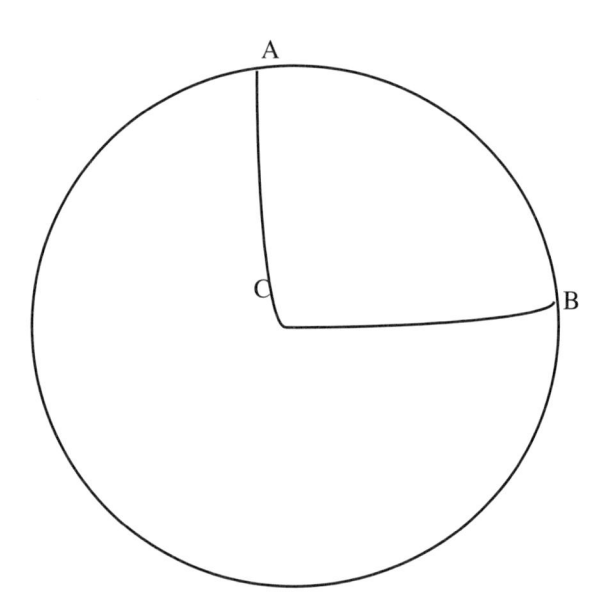

Abb. 9: *Flugroute auf einer Achtelkugel. Das umflogene Dreieck A, B, C hat eine Winkelsumme von 270 Grad.*

Nun gibt es einen wichtigen Zusammenhang zwischen der Größe einer Kugel und dem, was die Mathematiker „Krümmung" nennen. Eine kleine Kugel ist – von der Anschauung her – offenbar stark gekrümmt, die Oberfläche einer Riesenkugel dagegen nur wenig. Die Krümmung der Erdoberfläche ist so Riesenkugel dagegen nur wenig. Die Krümmung der Erdoberfläche ist so gering, daß man in der Antike sie zunächst als eine unendlich ausgedehnte Ebene ansahen, weil man deren Krümmung nicht erkannte.

Es gilt also: Die Krümmung einer Kugel ist um so größer, je kleiner die Kugel ist. Andererseits ist auch die Abweichung von der Winkelsumme eines Dreiecks von 180 Grad um so größer, je kleiner die Kugel ist. Also kann man folgern: Je größer die Abweichung der Winkelsumme eines Dreiecks von 180 Grad ist, um so größer ist die Krümmung der Fläche, in der das Dreieck liegt.

Damit haben wir die eingangs gestellte Aufgabe gelöst. Die Flächenmenschen haben lediglich ein Dreieck ihrer Flächenwelt zu vermessen. Wenn die Winkelsumme 180 Grad beträgt, liegt das Dreieck in einer euklidischen Welt, also in einer Ebene. Wenn aber eine Abweichung vorliegt, ist die Höhe der Abweichung ein Maß für die Krümmung ihrer Welt.

Wenn wir diese Erkenntnis auf unsere dreidimensionale Welt übertragen, so ergibt sich ganz analog auch für uns die interessante Möglichkeit, durch Ausmessen eines Dreiecks festzustellen, ob der uns umgebende Raum gekrümmt oder im Sinne der Euklidischen Geometrie eben ist. Die eventuelle Abweichung von 180 Grad stellt gleichzeitig ein Maß für die Größe der Krümmung dar.

Die Raumkrümmung

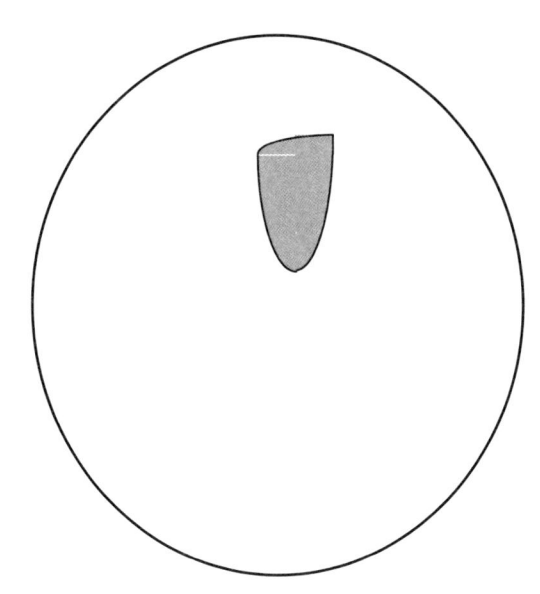

Abb. 10: Bläst man eine Kugel auf, nähert sich die Winkelsumme eines Kugeldreiecks, bei dem die Seitenlängen unverändert bleiben, immer mehr 180 Grad. Das Dreieck auf der Kugel der Abb. 9 (Achtelkugel) geht beim Vergrößern der Kugel in das Dreieck in der obigen Kugel über.

Der große und bekannte Mathematiker Carl Friedrich Gauß ging um 1800 daran, ein von drei Bergspitzen gebildetes Dreieck auszumessen. Er benutzte dazu die Berge Hoher Hagen, Brocken und Inselberg in der Nähe von Göttingen. Seine Winkelsumme war 180 Grad. Heute wissen wir, daß sein Dreieck viel zu klein war, um eventuelle Abweichungen feststellen zu können. Wenn der Weltraum gekrümmt ist, würde sich das erst bei Dreiecken mit kosmischen Ausmaßen bemerkbar machen.

Wir werden uns im nächsten Kapitel mit den Fragen nach der geometrischen Struktur des Kosmos beschäftigen.

5 Kosmologie oder die Unermeßlichkeit des Raumes

Ein kleiner Schritt für den Menschen, aber ein großer Schritt für die Menschheit.
Neil Armstrong beim Betreten des Mondes am 21. Juli 1969

Ist der Weltraum unendlich ausgedehnt oder gibt es Grenzen des Raumes? Gibt es einen Anfang und wenn ja, wie alt ist das All? Wie sieht die Zukunft des Kosmos aus? Was sind schwarze Löcher? Was ist Hintergrundstrahlung und was kann man aus ihr ableiten? Im folgenden werden wir versuchen, auf diese Fragen und auf weitere einzugehen. Dabei wird sich die Allgemeine Relativitätstheorie Einsteins als mathematischer Zugang zu den geometrischen Problemen des Alls erweisen. Wir werden den Urknall als die Geburt des Universums erkennen und für die ersten Sekunden und Minuten nach dem Urknall die Beschaffenheit des Alls beschreiben.

5.1 Das kosmologische Prinzip und die Geometrie des Alls

Seit Kopernikus haben die Astronomen die folgenden Aussagen stets als grundsätzlich richtig erachtet:
1. Es ist völlig gleichgültig, in welche Richtung man in den Weltraum schaut, man sieht stets dieselbe Grundstruktur. Es ist also zum Beispiel nicht möglich, eine Richtung anzugeben, in der die Sterne im Mittel dichter stehen als in anderen Richtungen. Man sagt, der Weltraum ist isotrop.
2. Das Weltall ist überall so strukturiert wie es in dem von uns überschaubaren Bereich ist. Insbesondere ist – im Mittel gesehen – die Materiedichte und die Raumkrümmung überall gleich. Man sagt, das All ist homogen.

Isotropie und Homogenität faßt man zusammen zu einem Grundprinzip, das man als *kosmologisches Prinzip* bezeichnet. Das kosmologische Prinzip gilt global, also im Großen. In kleinen Bereichen können durchaus Abweichungen existieren. Dies ist so wie bei einem Kartoffelacker. Wenn man große Teile des Ackers betrachtet, ist die Kartoffeldichte – also die Anzahl von Kartoffeln pro Quadratmeter – stets fast gleich. Erst wenn man kleine Flächen – etwa unter einem Quadratmeter – untersucht, gibt es Gebiete, wo keine Kartoffel wächst und solche, wo mehrere Pflanzen eine große Zahl von Kartoffeln hervorgebracht haben. Daß das Weltall tatsächlich riesige Gebiete besitzt, die materiefrei sind, ist hier unberücksichtigt.

Das kosmologische Prinzip läßt Aussagen über die geometrische Struktur des Alls zu. Es ergibt nämlich für die Krümmung des Universums, daß diese überall den gleichen Wert haben muß. Natürlich können lokale Abweichungen vorhanden sein, aber im Mittel muß das All überall gleich stark gekrümmt sein. So wie die Krümmung der Erdoberfläche lokal gesehen wegen der Gebirge überall verschieden sein kann, ist sie global die einer Kugel, also im Großen überall gleich.

Um herauszufinden, welche Raumstrukturen die Bedingung konstanter Krümmung erfüllen, gehen wir nochmals in die Welt der Flächenmenschen, wie wir es bei den Betrachtungen über die Allgemeine Relativitätstheorie getan haben. Damals haben wir festgestellt, daß die Krümmung stets bestimmt ist durch die Winkelabweichung eines Dreiecks von der Winkelsumme 180 Grad. Wenn das kosmologische Prinzip gilt, ist diese Abweichung überall gleich.

Da ist zunächst als einfachster Fall die Ebene. Hier ist die Winkelabweichung und damit die Krümmung null. Die Ebene erfüllt das kosmologische Prinzip und kommt daher als mögliche Raumstruktur des Weltalls der Flächenmenschen in Betracht.

Eine weitere Fläche mit konstanter Krümmung ist die Kugeloberfläche. Die Winkelabweichung ist überall positiv und gleich, was bedeutet, daß alle Dreiecke eine Winkelsumme über 180 Grad haben. Daß die Winkelabweichung überall gleich ist, sieht man sofort ein, wenn man sich überlegt, daß ein Dreieck, das auf der Kugeloberfläche liegt, in alle Richtungen verschoben werden kann und dabei stets in der Kugeloberfläche bleibt. Damit erfüllt die Kugelfläche ebenfalls das kosmologische Prinzip.

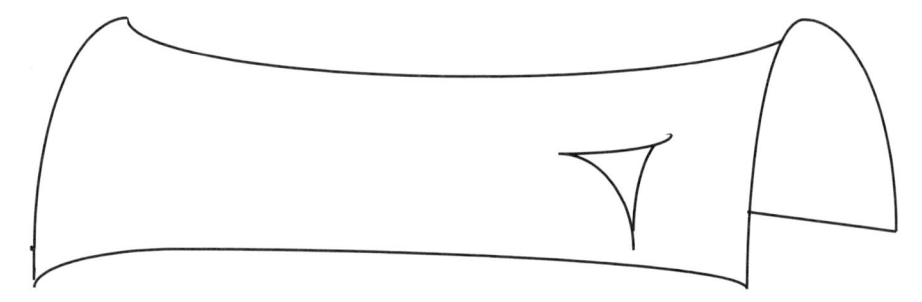

Abb. 11: Der Ausschnitt einer Sattelfläche. Ein Dreieck in dieser Fläche hat eine Winkelsumme, die kleiner als 180 Grad ist.

Gibt es eine Fläche, bei der die Winkelabweichung überall gleich und negativ ist, wo also Dreiecke eine Winkelsumme haben, die kleiner als 180 Grad ist? Die Mathematiker haben eine solche Fläche gefunden und sie wegen ihres Aussehens „Sattelfläche" genannt. In der Abb. 11 ist ein Ausschnitt dieser Fläche, die in Wirklichkeit unendlich ausgedehnt ist, wiedergegeben.

In die Sattelfläche der Abbildung wurde das Dreieck A, B, C gezeichnet. Wie man sieht, sind die Winkel spitzer als in einem gewöhnlichen Dreieck, das man mit den gleichen Seitenlängen in eine Ebene einzeichnen würde. Die Winkelsumme ist daher kleiner als 180

Grad. Auch eine Verschiebung des Dreiecks in alle Richtungen ist möglich, ohne daß das Dreieck die Fläche verläßt.
Weitere Flächen mit konstanter Krümmung gibt es nicht. Die Flächenmenschen müssen also, wenn sie das kosmologische Prinzip aufrecht erhalten wollen, davon ausgehen, daß ihr Weltall eine von drei möglichen Strukturen hat: Ebene, Kugeloberfläche oder Sattelfläche. Im Falle der Ebene und der Sattelfläche wäre ihr All unendlich ausgedehnt. Im Falle der Kugelfläche wäre es endlich.
Wir übertragen unsere Ergebnisse auf den dreidimensionalen Raum Wie bei den Flächenmenschen erhalten wir – wenn wir das kosmologische Prinzip aufrecht erhalten wollen – drei mögliche Raumstrukturen:
1. Das Weltall ist euklidisch und unendlich ausgedehnt. Dreiecke haben eine Winkelsumme von 180 Grad.
2. Das Weltalls ist die Oberfläche einer vierdimensionalen Kugel, wobei diese „Oberfläche" keine Fläche, sondern ein dreidimensionaler Raum ist. In diesem Fall ist das All zwar unbegrenzt, aber endlich. Wenn man immer geradeaus fliegt, kommt man an den Ausgangspunkt zurück. Dreiecke haben eine Winkelsumme, die größer als 180 Grad ist.
3. Das Weltall ist wie die Sattelfläche so aufgebaut, daß Dreiecke überall eine Winkelsumme haben, die kleiner als 180 Grad ist. In diesem Fall ist das Weltall unendlich ausgedehnt.

Weitere mögliche Strukturen gibt es nicht.
Man nennt einen Raum, in dem die Winkelsumme von Dreiecken größer als 180 Grad ist, elliptisch. Räume, deren Winkelsumme kleiner als 180 Grad ist, heißen hyperbolisch. Demnach ist das All entweder euklidisch oder elliptisch oder hyperbolisch. Im elliptischen Fall ist es endlich, im euklidischen oder hyperbolischen Fall unendlich ausgedehnt.
Es sei noch darauf hingewiesen, daß es sehr wohl Flächen und Räume gibt, die hyperbolisch und gleichzeitig wie die Kugelfläche endlich sind. Solche Flächen haben aber an verschiedenen Stellen verschiedene Krümmungen und genügen daher nicht dem kosmologischen Prinzip.

5.2 Astronomisches

In den folgenden Abschnitten müssen wir wiederholt auf Grundbegriffe der Astronomie zurückgreifen. Daher folgt eine kurze Beschreibung.
Unsere Erde bewegt sich mit einer Geschwindigkeit von ca. 30 Kilometern pro Sekunde um die Sonne. Dabei durchläuft sie eine fast kreisförmige Umlaufbahn von etwa 940 Millionen Kilometer Länge. Die Sonne selbst ist im Durchmesser über hundert mal so groß wie die Erde und hält durch ihre Anziehungskraft neun Planeten und zahlreiche Planetoiden, Kometen etc. auf ihren Umlaufbahnen. Die äußerste Bahn wird vom Planeten Pluto durchlaufen und hat einen Bahnradius von 5,9 Milliarden Kilometer.
Astronomische Längen kann man bekanntlich in Lichtjahren angeben. Dabei ist ein Lichtjahr die Länge, die das Licht in einem Jahr zurücklegt und beträgt $9,46 \cdot 10^{17}$ Kilometer, wie man leicht nachrechnet.
Wenn wir um die Sonne eine Kugel von 30 Lichtjahren legen, gibt es in dieser Kugel etwa 20 weitere Sterne. Der nächste ist Proxima Centauri mit einer Entfernung von 4,5 Lichtjah-

ren. Wenn wir noch weiter nach außen gehen, werden wir auch Sterne finden, die wesentlich größer als unsere Sonne sind. Es gibt Sterne, in denen unsere Erdbahn, die wir jährlich durchlaufen, bequem Platz finden würde. Unsere Sonne selbst ist ein Stern durchschnittlicher Größe und durchschnittlicher Helligkeit.

Würden wir eine Rakete besteigen und mit Lichtgeschwindigkeit geradlinig den Weltraum durchfliegen, würden immer neue Sterne vor uns auftauchen. Von Zeit zu Zeit würden wir in das Gravitationsfeld eines Sternes geraten. Nach spätestens 70 000 Jahren allerdings hätten wir einen leeren Raum erreicht, in dem es keine Sterne zu geben scheint. Wir können nunmehr Millionen Jahre weiterfliegen, ohne irgendeinem Stern zu begegnen. Je weiter wir in diesen leeren Raum hineinstoßen, um so besser erkennen wir, daß wir ein ganzes System von Sternen verlassen haben. Ähnlich wie man von einem Zug in der Nacht die Lichter einer Großstadt sieht und das Lichtermeer immer kleiner wird, sehen wir das Sternensystem, in dem unsere Sonne steht, immer mehr zusammenschmelzen zu einem kleinen Nebel. Der Weltraum ist durchsetzt mit derartigen Inseln, von denen jede aus Milliarden von Sternen besteht. Diese Inseln bezeichnen wir als Galaxien.

Unsere Galaxis, in der wir zu Hause sind, ist die Milchstraße. Sie ist wie die meisten Galaxien spiralförmig aufgebaut und hat über 100 Milliarden Sterne. Ihre längste Ausdehnung beträgt 80000 Lichtjahre.

Um uns eine Überblick über die Größenverhältnisse zu verschaffen, verkleinern wir das Universum im Maßstab 1 : 1 Milliarde. Die Sonne ist jetzt ein Feuerball von 1,40 Meter Durchmesser. Darum kreist im Abstand von 150 Metern eine Kugel vom Durchmesser 1,2 Zentimeter, unsere Erde. Der äußerste Planet Pluto hat einen Abstand von 6 Kilometern zu Sonne. Der nächste leuchtende Stern ist 43 000 Kilometer entfernt, bis zu Entfernung von 140000 Kilometer gibt es etwa 20 weitere Sterne.

Wir wollen über unser Planetensystem hinausblicken und verkleinern erneut im Maßstab 1 : 1 Million. Unsere Milchstraße mit ihren über 100 Milliarden Sternen füllt nunmehr einen Raum, der in grober Abschätzung dem Volumen entspricht, das entsteht, wenn man über der Fläche Deutschlands eine Höhe von 20 bis 50 Kilometer aufträgt. Der mittlere Abstand zwischen zwei Sternen ist jetzt 50 Meter. Irgendwo über der Lüneburger Heide befindet sich unsere Sonne. Sie hat einen Durchmesser von weniger als 0,002 Millimeter. Unsere Erdbahn, die wir im Jahr um die Sonne durchlaufen, hat den Abstand 0,15 Millimeter von der Sonne. Das ganze Sonnensystem hat einen Durchmesser von 12 Millimeter. Es ist klar, daß unsere Erde mit der Dicke von 0,0001 Millimeter nur mit dem Mikroskop zu entdecken ist. Der Stern, der der Sonne am nächsten steht, ist 43 Meter entfernt. Um die Strecke von 10 Metern zurückzulegen, benötigt das Licht ein Jahr.

Die nächste Galaxis, der Andromeda-Nebel, ist etwa 20 000 Kilometer entfernt.

Wir verkleinern unser Weltmodell nochmals im Maßstab 1 : 1 Million. Ein Lichtjahr entspricht jetzt der Länge von 0,01 Millimeter. Die Milchstraße schrumpft auf ein spiralförmiges Gebilde mit der längsten Ausdehnung von etwa 80 Zentimetern zusammen. Natürlich können wir unser Sonnensystem selbst mit den besten Mikroskopen nicht entdecken. Die über 100 Milliarden Sterne der Milchstraße haben einen mittleren Abstand von weniger als 0,05 Millimeter.

Wir betrachten in diesem Maßstab die Galaxien. Die nächste Galaxis, der Andromeda-Nebel, ist eine 20 Meter entfernte Weltinsel. Weitere Galaxien sind zum Beispiel die Galaxis Virgo mit 730 Meter Entfernung und die Galaxie Ursa Major mit 38 Kilometer Entfernung. Alle Galaxien bewegen sich durch den Raum und führen Drehbewegungen aus.

Aus Gründen, die wir in den nächsten Abschnitten besprechen werden, können wir von unserer Galaxis nur 190 Kilometer in den Raum hineinsehen. Was dahinter ist, bleibt für uns unsichtbar.

5.3 Der Doppler-Effekt

In diesem Abschnitt soll ein physikalisches Gesetz vorgeführt werden, das bei Anwendung auf kosmologische Verhältnisse wichtige Aussagen über die Raumstruktur liefert. Es handelt sich um den nach dem österreichischen Physiker C. Doppler benannten Doppler-Effekt, entdeckt im Jahre 1842. An einem einfachen Beispiel soll dieses Gesetz zunächst erläutert werden.
Herr Müller beabsichtigt, mit seinem Pkw in ein fernes Land zu fahren. Beim Abschied verspricht er seiner Gattin, ihr täglich eine Postkarte zu schicken. Die Reise beginnt. Frau Müller stellt zu ihrem Erstaunen fest, daß nur an jedem zweiten Tag eine Postkarte eintrifft. Beim ersten Telefonat nach sechs Tagen schwört Herr Müller, daß er täglich die versprochen Karte abgeschickt hat.
Hat Herr Müller die Unwahrheit gesagt? Nein, denn es könnte folgendes sein: Am Abend des ersten Tages schickt er die erste Karte ab, die am Nächsten Tag, also am zweiten Reisetag eintrifft. Die zweite Karte wird am zweiten Tag aufgegeben, aber inzwischen ist Herr Müller so weit gereist, daß diese Karte zwei Tage benötigt, bis sie Frau Müller erreicht. Also kommt sie am vierten Tag an. Die nächste Karte braucht – da Herr Müller noch weiter entfernt ist – drei Tage usw. Jede Postkarte hat einem längeren Weg zurückzulegen als die vorhergehende. Die Karten können also, wenn Herr Müller schnell genug reist, nicht täglich eintreffen, obwohl sie täglich abgeschickt werden.
Übrigens: Wenn Herr Müller seine Heimreise antritt, gibt es genau den umgekehrte Effekt. Jede Karte hat einen kürzeren Weg als die vorhergehende, ist also schneller am Ziel. Frau Müller erhält öfter zwei Karten am Tag, obwohl ihr Ehemann nur eine abschickte.
Man kann dieses Prinzip auch allgemeiner formulieren: Wenn ein Objekt sich von uns entfernt und regelmäßig Signale aussendet, treffen diese Signale bei uns verzögert ein, also in größeren Zeitabständen. Wenn das aussendende Objekt sich nähert, gilt umgekehrt, daß die Signale mit kürzeren Zeitabständen eintreffen. Dies ist der Doppler-Effekt.
Wenn Sie in einer Autobahnraststätte sitzen, können Sie den Doppler-Effekt direkt wahrnehmen, wenn Sie auf den Lärm der vorbeifahrenden Autos achten. Ein sich näherndes Auto sendet Schallwellen aus. Wie bei jeder Welle werden in regelmäßigen Abständen Wellenberge als Signale abgeschickt. Da sich das Auto nähert, nehme ich diese Signale mit einer Zeitverkürzung wahr, das heißt, ich nehme pro Sekunde mehr Schwingungen auf, als sie von der Schallquelle ausgesandt wurden. Ich höre das Geräusch in einer höheren Tonlage, als es in Wirklichkeit ist. Sobald aber das Auto an mir vorbeigefahren ist, gilt die Umkehrung: Das Auto entfernt sich, ich höre den Ton tiefer, da die Zeitabstände zwischen den eintreffenden Wellenbergen länger sind.
Jeder, der am Radio oder Fernsehen die Übertragung eines Autorennens miterlebte, hat diesen akustischen Effekt erlebt. Da auch das Licht eine Wellennatur besitzt, gibt es auch hier den Doppler-Effekt. Bei einer sich mit hoher Geschwindigkeit nähernden Lichtquelle ist die Lichtfrequenz erhöht, bei einer sich entfernenden Lichtquelle ist sie erniedrigt.

Nun gibt die Frequenz des sichtbaren Lichtes die Farbe an, mit der wir das Licht wahrnehmen. Die Farben rot, grün, gelb, violett sind durch Frequenzen bestimmt, die zwischen $4 \cdot 10^{14}$ und $7{,}5 \cdot 10^{14}$ Schwingungen pro Sekunde liegen. Der Frequenz $4 \cdot 10^{14}$ Hz entspricht rot. Wenn wir die Frequenz erhöhen, geht die Farbe über in gelb, grün und dann blau. Schließlich erhalten wir violett. Die ganze Farbskala, geordnet nach Frequenzen, kann man sehr schön am Regenbogen beobachten.

Wenn eine Lichtquelle sich entfernt, gilt der Doppler-Effekt. Die Frequenzerniedrigung bewirkt eine Verschiebung in der Farbskala ins Rote hinein. Man spricht von einer Rotverschiebung. Umgekehrt bewirkt eine sich nähernde Lichtquelle eine Frequenzerhöhung, also eine Verschiebung nach blau oder violett.

Die Folgerung für die Astronomie ist einfach: Wenn das Licht eines Sternes – verglichen mit anderen Sternen oder mit der Sonne – ins Rote verschoben ist, entfernt er sich von uns. Die Fluchtgeschwindigkeit kann man aus der Frequenzänderung direkt berechnen. Umgekehrt bedeutet eine Violettverschiebung, daß der Stern sich uns nähert.

Der Doppler-Effekt des Lichtes bietet also eine ausgezeichnete Möglichkeit, Bewegungen der Sterne von uns weg oder auf uns zu zu ermitteln.

5.4 Das All dehnt sich aus

Der Amerikaner Edwin P. Hubble war bereits erfolgreicher Jurist und Boxer, als er sich entschloß, Astronom zu werden. In den zwanziger Jahren arbeitete er in dem bekannten Observatorium auf dem Mount Wilson, wo er einer Vermutung nachging, die schon früher geäußert worden war, nach der die Galaxien sich von uns fortbewegen.

Ein Kollege Hubbles, V.M. Sliper, hatte für das Licht der Galaxien eine Rotverschiebung festgestellt (In den meisten Büchern wird diese Entdeckung irrtümlich Hubble zugesprochen). Hubble dehnte die Untersuchungen Slipers zusammen mit seinem Assistenten Milton Humason auch auf entferntere Galaxien aus. Dabei machte er eine sehr erstaunliche Feststellung: Die Galaxien bewegen sich um so schneller von uns weg, je weiter sie entfernt sind. Er fand die einfache Beziehung

$$\text{Fluchtgeschwindigkeit} = H \cdot \text{Entfernung}$$

wobei H eine konstante Zahl ist, die Hubble-Konstante. Dies bedeutet, daß Galaxien, die doppelt so weit entfernt sind, sich auch doppelt so schnell von uns fortbewegen. Die Fluchtgeschwindigkeit wird um so größer, je weiter wir ins All vorstoßen.

Diese Entdeckung Hubbles war eine wissenschaftliche Sensation, denn sie veränderte das kosmologische Weltbild der damaligen Zeit.

Wegen der Ungenauigkeit der Meßverfahren und da Hubble nur wenig Daten zur Verfügung standen, war die von ihm ermittelte Konstante nicht sehr genau. Im Laufe der Jahre ist sie immer wieder verbessert worden, so daß man scherzhaft auch von der Hubble-Variablen sprach.

Eine der letzten Messungen wurde 1990 eingeleitet, als das Hubble-Teleskop auf eine etwa 600 Kilometer hohe Umlaufbahn um die Erde gebracht wurde. Diese Meßstation im Weltraum lieferte viele sensationelle Bilder, so zum Beispiel Bilder über die bis dahin unbekannte Oberfläche des Pluto. Es wurde Zeuge einer Kollision zweier Galaxien, die mit einer

Geschwindigkeit von 1,6 Millionen Kilometern pro Stunde ineinanderrasten und fotografierte den Staub, der sich aus den Sternen bildete. Im Jahre 1994 wurde die Hubble-Konstante neu vermessen und das Teleskop lieferte den Wert

$$H = 87 \pm 7 \text{ km s}^{-1} \text{ Mpc}^{-1}$$

Mpc steht hier für „Megaparsec" und ist eine von den Astronomen benutzte Längeneinheit. 1 Mpc ist die Länge von 3 262 000 Lichtjahren. Die Hubble- Konstante besagt demnach, daß ein Stern, der ein Megaparsec entfernt ist, sich mit der Fluchtgeschwindigkeit von 87 Kilometern pro Sekunde von uns entfernt. Die Galaxie Hydra, die 3,96 Milliarden Lichtjahre von uns entfernt ist, hat demnach eine Fluchtgeschwindigkeit von

$$v = H \cdot r = 87 \cdot 3\,960\,000\,000 / 3\,262\,000 = 105\,648 \text{ km/s}$$

Sie entfernt sich demnach mit etwa 105 000 Kilometern pro Sekunde von uns fort.
Alle Galaxien des Universums bewegen sich von der Milchstraße fort. Kann man daraus den Schluß ziehen, daß wir im Mittelpunkt des Alls stehen, also eine besonders exponierte Stelle im All einnehmen? Keineswegs. Stellen Sie sich einen Luftballon vor, der gerade aufgeblasen wird. Wenn wir vorher mit einem Stift viele Punkte auf die Hülle des Ballons malen, stellen wir beim Aufblasen fest, daß sich alle Punkte voneinander entfernen. Würden wir nun einen Floh auf einen der Punkte setzen, so wird dieser behaupten, daß sich beim Aufblasen alle Punkte von ihm fortbewegen. Setzen wir den Floh auf eine andere Stelle, wird er das gleiche sagen. Kein Punkt ist also ausgezeichnet vor den anderen.
Genau so ist es möglich, daß sich das Weltall in einem stetigen Ausdehnungsprozeß befindet, ähnlich wie bei einem Ballon, den man aufbläst.
Daraus ergibt sich eine aufregende Konsequenz: Wenn alle Galaxien sich von uns fortbewegen, müssen sie irgendeinmal hier gewesen sein. Anders formuliert: Es muß einen Anfang in der Geschichte des Alls gegeben haben, eine Art Explosion, die alles in Gang setzte. Die Astronomen nennen diesen Anfang respektlos *Urknall* oder *Big Bang*. Dieser Anfang bedeutet gleichzeitig den Anfang der Zeit.
Da wir die Fluchtgeschwindigkeiten der Galaxien kennen, können wir leicht ausrechnen, vor wieviel Jahren die Zeit und damit die Geschichte des Universums begann. Die Rechnung ist einfach und ergibt ein Alter von etwa 10 Milliarden Jahren. Vor 8 bis 12 Milliarden Jahren begann demnach die Existenz des Universums und damit auch die Zeit.
Man kann das Alter des Alls auch an Hand der Entwicklung der Sterne ausrechnen. Die Sterne müssen nach diesen Berechnungen etwa 12 Milliarden Jahre existieren. Offenbar existiert hier eine Inkonsistenz. Ist das Alter des Alls nun 8 Milliarden oder 12 Milliarden Jahre? Der Widerspruch konnte bis heute noch nicht voll geklärt werden.
Bis Anfang der siebziger Jahre gab es Astronomen, die die Deutung der Rotverschiebung durch den Urknall anzweifelten. Sie legten konkurrierende Theorien vor, die ebenso eine Rotverschiebung zu erklären in der Lage sind. Da diese Theorien heute keine große Bedeutung mehr haben, soll hier nicht näher darauf eingegangen werden. Die Urknalltheorie – also daß das All in einer gewaltigen Explosion entstand – wurde 1964 nämlich durch die Entdeckung der Hintergrundstrahlung bestätigt, so daß heute fast alle Kosmologen die Urknalltheorie akzeptieren. Mit der Hintergrundstrahlung werden wir uns noch in einem späteren Abschnitt beschäftigen.

Der Zeitpunkt, an dem die Urknalltheorie von fast allen Astronomen allgemein akzeptiert wurde, war um 1973. Damals fand in Krakau zum 500. Geburtstag von Kopernikus ein Symposium statt, bei dem erstmals zum Urknallmodell konkurrierende Theorien keine Rolle mehr spielten.

5.5 Die Einsteinschen Gleichungen

Wir kehren zurück zur Allgemeinen Relativitätstheorie. Wir stellten fest, daß, falls der Weltraum gekrümmt ist und die Krümmung stets in der Nähe von Sternen und Planeten besonders groß ist. Je größer die Gravitationskraft, um so größer die Krümmung. Überall dort, wo Gravitation herrscht, ist der Raum gekrümmt. Überall dort, wo eine Raumkrümmung vorhanden ist, gibt es ein Gravitationsfeld. Man könnte die Gravitation als eine Folge der Raumkrümmung auffassen und umgekehrt.
Einstein versuchte, diese Aussagen mathematisch zu formulieren. Dabei kam ihm zu Hilfe, daß der Göttinger Mathematiker G.F. Riemann bereits den Begriff der Krümmung eines dreidimensionalen Raumes exakt definiert hatte. Die Krümmung beschrieb er durch eine Größe, die die Mathematiker Krümmungstensor nennen. Einstein versuchte nun, diesen Krümmungstensor in Relation zu setzen zur Verteilung von Materie und Energie im Raum. Die Gleichungen, die er dadurch erhielt, bezeichnet man als die „Einsteinschen Gleichungen". Im mathematischen Sinne bilden sie ein System von Differentialgleichungen.
Wenn man diese Gleichungen löst, erhält man die Raum-Zeit-Geometrie des Weltalls.
Als Einstein 1917 die Lösungen seiner Gleichungen suchte, war die Expansion des Alls noch nicht bekannt. Einstein ging daher von einer statischen Lösung aus, die ein zeitlich unveränderliches All beschreibt. Da er diese Lösung nicht fand, führte er ein zusätzliches Glied ein, die kosmologische Konstante. Die Lösung der so verfälschten Gleichungen war statisch. Später, als Hubble sie Expansion entdeckt hatte, bedauerte Einstein die Einführung seiner kosmologischen Konstante.
1922 – noch vor der Entdeckung Hubbles – fand der Russe Alexander Friedmann die allgemeine Lösung der Einsteinschen Gleichungen. Diese Lösung schloß die Expansion des Alls ein.

5.6 Die Raum-Zeit-Struktur des Alls

Um die von Friedmann gefundenen Lösungen der Einsteinschen Gleichungen diskutieren zu können, müssen wir etwas weiter ausholen.
Das All expandiert. Diese Expansion ist eine Folge der Kräfte, die beim Urknall das Alls entstehen und explodieren ließen. Seitdem werden die Galaxien auseinandergetrieben. Wird dieses Auseinanderstreben ewig anhalten?
Die Expansion würde dann zum Stillstand kommen, wenn es eine Kraft gäbe, die eine Bremswirkung hat, die also die Galaxien und Materieteile wieder zusammenführen will. Eine solche Kraft aber ist bekannt: die Gravitation. Während das Alls expandiert und auseinanderfliegt, wird dieses Auseinanderstreben gleichzeitig durch die Gravitation gebremst. Also muß die Expansion immer langsamer werden. Offenbar gibt es zwei Möglichkeiten:

1. Die Gravitation wird langfristig gewinnen und die Expansion bremsen. Irgendwann werden die Galaxien in ihrer Fluchtbewegung zum Stillstand kommen. Danach wird die Gravitation die Materieteilchen wieder zusammenfallen lassen. Nach der Phase der Expansion folgt eine Phase der Implosion.
2. Die Gravitation ist zu schwach, um die Expansion zu bremsen. In diesem Fall wird das All sich ewig und für alle Zeiten ausdehnen.

Die Situation ist ähnlich wie beim Abschuß einer Kugel von der Erdoberfläche. Wenn die Abschußgeschwindigkeit senkrecht nach oben groß genug ist, kann die Kugel das Gravitationsfeld der Erde verlassen und in den Weltraum entweichen. Sie wird dann ewig weiterfliegen. Ist die Abschußgeschwindigkeit kleiner, wird irgendwann die Gravitation überwiegen und die Kugel wieder zurückfallen lassen.

Die Gravitationskraft im All ist um so größer, je mehr Materie vorhanden ist, denn jedes Materieteilchen bewirkt eine Anziehung. Präziser ausgedrückt: Wenn die mittlere Materiemenge pro Volumeneinheit – zum Beispiel pro Kubikzentimeter – groß ist, ist auch die Gravitation groß. Wenn man die mittlere Masse pro Kubikzentimeter als Materiedichte ρ bezeichnet, kann man die folgende Aussage machen:

Das Weltall wird ewig expandieren, wenn die Materiedichte ρ so klein ist, daß eine Bremswirkung zu schwach ist, wenn also ρ einen kritischen Wert nicht übersteigt. Wenn wir diesen kritischen Wert mit ρ_{krit} bezeichnen, muß gelten: $\rho < \rho_{krit}$ In diesem Fall ist die Gravitation wegen der kleinen Materiedichte zu schwach, um die Expansion zu bremsen. Das Weltall wird dagegen nach einer Phase der Expansion wieder zusammenfallen, falls $\rho > \rho_{krit}$ ist, wenn also die Gravitation stark genug ist.

Nunmehr können wir uns den von Friedmann gefundenen Lösungen der Einsteinschen Gleichungen zuwenden. Sie enthalten genau jenen kritischen Dichtewert ρ_{krit}, den wir oben einführten. Es sei wie oben ρ die mittlere Materiedichte im Universum. Friedmann erhielt die folgenden drei Lösungen, die für verschiedene Fälle gültig sind:

- Fall 1: $\rho < \rho_{krit}$ Das All ist elliptisch und wird nach einer Phase der Expansion wieder zusammenfallen.
- Fall 2: $\rho = \rho_{krit}$ Das All ist euklidisch. Die Expansion wird ewig weitergehen.
- Fall 3: $\rho > \rho_{krit}$ Das All ist hyperbolisch. Die Expansion wird ewig weitergehen.

Was würden diese Aussagen für die Welt der Flächenmenschen bedeuten? Wenn die Materiedichte kleiner ist als der kritische Wert, also $\rho < \rho_{krit}$, ist deren Welt elliptisch, also – wie wir früher feststellten – gleich der Oberfläche einer Kugel. Diese Kugel bläht sich auf mit einer Geschwindigkeit, die immer langsamer wird, bis die Kugel schließlich eine maximale Ausdehnung erreicht und dann infolge der Gravitation wieder in sich zusammenfällt. Ist die Materiedichte gleich dem kritischen Wert, also $\rho = \rho_{krit}$, besteht das All aus einer unendlich ausgedehnten Ebene. Die Expansion geht immer weiter. Am einfachsten stellt man sich ein Gummituch vor, das von allen Seiten auseinandergezogen wird. Ist schließlich die Materiedichte größer als der kritische Wert, also $\rho > \rho_{krit}$, ist die Geometrie die einer Sattelfläche. Auch jetzt ist das All unendlich ausgedehnt und expandiert ewig.

Für das uns umgebende Weltall bedeutet dies, daß es entweder unendlich ausgedehnt ist und ewig expandieren wird oder wie die Oberfläche einer Kugel endlich ist und irgendwann wieder in sich zusammenfallen wird.

Gibt es Aussagen darüber, welcher der beschriebenen Fälle für unser Weltall gültig ist? Die kritische Materiedichte, die die Friedmannschen Lösungen liefern, beträgt

$$\rho_{krit} = 5 \cdot 10^{-30} \text{ Gramm pro Kubikzentimeter}$$

Diese Dichte ist so, als würden sich in einem Würfel mit der Kantenlänge von einhunderttausend Kilometern fünf Gramm Materie befinden oder als würden drei Wasserstoffatome auf ein Kubikmeter kommen. Für die tatsächliche Materiedichte gibt es nur sehr ungenaue Schätzungen. Diese liegen weit unterhalb des kritischen Wertes ρ_{krit}, so daß man annehmen könnte, daß das All hyperbolisch ist und ewig expandieren wird. Leider existiert aber ein Unsicherheitsfaktor, den wir nicht abschätzen können. Das Weltall ist angefüllt mit winzigen Teilchen, den Neutrinos. Diese Teilchen sind so klein, daß sie die größten Sterne ungehindert durchfliegen können ohne mit einem Atom auch nur einmal zusammenzustoßen. Man schätzt, daß jeder Kubikmeter des Weltalls 300 bis 400 Neutrinos enthält. Unser menschlicher Körper wird in jeder Sekunde von zwanzig Millionen dieser Teilchen durchkreuzt. Man weiß nicht, ob Neutrinos eine winzige Masse besitzen oder ob deren Masse null ist. Wenn sie eine Masse besitzen, tragen sie zur Gravitation und damit zur Bremswirkung bei.

Es ist also nicht bekannt, welche der drei möglichen Geometrien das Weltall besitzt. In der Abbildung 12 sind die Entfernungen zwischen zwei Galaxien in Abhängigkeit von der Zeit für verschiedene Geometrien aufgetragen.

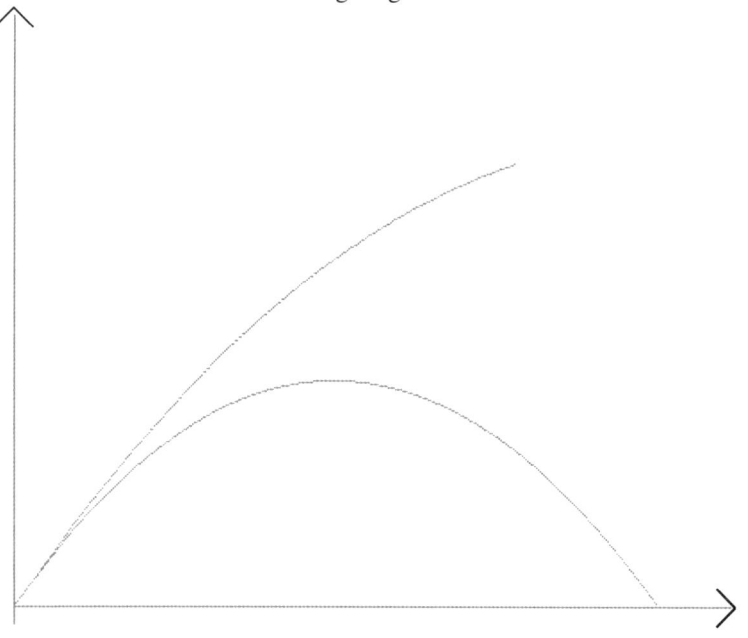

Abb. 12 : Trägt man den Abstand zweier Galaxien in Abhängigkeit von der Zeit auf, ergeben sich die folgenden drei Möglichkeiten: Im Falle der elliptischen Geometrie fällt das Universum nach der Expansion wieder in sich zusammen (untere Kurve). In Falle der euklidischen Geometrie und im Falle der hyperbolischen Geometrie expandiert das All ewig (obere Kurve).

Grundlage für die hier diskutierten Modelle ist die Expansion des Alls. Es hat nach Hubble immer wieder Forscher gegeben, die die Rotverschiebung nicht der Expansion, sondern anderen physikalischen Effekten zuschrieben, die also die Existenz der Expansion bezweifelten. Im Jahre 1964 allerdings gab es eine Entdeckung, die man eigentlich nur durch die Expansion des Alls erklären kann: die Hintergrundstrahlung. Dieser wollen wir uns in den nächsten Abschnitten zuwenden.

5.7 Moleküle, Atome, Elementarteilchen

Wie die Chemie lehrt, besteht die uns umgebende materielle Welt aus Molekülen. Die Anzahl der Moleküle eines Körpers, einer Flüssigkeit oder eines Gases ist unvorstellbar groß. Würde man zum Beispiel die Moleküle eines Kubikzentimeter Wasserdampfes hintereinander anordnen, erhielte man eine Kette, die der mehrfachen Strecke Erde-Mond in ihrer Länge entspricht. Andererseits sind die Moleküle so klein, daß man bei einer Kette von einem Millimeter bereits viele Millionen benötigt.
Moleküle bestehen aus Atomen. Nach dem Bohrschen Atommodell rotieren um einen Kern Elektronen, die durch elektrische Anziehungskräfte an den Kern gebunden werden. Der Radius des Kerns ist etwa 10 000 bis 100000 mal kleiner als der Atomradius, trotzdem besitzt der Kern etwa 99 % der Atommasse. Würde man die Atomkerne der Eisen-Jahresproduktion zusammenpacken, würde die so komprimierte Masse bequem in einer Streichholzschachtel Platz finden.
Der Kern selbst besteht aus zwei Typen von Teilchen: den Protonen und Neutronen. Die Protonen sind elektrisch positiv und binden die umlaufenden Elektronen, die Neutronen sind elektrisch neutral. Ein Neutron kann sich in ein Proton verwandeln unter Ausstoßung eines Elektrons (β-Zerfall). Um 1930 bereitete dieser Neutronenzerfall den Physikern einige Kopfzerbrechen, da die Energie des Neutrons vor dem Zerfall nicht mit der Gesamtenergie von Proton und Elektron nach dem Zerfall übereinstimmt. Dieses ist etwa so, als würde man einen Zehnmarkschein wechseln lassen und würde nur 9,98 DM herauskriegen. Ein Teil der Energie fehlte in der Energiebilanz. 1930 fand der Züricher Physiker Wolfgang Pauli die Lösung, indem er vorschlug, die Existenz eines weiteren Teilchens anzunehmen, das beim Neutronenzerfall entsteht und schlug für dieses Teilchen den Namen Neutrino vor. Neutrinos, deren Existenz inzwischen experimentell nachgewiesen wurde, sind so winzig, daß sie unsere Erde mühelos durchfliegen können, ohne mit einem Atomkern zusammenzustoßen.
Neben Neutronen, Protonen, Elektronen und Neutrinos gibt es viele weitere Elementarteilchen, die allerdings nur eine äußerst kurze Lebensdauer (winzige Bruchteile von Sekunden) haben. So haben wir früher bereits die Myonen kennengelernt mit einer Lebenszeit von 0,0000022 Sekunden.
Anfang der siebziger Jahre stellte sich heraus, daß die meisten dieser Teilchen – so zum Beispiel auch Neutronen und Protonen – sich aus einfacheren Subteilchen, den Quarks zusammensetzen. Das Konzept der Quarks war bereits 1964 von den Physikern Murray-Gell-Mann und George Zweig vorgeschlagen worden. Die Theorie verlangt die Existenz von sechs Quarks, dem u-, d-, s-, c-, b- und t-Quark. Das Proton besteht aus zwei u-Quarks und einem d-Quark, das Neutron besteht aus einem u-Quark und zwei d-Quarks. Alle Ele-

mentarteilchen mit Ausnahme der Elektronen, Myonen und τ-Teilchen sowie der Neutrinos bestehen aus Quarks.

Im Laufe der Zeit sind alle sechs Quarks experimentell gefunden worden. Das letzte Quark fand man 1984 im Europäischen Kernforschungszentrum CERN in Genf.

Das Kapitel über den Aufbau der Materie wäre unvollständig, wenn wir nicht über jene seltsamen Teilchen berichten würden, die man als Antimaterie bezeichnet. Der englische Physiker Paul Dirac hatte bereits 1931 auf Grund theoretischer Überlegungen die Existenz von Teilchen vorausgesagt, die man heute Positronen nennt. Sie sind die Antiteilchen zu den Elektronen. Später fand man, daß es zu allen Elementarteilchen Antiteilchen gibt mit den folgenden Eigenschaften:
1. Wenn man ein Teilchen mit seinem Antiteilchen zusammenbringt, werden beide vollständig vernichtet und lösen sich in Strahlung auf.
2. Wenn zwei Teilchen zusammenstoßen, können hierbei Antiteilchen entstehen.

Auf weitere Eigenschaften soll hier nicht eingegangen werden. Natürlich gibt es auch zu den Quarks Antiteilchen, die Antiquarks.

In dem Kapitel über die Quantenmechanik werden wir uns mit einem weiteren Teilchen beschäftigen, dem Photon. Licht und elektromagnetische Strahlung besteht aus Photonen, sie haben die Masse null. und besitzen keine Antiteilchen.

5.8   Die Hintergrundstrahlung

Im Jahre 1964 wollten die Radioastronomen Arno A. Penzias und Robert W. Wilson vom Forschungslabor der Bell Telephone Company in New Jersey, USA, Radiowellen vermessen, die aus unserer Galaxie stammen. Bei der Wellenlänge 7,34 cm stellten sie eine Strahlung fest, die aus allen Richtungen gleichmäßig auf die Antenne einströmte. Diese Strahlung war sehr schwach und konnte nicht aus der Milchstraße stammen, denn sonst hätte sie – da wir uns nicht im Zentrum der Galaxie befinden – eine bevorzugte Richtung gehabt. Folgerichtig untersuchten Penzias und Wilson zunächst einmal ihre Apparaturen, ob nicht irgendein technischer Fehler vorliege. Ein solcher Fehler war nicht auffindbar.

Daß es sich bei der Entdeckung dieser Strahlung um den bedeutendsten Fortschritt in der Kosmologie seit der Entdeckung der Rotverschiebung handelte, wurde erst richtig klar, als Penzias und Wilson durch Zufall Kontakt mit einigen Wissenschaftlern der Princeton University bekamen.

Diese Wissenschaftler, darunter P.J.E. Peebles und H.D. Dicke, hatten die Existenz einer solchen Strahlung vorausgesagt. Unabhängig davon waren bereits 1948 Gamow, Alpher und Herman durch theoretische Ansätze darauf gekommen, daß es eine solche Strahlung geben müsse.

Um das Wesentliche dieser Theorien nachzeichnen zu können, müssen wir etwas weiter ausholen. Temperaturen kann man sowohl auf der Celsiusskala als auch auf der Kelvinskala messen. Null Grad Kelvin (oder 0 K) ist die Temperatur im Vakuum (oder im Weltraum) und entspricht -273,2 Grad Celsius. Nun kann man auch einer elektromagnetischen Strahlung (bei einer bestimmten Wellenlänge) eine Temperatur zuordnen, die zum Beispiel in Kelvin gemessen wird. Diese Temperatur gibt die Höhe der Intensität der Strahlung an: Je höher die Intensität, um so höher die Temperatur. Die Angabe der Strahlungsintensität

durch die Temperatur ist bei Radioingenieuren üblich. Man spricht von Äquivalent-Temperatur. Die von Penzias und Wilson entdeckte Strahlung hatte eine Äquivalent-Temperatur von 3,5 Grad Kelvin und war damit außerordentlich schwach.
Die Gedankengänge der oben erwähnten Theoretiker waren nun die folgenden: Das Universum besteht heute zu dreiviertel aus Wasserstoffatomen. Nach der Urknalltheorie hätte aber in den ersten Minuten nach Entstehung des Weltalls wesentlich mehr Wasserstoff zu höheren Elementen fusionieren müssen als geschehen und der Wasserstoffanteil müßte heute niedriger sein. Daß dieses nicht so ist, läßt den Schluß zu, daß in den Anfängen eine hochenergetische elektromagnetische Strahlung die Elementbildung behinderte. Diese Strahlung muß eine Äquivalent-Temperatur von vielen Millionen Grad Kelvin gehabt haben. So wie ein Gas sich abkühlt, wenn man sein Volumen vergrößert, muß die Temperatur dieser Strahlung gesunken sein, als das Universum sich ausdehnte. Berechnungen ergaben, daß die Temperatur dieser Strahlung heute bei 10 K liegen muß. Die von Penzias und Wilson entdeckte Strahlung maß 3,5 K, so daß man die Temperatur in den theoretischen Berechnungen ein wenig überschätzt hatte.
Vom heutigen Standpunkt aus ist es erstaunlich, daß man nach der Vorhersage dieser elektromagnetischen Strahlung – man bezeichnet sie als Hintergrundstrahlung – nicht systematisch danach gesucht hat und ihre Entdeckung nur einem Zufall zu verdanken ist. Heute besteht bei den Astrophysikern kein Zweifel, daß es sich bei der in New Jersey entdeckten Strahlung um die Hintergrundstrahlung handelt, um Reste einer Urstrahlung, die – wie wir noch sehen werden – die Gesetze im Universum in den ersten Minuten und Jahren nach dem Urknall wesentlich bestimmte.

5.9   Was geschah nach dem Urknall?

Natürlich ist es eine hochinteressante Frage, wie das Universum in den ersten Jahren oder gar in den ersten Minuten oder Sekunden seines Bestehens aussah. Da wir in den letzten Jahrzehnten die Naturgesetze der Elementarteilchen immer besser zu verstehen gelernt haben, brauchen wir diese Gesetze nur auf die energetischen und räumlichen Bedingungen der ersten Jahre und Minuten anzuwenden, um Aussagen machen zu können.
Bevor wir diese Aussagen begründen und herleiten, sollen einige Eigenschaften der Elementarteilchen näher erläutert werden.
Beschleunigt man zwei Elementarteilchen auf hohe Geschwindigkeiten und läßt sie dann aufeinanderprallen, entsteht an der Aufprallstelle ein Energieball, der sich oft in neue Teilchen auflöst, die in verschiedene Richtungen davonfliegen. In den Kernforschungszentren beschleunigt man oft nur einen Teilchentyp, zum Beispiel Elektronen oder Protonen, und die so beschleunigten Teilchen läßt man dann auf ruhende Elementarteilchen (Target) aufprallen. Der Effekt ist der gleiche. Bahnen, in denen die Teilchen auf hohe Geschwindigkeiten gebracht werden, sind oft kreisförmig und haben eine Länge von mehreren Kilometern. So hat zum Beispiel das Synchroton bei CERN (Genf) eine Länge von 7 Kilometer.
Will man auf diese Art ein Elementarteilchen mit der Masse m erzeugen, muß beim Aufprall der erzeugenden Teilchen mindestens die Energie $W = m \cdot c^2$ entstehen, denn – wie wir früher sahen – enthält jedes Teilchen der Masse m die Energie $m \cdot c^2$. Der an der Aufprallstelle entstehende Energieball muß also so groß sein, daß seine Gesamtenergie größer oder zumindest gleich $m \cdot c^2$ ist. Nun ist der Zahlenwert von c^2 gleich $300\,000^2 = 9 \cdot 10^{10}$ so riesig,

daß der zu erzeugende Energiewert nur zustande kommt, wenn die aufprallenden Teilchen äußerst hohe Geschwindigkeiten haben.

Man kann obige Aussage auch so formulieren: In einem Materiegemisch werden beim Zusammenprall von Partikeln neue Teilchen entstehen, wenn die Energiedichte und damit die Temperatur sehr hoch ist. Wenn wir nun das expandierende Weltall in der Zeit zurückverfolgen, so war der Abstand zwischen den Galaxien vor Milliarden von Jahren sehr viel geringer als heute. So wie ein Gas sich erwärmt, wenn man es zusammenpreßt, muß auch die Temperatur im Weltall (zum Beispiel die Äquivalent-Temperatur der Hintergrundstrahlung) um so höher gewesen sein, je weiter wir die Zeit zurückverfolgen.

Man kann sogar die Abhängigkeit der Temperatur von der Größe des Weltalls berechnen. Als zum Beispiel das All nur halb so groß war wie heute, waren auch die Wellenlängen der Hintergrundstrahlung nur halb so groß. Kleinere Wellenlängen ergeben aber nach einem einfachen physikalischen Gesetz (Wiensches Verschiebungsgesetz) eine höhere Temperatur. Demnach war die Temperatur damals doppelt so hoch. Als das Weltall 10 000 mal kleiner war als heute, war die Temperatur der Hintergrundstrahlung entsprechend 10000 mal so hoch, also 35 000 Grad Kelvin. Wenn wir aber die Temperatur des Universums zu jedem früheren Zeitpunkt berechnen können, können wir auch die materiellen Bedingungen früherer Zeiten ziemlich genau angeben.

Wir wollen jetzt nachzeichnen, wie das Universum in den ersten Sekunden, Minuten und Jahren nach dem Urknall aussah. Die allerersten Anfänge liegen hinter einem Schleier, den wir heute und vielleicht auch nie durchdringen können.

Heute versuchen die Kosmologen, die Geschichte des Universums bis zu den ersten 10^{-45} Sekunden seines Bestehens zurückzuverfolgen. Um für noch frühere Zeiten Aussagen machen zu können, müßte man die Allgemeine Relativitätstheorie durch eine Quantentheorie der Gravitation ersetzen, die es aber bisher nur in spekulativen Ansätzen gibt.

Für die frühesten Anfänge nimmt man an, daß das All von einem homogenen, sehr heißen Elementarteilchengas angefüllt war, das den gesamten Raum ausfüllte. Es bestand im wesentlichen aus Photonen, Neutronen, Protonen, Elektronen, Neutrinos und deren Antiteilchen Die Temperatur betrug nach 10^{-45} Sekunden zwischen 10^{20} und 10^{30} Grad Kelvin. Stets zerfielen Neutronen, Protonen und Elektronen mit ihren Antiteilchen in Photonen.

Als die Temperatur innerhalb der ersten Sekunde etwa elftausend Milliarden Grad Kelvin erreichte, war die Energie des Elementarteilchengases nicht mehr groß genug, um Protonen und deren Antiteilchen sowie Neutronen und Antineutronen zu erzeugen. Die Folge war, daß diese heißen Teilchen in der Ursuppe des Universums schlagartig weniger wurden. Da zudem die vorhandenen Protonen und Neutronen mit ihren Antiteilchen zerstrahlten, bestand das All ab jetzt im wesentlichen aus Photonen, Elektronen, Neutrinos und deren Antiteilchen (Es gab noch weitere Teilchen, auf die hier aber nicht näher eingegangen werden soll). Die Existenz der Materie in den Galaxien zeigt allerdings, daß nicht alle Protonen/Neutronen zerstrahlt sein können. Daraus folgt, daß mehr Materie als Antimaterie vorhanden gewesen sein muß. Allerdings war die Anzahl der Neutronen und Protonen im Verhältnis zu den anderen Teilchen so gering, daß sie ab jetzt in der Elementarteilchensuppe es Universums lediglich eine leichte Verunreinigung darstellten. Eine etwas ungenaue Schätzung besagt, daß auf etwa 10 Milliarden Photonen ein Neutron bzw. ein Proton kam. Dieses zahlenmäßige Verhältnis von Neutronen/Protonen zu Photonen hat sich seitdem nicht verändert und gilt heute noch.

Die Materiedichte war zu diesem Zeitpunkt noch so groß, daß selbst Neutrinos, die in ihrer Kleinheit die Erde durchfliegen können, ohne mit einem Atom zu kollidieren, permanent mit anderen Teilchen zusammenstießen. Die Energiedichte entsprach einer Massendichte von mehr als einer Milliarde Kilogramm pro Liter.

Das Weltall expandierte weiter und die Temperatur sank. Als irgendwann in den ersten Minuten sechs Milliarden Grad Kelvin erreicht wurden, gab es eine weitere Veränderung. Die vorhandenen Elektronen und Positronen, die bisher wichtige Bestandteile des Alls waren, zerstrahlten zu einem großen Teil. Es blieben nur die Elektronen übrig, die später zur Bildung der Atome benötigt wurden.

Bei drei Milliarden Grad Kelvin bildeten sich aus Protonen und Neutronen die ersten Atomkerne. Diese waren zunächst nur leichte Atomkerne, schwerere Kerne bildeten sich erst in einem sehr viel späteren Stadium im Inneren der Sterne.

Nach einer Stunde haben wir das folgende Bild. Die Temperatur liegt bei ungefähr Hundert Millionen Grad Kelvin. Die Energiedichte entspricht einer Massendichte von weniger als einem Kilogramm pro Liter Die ersten leichten Atomkerne haben sich gebildet.

Es folgt eine weitere Ausdehnung und Abkühlung des Universums. Nach 700000 Jahren entstehen aus Atomkernen und Elektronen stabile Atome. Dies sind zunächst nur leichte Atome wie Wasserstoff und Helium. Die Atome verdichten sich später zu Galaxien und Sternen, und im Innern der Sterne entstehen durch deren Gravitationsdruck schwere Atome. Die Photonen sind von den Atomen entkoppelt und bilden das, was wir heute als Hintergrundstrahlung bezeichnen. Die Temperatur sinkt weiter bis auf den heutigen Wert von 3,5 Grad Kelvin.

Sicherlich ist die Frage interessant, wie groß das Universum in seinen Anfängen war. Wie wir früher sahen, ist es möglich, daß das Universum unendlich groß ist. In diesem Fall wäre die Frage nach der Größe sinnlos, denn bereits unmittelbar nach dem Urknall muß es dann ebenfalls unendlich groß gewesen sein. Ist der Kosmos aber nur endlich groß wie im elliptischen Fall, dann war er nach dem Urknall klein und hatte nach einer Sekunde den Umfang von wenigen Lichtjahren. (Der heutige Umfang wird im elliptischen Fall auf etwa 125 Tausend Millionen Lichtjahre geschätzt.)

Anfang der achtziger Jahre entstand ein Modell vom Frühstadium des Universums, das man als „inflationäres Universum" bezeichnet. Dieses Modell besagt, daß etwa 10^{-35} Sekunden nach dem Urknall das Universum sich in äußerst kurzer Zeit (kürzer als 10^{-35} Sekunden) um den Faktor 10^{50} (10 mit 50 Nullen!) vergrößerte und aufblähte. Es ist möglich, daß bei dieser ungeheuren Explosion des Raumes die gesamte Materie und Energie entstand.

5.10 Löcher im All?

Der Schriftsteller Gustav Meyrink, der zu Beginn dieses Jahrhunderts mit besonderer Kunstfertigkeit das Irrationale und Unheimlich-Hintergründige in seinen Romanen darzustellen verstand, beschreibt in einer seiner Erzählungen eine schwarze Kugel, die – im Raume schwebend – in geheimnisvoller Weise alle leichteren Gegenstände ihrer Umgebung ansaugt und verschluckt. Papier, Damenschleier und Handschuhe, ja sogar Luft im Raum, alles bewegt sich auf den Körper zu und verschwindet. Es verschwindet wie in einem schwarzen Loch.

Schwarze Löcher dieser Art existieren im Kosmos, sie lassen sich theoretisch eindeutig beschreiben. Dabei haben sie genau die oben erwähnten Eigenschaften: Alle Materie der näheren Umgebung wird von ihnen angesaugt und verschwindet in diesem Loch auf Nimmerwiedersehen. Selbst Licht wird nicht reflektiert, die Lichtquanten bleiben, wenn sie einmal in die Nähe des Loches geraten sind, für immer und alle Zeiten eingesperrt. Wenn aber Licht nicht reflektiert wird, kann man diesen Körper auch nicht sehen, er wirkt schwarz, und man bezeichnet ihn als „schwarzes Loch".

Die Astronomen stellen sich ein schwarzes Loch als einen Körper mit so kompakter und dichter Materie vor, daß die Gravitation dieses Körpers groß genug ist, alle Materie der Umgebung anzusaugen. Würde man etwa die Erde gleichmäßig zusammendrücken, so daß eine kleinere Kugel entsteht, hätte diese zusammengepreßte Kugel mit ihrer höheren Materiedichte eine größere Gravitation. Körper der Umgebung würden mit einer stärkeren Anziehungskraft angesaugt und das Licht wäre mehr gekrümmt als vorher. Wie weit müssen wir wohl die Erde zusammendrücken, damit die Gravitation so stark ist, daß kein Materieteilchen diese Preßkugel je wird verlassen können, ja daß sogar ein Lichtstrahl, wollte er die Kugel verlassen, in seiner Bahn so stark gekrümmt wird, daß er wieder auf die Kugel zurückfällt? Wir hätten dann ein schwarzes Loch.

Karl Schwarzschild, Professor in Göttingen und später Direktor des Astrophysikalischen Observatoriums in Potsdam, berechnete als erster den Radius, auf den man eine Materiekugel – zum Beispiel die Erde – zusammendrücken muß, damit ein schwarzes Loch entsteht. Diesen Radius, den man für jeden Stern angeben kann, bezeichnet man als Schwarzschild-Radius. Für die Erde beträgt er 8,9 Millimeter, für die Sonne etwa 2,8 Kilometer.

Man geht heute davon aus, daß schwarze Löcher im Universum entstehen, wenn Sterne, die mindestens die zehnfache Sonnenmasse enthalten, ausgebrannt sind. In einer gewaltigen Explosion (Supernova) wird ein Teil der Sternmasse nach außen in den Raum geschleudert. der andere Teil stürzt in sich zusammen zu einem schwarzen Loch. Die Materieteilchen erreichen bei dieser Implosion riesige Geschwindigkeiten, weshalb die Vorgänge in und um schwarze Löcher nur mit Hilfe der Allgemeinen Relativitätstheorie beschreibbar sind. Schwarzschild war der erste, dem die exakte mathematische Beschreibung gelang, indem er die Einsteinschen Gleichungen für diese Vorgänge löste.

5.11 Die Grenzen des Alls

Wenn kleine Kinder einen Sonnenuntergang am Meer beobachten, stellen sie oft erstaunt fest, daß die Sonne „ins Meer fällt". Wir wissen, daß dieses nur vordergründig so aussieht. Was wir allerdings oft nicht bedenken, ist, daß der beobachtete Sonnenuntergang eigentlich vor acht Minuten stattfand und im astronomischen Sinne längst vorbei ist. Das Licht der Sonne benötigt nämlich für die Strecke Sonne – Erde genau diese Zeit. Wir schauen also beim Anblick der Sonne stets in die Vergangenheit. Wenn in diesem Augenblick die Sonne explodieren würde, würden wir es erst in acht Minuten erfahren, da dann erst der Explosionsblitz bei uns eintreffen würde.

Beim Anblick der Sterne schauen wir in eine noch tiefere Vergangenheit. Der nächste Stern ist 4,5 Lichtjahre von uns entfernt. Das Licht, das beim Beobachten dieses Sternes ins Auge fällt, wurde vor 4,5 Jahren ausgesandt.

Wenn wir weiter entferntere Sterne betrachten, nehmen wir Licht auf, das aus einer noch früheren Vergangenheit stammt. Es gibt Sterne, die ihr Licht zu einer Zeit emittierten, als Julius Cäsar Gallien eroberte. das Licht der entferntesten Sterne unserer Milchstraße ist etwa 70 000 Jahre unterwegs, bis es bei uns eintrifft.

Wenn wir die Galaxien mit einbeziehen, so blicken wir in eine Zeit, die Millionen von Jahren zurückliegt. Je weiter wir ins All hinausblicken, um so mehr dringen wir in die Vergangenheit ein. Die Galaxie, die wir gerade noch wahrnehmen können, ist knapp 10 Milliarden Lichtjahre entfernt. Ihre Signale, die wir in unseren Radioteleskopen empfangen, stammen aus einer Zeit, als das Weltall noch sehr jung war.

Gehen wir noch weiter in den Raum hinein, stoßen wir auf jene Zeit, als die Materie das All wie eine Ursuppe ausfüllte. Signale aus dieser Zeit bilden jene elektromagnetischen Wellen, die wir als Hintergrundstrahlung kennengelernt haben. Wenn wir das Alter des Weltalls mit 10 Milliarden Jahren annehmen, stammt die Hintergrundstrahlung aus jenen Bereichen des Raumes, die von uns 10 Milliarden Lichtjahre entfernt sind. Entsprechend war die Strahlung 10 Milliarden Jahre unterwegs, bis sie bei uns eintraf.

Damit haben wir die Grenzen des von uns wahrnehmbaren Bereiches des Universums erreicht. Nehmen wir für als Alter des Alls 10 Milliarden Jahre an. Signale, die älter als 10 Milliarden Jahre alt sind, gibt es nicht. Es kann sie nicht geben, wenn das Universum nicht älter als 10 Milliarden Jahre ist. Entsprechend können wir keine Signale aus jenen Gebieten des Alls wahrnehmen, die mehr als 10 Milliarden Lichtjahre entfernt sind.

Man kann diesen Sachverhalt auch so formulieren: Die von uns meßbare und erkennbare Welt ist eine Kugel mit dem Radius von 10 Milliarden Lichtjahre, in deren Mittelpunkt wir uns befinden. Der Radius der Kugel wächst in jeder Sekunde um 300 000 Kilometer. Alles, was außerhalb dieser Kugel liegt, ist für uns nicht wahrnehmbar. Die Kugeloberfläche stellt zwar keine Grenze im astronomischen Sinne dar, wohl aber eine Grenze der Wahrnehmung.

6 Die Quantenmechanik oder das Ende der Objektivität

> *... ich denke, man kann davon ausgehen, daß niemand die Quantentheorie versteht.*
> Richard P. Feynman

Das Weltbild der klassischen Physik stimmt in seinen Grundzügen mit dem Bild der Welt, welches wir uns auf Grund unserer Alltagserfahrung gemacht haben, überein: Die Welt ist objektiv und präexistent und entwickelt sich nach deterministischen Regeln. Sie ist „da draußen" und streng von unserer subjektiven Eigenwelt getrennt. Eine weitere Eigenschaft in der klassischen Auffassung ist die Separabilität. Danach ist jedes materielle System in autonome Teilsysteme zerlegbar. Präexistenz, Objektivität und Separabilität sind auch die Attribute des Weltbildes, welches den meisten philosophischen Systemen zugrunde liegt.

Die Entwicklung der Quantenmechanik in den ersten Jahrzehnten dieses Jahrhunderts steuerte in eine Richtung, die einen völligen Bruch mit diesem klassischen Weltbild erahnen ließ. Es ist verständlich, daß dies im Lager der Physiker zu Meinungsverschiedenheiten über den Kurs der neuen Wissenschaft führte. Die Quantenmechanik behauptet nämlich, daß die Welt „da draußen" in ihrer Autonomie gar nicht existiert. Sie wird geprägt vom Beobachter und von der Welt, das heißt, daß an die Stelle der Objektivität die Subjektivität tritt. Beobachter und Welt sind eins. Darüber hinaus gilt nicht mehr die Separabilität. Man kann bei bestimmter Auslegung zu dem Schluß gelangen, daß alle Teile des Universums irgendwie zusammenhängen, daß es so etwas wie „Ganzheit" gibt, wie wir es in östlichen Kulturen finden. David Bohm, Leiter der Abteilung für theoretische Physik der Universität London, erklärte: „*Wir müssen die Physik umkehren. Statt mit den Einzelteilen anzufangen und zu zeigen, wie sie zusammenarbeiten, beginnen wir mit dem Ganzen.*" In diesem Sinne stellt die Quantentheorie wohl die radikalste Änderung des klassischen physikalischen Weltbildes dar.

In den folgenden Abschnitten werden zunächst die Anfänge und dann die Fakten der Quantenmechanik beschrieben, sodann die Konsequenzen und Deutungen, die von Physikern aus diesen Fakten abgeleitet werden.

6.1 Die Anfänge

Max Planck und die Quantisierung

Eine der Wolken, die das Bild der klassischen Physik am Ende des ausgehenden 19. Jahrhunderts verdunkelten, war die sogenannte Ultraviolettkatastrophe.
Man hatte die Glühbirne entdeckt. Ein glühender Draht sendet Licht aus. Die Frage war, warum? Die Wärmebewegungen von Molekülen waren zwar in der kinetischen Wärmetheorie bekannt, aber Licht entsteht nach der Maxwellschen Theorie durch schwingende elektrische Ladungen, nicht durch schwingende Moleküle. Hinzu kam: Erhitzt man einen Eisendraht, findet zunächst keine Lichtemission statt. Wird der Draht heißer, sendet er rotes Licht aus, dann orange-gelbes Licht und im noch heißeren Zustand blaues Licht. Man kam schnell darauf, daß die unterschiedlichen Farben durch die unterschiedlichen Schwingungsfrequenzen hervorgerufen werden. Lord Rayleigh, ein Experte für Schallwellen, versuchte, nach Gesetzen der klassischen Physik, die Energie der emittierten Strahlung zu berechnen. Die Ergebnisse, die er zusammen mit Jeans erzielte, stimmten nicht mit der Wirklichkeit überein. Wo der Körper rot strahlte, hätte er nach Lord Rayleigh blau strahlen müssen, ein blau strahlender Körper hätte ultraviolett strahlen müssen usw. Im Ultraviolettbereich gab es die größte Energieabstrahlung. Je höher die Frequenz, um so größer die Abstrahlung. Ein heißer Stern müßte nach dieser Rechnung fast unendlich viel Energie abstrahlen, was natürlich nicht der Fall ist. All dieses war aber in der Natur nicht zu beobachten. Dort erreicht die Intensität (für jede Temperatur) ihren höchsten Wert bei einer ganz bestimmten Frequenz (siehe Abb.13). Ein glühendes Eisen strahlt vornehmlich rot, die Sonne gelb usw., denn in diesen Bereichen ist jeweils die Intensität maximal.
Die Berechnungen und Überlegungen in diesem Zusammenhang sowie das tatsächliche Verhalten der Natur gingen als Ultraviolettkatastrophe in die Geschichte der Physik ein.

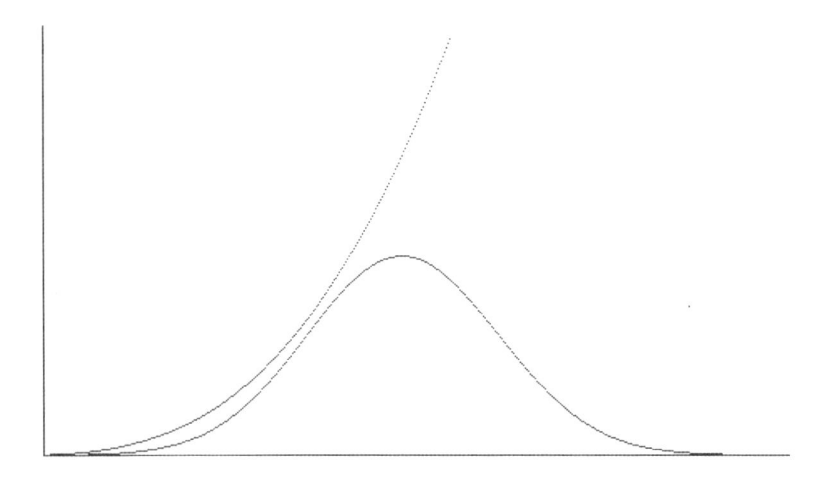

Abb. 13 : Die obere Kurve zeigt das Intensitätverhalten nach der Formel von Rayleigh-Jeans, die untere Kurve gibt das tatsächliche Verhalten wieder.

Die Anfänge

Im Dezember 1900 tagte die Deutsche Physikalische Gesellschaft in Berlin. Der Professor für theoretische Physik an der Universität Berlin, Max Planck, hielt am 14. Dezember einen Vortrag, der als die Geburtsstunde der Quantentheorie gilt. Seine Annahmen waren revolutionär. Planck ging von der These aus, daß die Lichtenergie gequantelt ist, also nur in Quanten auftritt. Mit dieser Annahme konnte er zeigen, daß sich die Ultraviolettkatastrophe lösen ließ. Seine Formel für die Energieabstrahlung stimmte mit den Gegebenheiten der Wirklichkeit überein.
Plancks Hauptthese war, daß sich bei der Abstrahlung die Energie E durch die Formel

$$E = h \cdot \nu$$

darstellen läßt, wobei ν die Frequenz des Lichtes und h eine Konstante ist. Die Konstante h (das Plancksche Wirkungsquantum) hat die Größe

$$h = 6{,}626 \cdot 10^{-34} \, Ws^2$$

h ist unvorstellbar klein, nämlich 6,626 dividiert durch eine Milliarde, dividiert durch eine Milliarde, dividiert durch eine Milliarde, dividiert durch zehn Millionen. Strahlungsenergie mit der Frequenz ν kann demnach nur so auftreten, daß seine Energie ein Vielfaches von $h \cdot \nu$ ist, also

$$\text{Energie} = n \cdot (h \cdot \nu)$$

wobei n eine natürliche Zahl (n = 1, 2, 3, ...) ist.
$h \cdot \nu$ ist also quasi die „Grundwährung" für die Energie bei der Frequenz ν. Jede „Zahlung" erfolgt mit „Münzen" der Größe $h \cdot \nu$. Licht mit der Energie $0{,}5 \, h \cdot \nu$ oder $0{,}2 \, h \cdot \nu$ kann es nicht geben, so wie Münzzahlungen mit einem halben Pfennig nicht möglich sind. Die Energie wird in Quanten abgegeben.
Plancks Hypothese war ein Angriff auf das herrschende physikalische Weltbild, in dem seit Newton die Stetigkeit, der stetige Übergang, so selbstverständlich und normal war, daß einige seiner Zuhörer den Vortrag nicht ganz ernst nahmen. Auch Planck konnte sich mit seiner eigenen Hypothese nicht anfreunden, er entschuldigte sich und meinte, daß seine Annahme der Energiequantelung wohl nur eine vorübergehende Notlösung sei, um die Lichtemission exakt beschreiben zu können. Früher oder später würde man wohl – so meinte er – einen annehmbaren kontinuierlichen Ansatz finden.
Fünf Jahre später zeigte Einstein mit seiner berühmten Formel $E = m \cdot c^2$, daß Energie Masse hat und Masse Energie ist. Jetzt wurde Plancks Hypothese einsichtig: Atome, Teilchen, Partikel sind nichts anderes als Plancksche Energiequanten, Energiequanten sind Teilchen.
Später erweiterte Albert Einstein den Quantenansatz von Max Planck zur Photonenhypothese und tat damit den zweiten entscheidenden Schritt im Ausbau der Quantentheorie. Einstein behauptete, daß jede Form von Licht und darüber hinaus jede Form von elektromagnetischen Wellen – trotz der erfolgreichen Wellentheorie – letztlich nicht aus Wellen, sondern aus Teilchen bestehe. Diese Partikel bewegen sich mit Lichtgeschwindigkeit durch den Raum und unterliegen – was den Impuls und die Energie betrifft – den Gesetzen der Newtonschen Mechanik. Für die Energie dieser Teilchen – die er Quanten nannte – übernahm er die Plancksche Formel $E = h\nu$, womit der Bezug zum Wellenmodel zumindest formal hergestellt war. Mit diesem Modell war die Newtonsche Vorstellung von Licht-

quanten wiederhergestellt, wenngleich es eine offene Frage blieb, warum viele Erscheinungen des Lichtes sich nur über die Wellentheorie erklären ließen.
Das Licht zeigt in vielen Ausprägungen eindeutig Wellencharakter, wie kann Licht sowohl aus Wellen als auch aus Quanten bestehen? Kein Wunder, daß das Lichtquantenmodell von den meisten Physikern verworfen wurde, selbst von Max Planck. Planck schrieb 1913 anläßlich eines Antrages, Einstein in die Preußische Akademie der Wissenschaften aufzunehmen:
„Daß Einstein in seinen Spekulationen gelegentlich auch einmal über das Ziel hinausgeschossen haben mag wie zum Beispiel in seiner Photonenhypothese, wird man ihm nicht allzusehr anrechnen dürfen. Denn ohne einmal ein Risiko zu wagen, läßt sich auch in der exaktesten Wissenschaft keine wirkliche Neuerung einführen."
Im Jahre 1921 erhielt Albert Einstein für seine Photonenhypothese den Nobelpreis.
Sicher wäre Einsteins Vorschlag bald in Vergessenheit geraten, wenn es nicht den Photoeffekt gegeben hätte. Bei diesem Effekt beobachtete man, daß bei kalten Metallen aus der Oberfläche Elektronen austraten, wenn man diese mit Licht bestrahlte. Mit der Einsteinschen Hypothese der Lichtquanten konnte man diesen Effekt exakt erklären. Ging man von der Formel $E = h \cdot \nu$ aus, ließ sich zum Beispiel die Beobachtung bestätigen, daß bei blauem Licht die Energie der Elektronen höher ist als bei rotem Licht.
Nachdem Bohr später sein Atommodell erfolgreich eingeführt hatte, begann man auch die Lichtquanten-These zu akzeptieren. Für die Lichtquanten entstand in der Folgezeit der Name „Photonen".

Das Doppelspaltexperiment

Ein archetypisches Experiment der Quantenphysik ist das Doppelspaltexperiment: Man leitet Licht durch zwei dicht beieinander liegende enge Spalte und beobachtet es auf einem dahinter stehenden Schirm. Man sieht ein Streifenmuster (Abb. 14). Dieses bedeutet, daß die Lichtpartikel offenbar nur die hellen Streifen erreichen können, dazwischen liegen dunkle Streifen, wo kein Licht hinkommt.

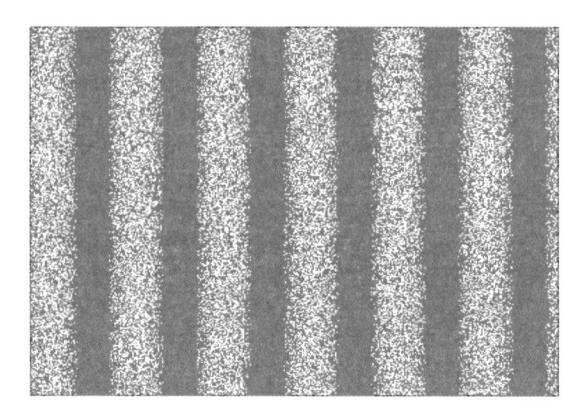

Abb. 14: Interferenzmuster beim Doppelspaltexperiment

Beim Doppelspaltexperiment fliegen also Lichtpartikel (Photonen) durch die Spalte und sammeln sich aus unerfindlichen Gründen auf den hellen Streifen, nicht ein einziges Photon landet auf einem dunklen Streifen. Irgendwie scheinen die Photonen zu wissen, in welche Richtung sie nach dem Passieren der Spalte zu fliegen haben?
Es kommt noch merkwürdiger: Schließen wir einen der Spalte, verteilen sich die Photonen gleichmäßig über den ganzen Schirm, die Streifen sind verschwunden. Offenbar „weiß" ein Photon, welches den offenen Spalt durcheilt, daß der andere Spalt geschlossen ist und verhält sich entsprechend, indem es jetzt auch die vorher dunklen Streifen ansteuert.
Besteht Licht aus lauter intelligenten Photonen? Das Bild ist irritierend, paßt nicht in unser physikalisches Weltbild. Glücklicherweise gibt es einen Ausweg. Streifenmuster werden auch von Wellen erzeugt. Leitet man zum Beispiel Wasserwellen durch zwei Spalte, so gibt es hinter den Spalten Bereiche, wo die Wellen sich gegenseitig auslöschen (wo also Wellenberge und Wellentäler zusammenstoßen) und solche, wo sie sich verstärken. Die Physiker bezeichnen solche von Wellen geformten Streifenbilder als Interferenzmuster (vgl. auch Abb. 2). Die Streifenmuster des Lichtes hinter dem Dopppelspalt könnten solche Interferenzmuster sein. Also besteht Licht aus Wellen, wir haben den Widerspruch gelöst.
Doch halt! Es gibt eine Schwierigkeit. Man kann den Lichtstrom so steuern, daß zu jedem Zeitpunkt nur sehr wenig Licht durch den Spalt geht. Jetzt erkennt man deutlich, daß die Lichtanteile punktförmig auf den Schirm auftreffen. Dies ist mit Wellen nicht erklärbar. Also doch Teilchen?
Teilchen oder Welle, Welle oder Teilchen? Könnte es sein, daß ein Lichtteilchen sich teilt und irgendwie auf geheimnisvolle Weise durch beide Spalte gleichzeitig fliegt? Um dem auf die Spur zu kommen, bringen wir an einen Spalt einen Teilchendetektor an, der die durchfliegenden Photonen zählt. Doch jetzt verschwindet merkwürdigerweise das Interferenzmuster auf dem Schirm. Ist Interferenz mit einem Mangel an Wissen verbunden?
Offenbar läßt sich keine befriedigende Erklärung finden. Halten wir fest: Es gibt Experimente, bei denen das Licht sich eindeutig wie Wellen verhält, es gibt andere Experimente (wie der Photoeffekt, siehe oben), die man nur mit dem Teilchencharakter des Lichtes hinreichend erklären kann. Licht verhält sich wie Wellen und wie Teilchen gleichzeitig. Dies ist widersprüchlich, aber die Experimente zeigen, daß es so ist. Dies wurde als „Dualität des Lichtes" bezeichnet.
Zu Beginn dieses Jahrhunderts begann man, die Struktur der Atome besser zu verstehen. Niels Bohr war an diesen Arbeiten wesentlich beteiligt und war durch die Beschäftigung mit dem Mikrokosmos zu der Überzeugung gelangt, daß im atomaren Bereich unsere herkömmlichen Denkmechanismen möglicherweise nicht mehr gelten, daß hier eventuell völlig neue Formen des Verstehens gefunden werden müssen, die über die klassische Physik hinausgehen. Aus diesem Hintergrund heraus entwickelte er das Prinzip der Komplementarität. Nach diesem Prinzip sind Wellen- und Teilchencharakter lediglich verschiedene Seiten eines Objektes der Mikrophysik, welches sich unseren Denkkategorien entzieht. Diese Anschauung, auf die wir noch genauer eingehen werden, wird auch als Komplementarität bezeichnet.
Licht ist nur eine besondere Form von elektromagnetischer Strahlung. Es entsteht, wenn die elektromagnetische Wellen eine Wellenlänge von der Größenordnung um 0,001 mm besitzen. Vergrößert man die Wellenlänge, geht das Licht in Wärmestrahlen, dann in Rundfunk- und Fernsehwellen (bis zu mehreren hundert Metern Wellenlänge) über. Bei Verkleinerung der Wellenlänge entstehen ultraviolettes Licht, dann Röntgenstrahlen und – bei der

Wellenlänge um 0,000000001 mm – radioaktive Strahlung. Da alle diese Wellen- und Strahlungsformen von der gleichen Struktur sind, gilt natürlich die Dualität auch für diese Wellenformen. Sie sind Wellen, können aber auch als Teilchenstrom von Photonen aufgefaßt werden.

Das Teilchenbild und das Wellenbild können als freie Schöpfungen des menschlichen Geistes aufgefaßt werden, als Konstruktionen, die uns helfen, das Verhalten der Natur richtig vorauszusagen. Es ist nicht notwendigerweise so, daß die Natur so „wirklich ist". Es wäre denkbar, daß weitere Bilder existieren, die genau so anwendbar sind wie obige Bilder (obwohl bisher noch keine gefunden wurden). In diesem Sinne werden Bilder der Quantenmechanik von vielen Physikern (nicht von allen) oft als eine Art Denkökonomie angesehen, die das Wissen über die Natur strukturiert und verwaltet, aber keine Aussage zur wirklichen Realität macht.

Um die Bohrschen Denkansätze in diesem Zusammenhang und auch im Zusammenhang mit der Quantenphysik besser verstehen zu können, werde wir uns im folgenden Abschnitt mit der Atomphysik, insbesondere mit dem Bohrschen Modell der Atome auseinandersetzen.

Atome

Der Begriff des Atoms als letztes nicht mehr teilbares Teilchen im Aufbau der Materie war bereits den Griechen vertraut (*atomos* = unteilbar). Demokrit (um 460 v.Chr.) leitete den Atombegriff aus philosophisch begründeten Überlegungen her.

Um 1800 waren bereits zahlreiche chemische Reaktionen bekannt, die auf der Basis von Atomen und Molekülen erklärbar waren. Dalton veröffentlichte 1803 eine erste Atomgewichtstabelle. Die nach Dalton benannten Gesetze (Daltonsche Gesetze), nach denen sich chemische Elemente nur nach bestimmten Gewichtsverhältnissen zu Molekülen verbinden können, ließen kaum eine andere Erklärung zu als die eines atomistischen Aufbaus der Materie. Die kinetische Gastheorie der Physik, die die Wärme als ungeordnete Bewegungen der Atome auffaßt, die Erklärung des Gasdrucks durch Stöße der Gasatome und viele weitere Phänomene untermauerten die Atomtheorie. Die Anzahl der Atome pro Volumeneinheit konnte durch Beobachtungen an Gasen auf mehrere unabhängige Weisen ermittelt werden.

Dabei erkannte man, daß die Größenordnungen im atomaren Bereich über jede Vorstellung gingen, was die Ausdehnung betrifft. Würde man ein Kubikzentimeter Kupfer so sehr vergrößern, daß die Kupferatome die Größe von Sandkörnern erhielten, würde die zugehörige Sandmasse ausreichen um ganz Deutschland mit einer 20 Meter hohen Sandschicht zuzudecken. Bei einem Kubikzentimeter Luft wäre die analoge Sandmenge „nur" 2 Zentimeter hoch. Würde man andererseits den Kupferwürfel von einem Kubikzentimeter so weit aufblasen, bis ein Atom die Größe eines Kubikzentimeters hat, wäre der Kupferwürfel danach so groß wie etwa ein Zehntel der Erdkugel.

Am Ende des 19. Jahrhunderts wußte man, daß erhitzte Metalle Licht aussenden können und daß – nach der Maxwell-Theorie – Licht durch schwingende elektrische Ladungen entsteht. Also müssen Atome Elektronen enthalten. Die Elektronen hatte Thomson 1896 bei Untersuchungen zur Gasentladung entdeckt. Mit Hilfe elektrischer und magnetischer Felder konnte Thomson die Elektronen bündeln und die Bahnen dieser Elektronenbündel untersuchen. Dabei gelang es ihm, sowohl die elektrische Ladung als auch die Masse von Elektro-

Die Anfänge

nen zu bestimmen. Es zeigte sich, daß Elektronen nur winzige Teile eines Atoms darstellen. Zum Beispiel wiegt ein Wasserstoffatom fast 2000 mal so viel wie ein Elektron.
Die Elektronen sind also winzige Bausteine der Atome. Durch Ionenmessungen fand man heraus, daß Wasserstoffatome ein und Heliumatome zwei Elektronen besitzen müssen. Die Frage war nur, wie Elektronen im Atom integriert sind und wie sie Schwingungen ausführen können, um Licht auszusenden. Thomson stellte sich ein Atom wie eine kugelförmige Masse vor, in der winzige, fast punktförmige Elektronen verteilt waren.
Ein anderes Modell ging davon aus, daß Elektronen um einen Kern kreisen. Diese Kreisbewegungen waren vorstellbar wie die Bewegungen der Planeten um die Sonne. Die Zahl der kreisenden Elektronen determinierte den Atomtyp: Wasserstoff ein Elektron, Helium zwei Elektronen, Sauerstoff 8 Elektronen usw. Dem Engländer Ernest Rutherford gelang es 1911, das planetarische Modell zu bestätigen und gleichzeitig die Größe des Atomkernes zu bestimmen. Rutherford hatte Goldatome mit Heliumionen beschossen. Aus der Ablenkung der Heliumionen konnte er auf die Struktur der Goldatome schließen.
Obwohl aus dem Experiment von Rutherford folgte, daß das Planetenmodell die Atomstruktur richtig beschrieb, gab es ein ungelöstes Problem: Wenn die Elektronen um den Kern kreisen, bewegen sie sich. Bewegte elektrische Ladungen geben aber – das folgt aus den Maxwellschen Gleichungen – elektromagnetische Strahlung ab. Dies wiederum führt zur permanenten Abgabe von Energie. Würde die Erde bei ihrer Bahn um die Sonne ununterbrochen Energie abstrahlen, würde ihre Drehbewegung sich schließlich verlangsamen. Dies würde bewirken, daß sie ihre Bahn nicht mehr halten könnte und würde in die Sonne stürzen. Genau so müßten die Elektronen in den Atomkern stürzen, die gesamte Materie würde zusammenbrechen.
Andererseits strahlen Atome – zumindest hin und wieder – Licht ab. Diese Lichtemission kostet Energie, die die Umlaufbahn des Elektrons offenbar nicht zerstört.
Dies war die Situation um 1910, als ein junger dänischer Physiker namens Niels Bohr seine Promotion an der Universität Kopenhagen mit einer Arbeit über Thomsons Elektronenmodell abschloß und seine erste Arbeitsstelle bei Thomson antrat. Als Rutherford eine Arbeitsgruppe gründete, schloß sich Bohr auf Drängen Thomsons dieser Gruppe an.
Für Bohr war es klar, daß die Newtonsche Physik nicht ausreichen würde, um die Struktur der Atome mit Hilfe des Planetenmodells zu erklären. Die Stabilität der Atome würde sich nie mit Hilfe klassischer Methoden erklären lassen. Bohr versuchte daher, eine Theorie für das planetarische Atommodell zu entwickeln, welche erklären sollte, warum die Elektronenbahnen stabil bleiben. Er fand ein Modell, welches in keiner Weise in den Kontext damaligen physikalischen Denkens hineinpaßte. Er erklärte nämlich, daß Elektronen im Atom ausgesuchte Bahnen durchlaufen können, ohne Energie abzustrahlen. Dies widersprach ganz eindeutig der Maxwellschen Theorie, nach der bewegte elektrische Ladungen – und eine solche war ja das Elektron – Strahlung absondern müssen.
Nach Plancks Hypothese der gequantelten Energie stieß auch Bohrs These in eine Richtung vor, die das bisher geschlossene Bild der Physik stark gefährdete. Die Gegner dieser neuen Denkansätze hielten an ihren klassischen Bildern fest und erst sehr allmählich begannen sich die neuen Ideen in der Folgezeit durchzusetzen.
Bohrs Atommodell läßt sich im einzelnen so beschreiben: Die Elektronen können bei in ihren Kreisbahnen um den Atomkern nur bestimmte Bahnen durchlaufen, auf denen sie keine Energie bzw. Strahlung abgeben, die damit stabil sind. Es sind ausgesuchte Kreisbahnen mit bestimmten Radien und Umlaufzeiten. Wie lassen sich Radius und

Umlaufzeit bestimmen? Betrachten wir die um die Sonne umlaufende Erde. Sie wird auf ihrer Bahn gehalten zum einen von der Anziehungskraft der Sonne und zum anderen von der Fliehkraft, die jeder Kreisbewegung innewohnt und die Erde nach außen zieht. Fliehkraft und Anziehungskraft heben sich gegenseitig auf, da sie entgegengerichtet sind und daher behält die Erde ihre Kreisbahn (genauer: Ellipsenbahn) bei. Ähnlich beim Elektron: Die Anziehungskraft ist die elektrische Anziehungskraft an den Atomkern und die Fliehkraft wirkt genauso wie bei der Erde. Da Masse und Ladung des Elektrons bekannt sind, konnte Bohr beides berechnen und gleichsetzen.

Damit hatte er eine Gleichung gefunden, die allerdings zwei Unbekannte hatte, nämlich den Radius der Kreisbahn und die Umlaufzeit. Da man für zwei Unbekannten üblicherweise auch zwei Gleichungen benötigt, mußte eine zweite her. Bohr machte – aus der Sicht seiner Zeit – eine kühne Annahme: Er ging davon aus, daß für die ausgesuchten Bahnen das Plancksche Wirkungsquantum h eine wesentliche Rolle spielen müßte. Wie jede physikalische und technische Größe hat h eine Dimension, ähnlich wie zum Beispiel die Geschwindigkeit die Dimension „Länge pro Zeit". Die Dimension des Wirkungsquantums h ist die eines Drehimpulses. Bezogen auf das umlaufende Elektron im Atom könnte man fordern: Nur die Bahn ist erlaubt, für die der Drehimpuls des Elektrons gleich h ist. Diese Forderung läßt sich in eine Gleichung umsetzen. Zusammen mit der oben erwähnten Gleichung konnte Bohr Umlaufzeit und Radius der Umlaufbahn berechnen und erhielt für die Umlaufbahn den Radius

$$r = 0{,}528 \cdot 10^{-8} \, cm$$

Dies ist ziemlich genau der Radius des Wasserstoffatoms. Wenn man bedenkt, daß auch 1 km sich hätte ergeben können, kann man das Ergebnis als eine erste Ermutigung für die Richtigkeit des Bohrschen Modells werten.

Für Atome mit vielen Elektronen müssen weitere Bahnen existieren. Bohr forderte: Nur solche Bahnen sind erlaubt, für die der Drehimpuls der Umlaufbahn gleich einem Vielfachen von h ist. Also: Nur die Bahnen sind stabil und ohne Abstrahlung, für die gilt:

$$\text{Drehimpuls} = n \cdot h$$

wobei für n die Zahlen 1, 2, 3, ... einzusetzen sind. (Die genaue Formel lautet: Drehimpuls · 2π = n·h.) Jedes n liefert genau eine mögliche Umlaufbahn für Elektronen. Die Rechnung ergibt, daß die zugehörigen Bahnradien sich wie 1 : 4 : 9 : 16 usw. verhalten. Jede Bahn ist durch den Drehimpuls n·h sowie durch eine eindeutig bestimmte und auch berechenbare Energie W_n charakterisiert.

Das Bohrsche Modell läßt zu, daß Elektronen ihre Bahnen wechseln. Wenn dabei ein Elektron von der Bahn n zur Bahn k wechselt, wird, wenn W_n größer als W_k ist, die Energie $W_n - W_k$ frei. Diese Energie wird als Licht abgestrahlt. Die zugehörige Frequenz konnte Bohr aus der Planckschen Beziehung E = hν ermitteln. Beim Wechsel eines Elektrons von der Bahn Nr. m zur Bahn Nr. k wird Licht emittiert mit der Frequenz ν, wobei gilt

$$h \cdot \nu = W_n - W_k$$

Ist $W_n - W_k < 0$, ist also die Energie negativ, wird Licht entsprechend absorbiert.

Jedem Atom stehen nur ganz bestimmte Bahnen und damit auch ganz bestimmte Energien W_n zur Verfügung. Daraus folgt, daß ein Atom nur ganz bestimmte, für das Atom charakte-

Die Anfänge 81

ristische Lichtfrequenzen ausstrahlen kann. Da die Frequenzen die Farbe des Lichtes festlegen, gibt es für jedes Atom ein für dieses Atom charakteristisches Farbspektrum des emittierten Lichtes. Dieses Farbspektrum hatte bereits 1880 der Schweizer Lehrer Johann Balmer für Wasserstoff erkannt und das Wasserstoffspektrum veröffentlicht. Das Bohrsche Modell gestattete die genaue Berechnung diese Farbspektrums und Bohr stellte 1913 fest, daß sein Modell genau die von Balmer angegebenen Frequenzen für das Wasserstoffmodell voraussagt. Damit war das Bohrsche Modell bestätigt.

Dieses Modell stellte – neben der Quantenbeziehung von Max Planck – einen weiteren Bruch mit der klassischen Physik dar, in der Stetigkeit und Kontinuierlichkeit Grundlagen jeder theoretischen Erörterung darstellten. Die Elektronensprünge sind Protobeispiele für Unstetigkeiten. Ein Elektron befindet sich auf der Bahn n und unmittelbar danach auf der Bahn k. Dazwischen kann es sich nicht aufhalten. Hier ist jede Stetigkeit verletzt.

Die aus den Bedingungen des Atommodells von Bohr abgeleiteten Formeln zeigten teilweise, daß, wenn die Häufigkeit der Bahnsprünge groß ist, man eine Gesamtstrahlung erhält, die man auch mit klassischen Methoden berechnen könnte. Bohr formulierte dieses so: Bei globalen Betrachtungen geht die Quantenphysik in die klassische Physik über. Diese Aussage wurde als „Korrespondenzprinzip" bekannt.

Niels Bohr erhielt 1923 für sein Atommodell den Nobelpreis.

Materiewellen

Louis Victor de Broglie, ein französischer Aristokrat, hatte Geschichte studiert, als er sich 1910 für ein zusätzliches Physikstudium entschied. Wegen des ersten Weltkrieges, an dem er teilnahm, schloß er sein Studium erst 1923 mit einer Dissertation ab. Diese Dissertation sollte ein Meilenstein werden im Bemühen, die Struktur von Elektronen zu verstehen.

De Broglie hatte sich zunächst mit dem Einsteinschen Wellen-Teilchen-Bild des Lichtes beschäftigt. Wenn Licht sowohl Wellen- als auch Partikelcharakter haben kann, warum dann nicht auch Elektronen? Nach Einstein ist die Energie eines Teilchens $E = m \cdot c^2$ (m = Teilchenmasse, c = Lichtgeschwindigkeit). Nach Planck gilt bei der Strahlung $E = h \cdot \nu$. Wenn ein Teilchen Wellencharakter hat, dann muß die Frequenz seiner Welle ν aus der Beziehung

$$m \cdot c^2 = h \cdot \nu$$

berechenbar sein. Dies war aus dem damaligen Verständnis heraus eine ungeheuer kühne, fast schon absonderliche Idee. De Broglie wandte seinen Denkansatz auf das gerade aktuell gewordene Bohrsche Atommodell an. Elektronen umkreisen den Kern. Nehmen wir an, die Elektronen sind charakterisiert durch Wellenbewegungen. Dann müssen diese Wellen bei einem Umlauf in sich übergehen.

Die folgenden Abbildungen mögen dies verdeutlichen: In der Abb. 15 ist die Momentaufnahme einer Welle gegeben. Die Abb. 15a zeigt eine Welle, die kreisförmig verläuft. Man sieht, daß die Wellenbewegung beim Umlauf nahtlos in sich übergeht. Anders in Abb. 15b. Hier ist die Wellenlänge derart, daß nach einem Umlauf die Welle nicht stetig in sich übergeht, im Punkt O ist ein Unstetigkeitspunkt De Broglie folgerte: Wenn Elektronen sich kreisförmig um den Atomkern bewegen und diese Bewegungen Wellenbewegungen sind, dann müssen diese Wellen glatt – ohne Unstetigkeiten – ineinander übergehen. Diese Forderung kann man natürlich mathematisch formulieren. In die Formeln geht u.a. die Wellenlänge ein: Der Kreisumfang muß ein Vielfaches der Wellenlänge sein.

Als de Broglie seine Berechnungen durchführt, bemerkt er, daß er exakt die Bahnen des Bohrschen Atommodells erhielt. War das Zufall oder waren Elektronen wirklich Wellenbewegungen?

De Broglie war unsicher, ob er seine Arbeit als Dissertation an der Sarbonne in Paris einreichen sollte. Seine These, daß Elektronen Wellen sind, wurden durch keinerlei Experimente gerechtfertigt. Als er schließlich seine Arbeit 1924 doch einreicht, zögert die Fakultät. Man war zwar nach Planck und Bohr an Merkwürdigkeiten gewöhnt, aber die Idee von den Elektronen als Wellen schien ein wenig zu absonderlich. Als man Albert Einstein um Rat fragte, meinte dieser, daß die These zwar „verrückt", aber in sich logisch sei. De Broglies Arbeit wurde angenommen.

Clinton Davisson, ein Mitarbeiter der Bell Telephone Laboratories in USA, experimentierte mit Elektronen und ließ sie von Nickelkristallen reflektieren.

Es entstanden merkwürdige geometrische Muster. Ohne diese Muster einordnen zu können, veröffentlichte Davisson seine Entdeckung. Jakob Franck und Walter Elsasser, zwei deutsche Physiker, versuchten, de Broglies Annahme von Elektronenwellen als Erklärung heranzuziehen. Immerhin könnten die Muster ja Interferenzmuster von Wellen sein. Sie benutzten die entsprechenden Formeln, welche de Broglie in seiner Arbeit angegeben hatte und erhielten exakt Davissons geometrische Muster. Die Elektronenwellen waren experimentell nachgewiesen.

In der Folgezeit fand man auch Interferenzmuster von Neutronenstrahlen, von Heliumkernen und weiteren Teilchen. Man erkannte, daß viele Elementarteilchen Interferenzmuster erzeugen können. Materiewellen wurden ein fester Begriff in der Physik.

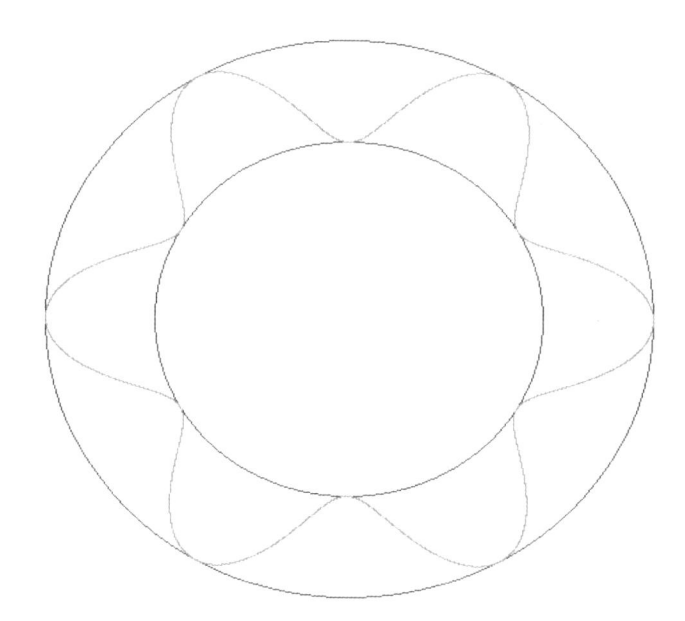

Abb. 15a: Die Welle geht stetig ineinander über.

Die Anfänge 83

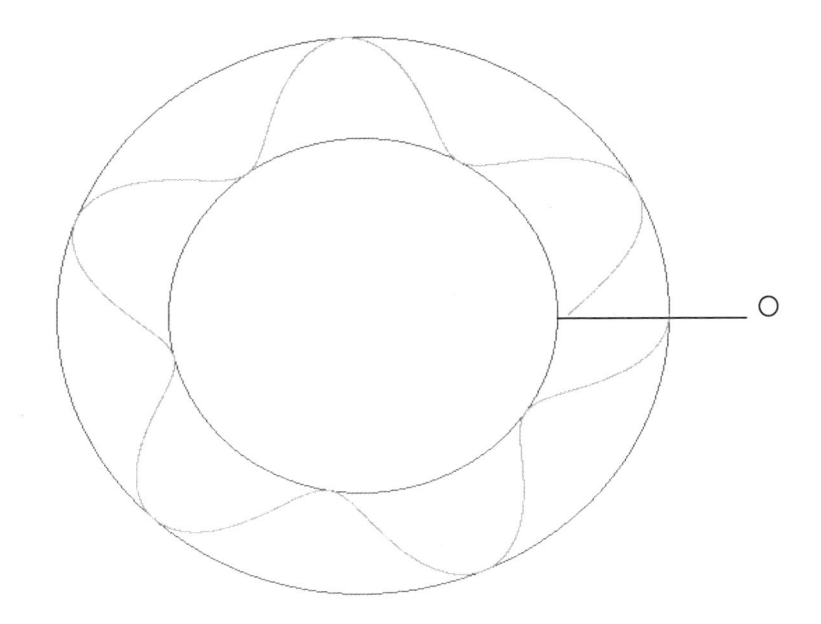

Abb. 15b: *Die Wellenbewegung geht im Punkt O nicht in sich über.*

Wenn Materie auch als Wellenbewegung auftreten kann, unterliegt sie den gleichen oder zumindest ähnlichen Erscheinungsgesetzen wie das Licht. Die Dualität des Lichtes war bereits akzeptiert und Bohr hatte dazu das Komplementaritätsprinzip formuliert. Offenbar gilt dieses Prinzip nunmehr auch für Materie.
Die Physiker taten sich schwer, die neuen Erkenntnisse einzuordnen. Denkmuster wie die Komplementarität, also die Auffassung, daß Welle und Teilchen zwei sich widersprechende und trotzdem zu akzeptierende Erscheinungen desselben Objektes sind, setzten sich nur langsam durch. Im September 1926 weilte Werner Heisenberg, der bereits wichtige Beiträge zur Quantenmechanik geleistet hatte und noch leisten sollte, bei Niels Bohr in Kopenhagen. Er berichtet über ein Gespräch, welches er mit Bohr über dieses Thema führte:
„*Es stellte sich heraus, daß Bohr und ich die Lösung der Schwierigkeiten in etwas verschiedener Richtung suchten. Bohrs Bestrebungen gingen dahin, die beiden anschaulichen Vorstellungen, Teilchenbild und Wellenbild, gleichberechtigt nebeneinander stehen zu lassen, wobei er zu formulieren suchte, daß diese Vorstellungen sich zwar gegenseitig ausschlössen, daß aber doch beide erst zusammen eine vollständige Beschreibung des atomaren Geschehens ermöglichten. Mir war diese Art zu denken nicht angenehm.*" (vgl. [H96])

Die Schrödinger-Gleichung

In der klassischen Physik kann man Zustände, Zustandsänderungen, zukünftige Entwicklungen usw. berechnen. Für alle möglichen Gegebenheiten liegen die passenden physikalischen Gleichungen bereit, man muß sie nur lösen.

Nach der Entdeckung der Materiewellen entstand hier eine neue ungewohnte Situation. Wie soll man zum Beispiel die Welle eines Uranatoms mit 92 Elektronen berechnen? Wie soll man ihr Verhalten voraussagen? Es gab keine geeigneten mathematischen Hilfsmittel.
Fest stand, daß auch Atome mit vielen Elektronen auf den Umlaufbahnen sich als Wellen darstellen können. Den Mathematikern war schon seit langem bekannt, daß jede Wellenbewegung – also Wasserwellen, Schallwellen, elektromagnetische Wellen usw. – einer Differentialgleichung genügt, die man als Wellengleichung bezeichnet. Man mußte nur diese Wellengleichung lösen und konnte exakt das Verhalten der Welle voraussagen. Sollte es möglich sein, diese Wellengleichung auf die Materiewellen anzuwenden? Das Problem war ja, daß niemand genau wußte, was da eigentlich schwingt. Wasserwellen bewegen sich in Wasser, Schallwellen in der Luft. Aber Materiewellen?
Der österreichische Physiker Erwin Schrödinger, Professor in Zürich und später Nachfolger auf dem Lehrstuhl von Max Planck in Berlin (er emigrierte 1933), wagte es, die Wellengleichung für die speziellen Gegebenheiten der Materiewellen zurechtzuschneiden. Er erhielt eine Differentialgleichung, von der man sagen konnte, daß ihre Lösung Materiewellen beschreibt. So erhält man zum Beispiel exakt die von Bohr postulierten Umlaufbahnen, wenn man die Gleichung auf das Wasserstoffatom anwendet unter den Zusatzbedingungen, daß beim Umlauf Wellen ineinander übergehen.
Diese Gleichung – die Schrödinger-Gleichung – wurde sehr bald ein mathematisches Hilfsmittel für alle möglichen Anwendungen, in denen Materiewellen eine Rolle spielten. Die Physiker waren froh, endlich wieder mit klassischen Methoden arbeiten zu können. Die Lösung der Schrödinger Gleichung besitzt all die Eigenschaften, die auch Wellen haben. Der Überlagerung von Wellen entspricht zum Beispiel die Addition der entsprechenden Lösungen.
Nicht wenige Physiker erhofften sich von der Schrödinger-Gleichung, daß sie die Quantensprünge, Unstetigkeiten und all die anderen Unbegreiflichkeiten der Quantenmechanik, die das schöne klassische Bild der Physik zerstört hatten, früher oder später hinwegfegen würde, denn die Lösungen der Gleichung waren stetig und hatten all die Eigenschaften, wie man es in der klassischen Physik gewohnt war. Als Beispiel sei eine Äußerung des Physikers Wilhelm Wien (Wiensches Verschiebungsgesetz) zitiert. Nach einem Gastvortrag Schrödingers in der Münchener Universität im Sommer 1926 kam es zu einer Diskussion zwischen Heisenberg, der die Quantenlinie verfolgte, und Schrödinger. Wien mischte sich ein und sagte zu Heisenberg, daß er zwar das Bedauern Heisenbergs verstehe, daß es aber nun mit der Quantenmechanik zu Ende sei und daß man „*von all dem Unsinn wie Quantensprüngen und dergleichen nicht mehr zu reden brauche.*" ([H96])
Allerdings kam es anders. In der ersten Euphorie über die gelungene Mathematisierung der Materiewellen übersah man einige Schwierigkeiten, die allerdings mit fortschreitender Zeit immer deutlicher hervortraten:
Löst man die Wellengleichung für Schallwellen, gibt die Lösung die Druckverteilung der Luft an während der Schallübertragung. Löst man sie für ein schwingendes Seil oder für eine Gitarrensaite, beschreibt sie die Auslenkung des Seiles bzw. der Saite aus der Ruhelage. Was aber beschreibt die Lösung der Schrödinger Gleichung? Materiewellen besitzen kein bekanntes Medium, welches schwingt. Es gibt zwar eine Lösung der Schrödinger-Gleichung für Materiewellen, aber sie ist nicht interpretierbar, es gibt kein Bild. Es gibt keine Zweifel, daß die Schrödinger Gleichung Materiewellen beschreibt, aber niemand weiß, mit welchem Bild, welcher Vorstellung man die Lösung belegen soll.

$$i\hbar\frac{\partial \Psi(r,t)}{\partial t} = -\frac{\hbar^2}{2m}\Delta\Psi(r,t) + V(r,t)\cdot\Psi(r,t)$$

Abb. 16: Schrödinger-Gleichung

Es kommt noch schlimmer. Die Luftdruckverteilung bei der Schallübertragung oder die Auslenkung aus der Ruhelage beim Seil oder bei der Saite wird durch reelle Zahlen dargestellt. Man sagt, die Lösung ist reellwertig. Die Lösung der Schrödinger-Gleichung aber ist komplexwertig. Komplexe Zahlen entstehen zum Beispiel, wenn man die Wurzel aus einer negativen Zahl (z B. −4) zieht. Jedermann weiß, daß das nicht geht. Um trotzdem mit solchen Größen rechnen zu können, führte Descartes bereits 1637 Rechenregeln ein, die den Umgang mit diesen „Kunstzahlen" ermöglichen. Die Mathematiker haben diesen Zahlentyp so formalisieren können, daß sie problemlos damit rechnen, aber eine Interpretation, was sie realiter bedeuten, konnten sie nicht vorlegen. Ausgerechnet von diesem Zahlentypus sind die Lösungen der Schrödinger-Gleichung.

Neben der Unschärferelation hatte Heisenberg übrigens – zusammen mit M Born und P. Jordan – einen anderen mathematischen Formalismus entwickelt, der die Eigenschaften der Materie im atomaren Bereich beschreibt. Dieser Formalismus basiert auf Matrizen. Im März 1926 konnte Schrödinger die Gleichwertigkeit seiner Theorie mit der Heisenbergschen Matrizenmechanik zeigen.

Die Lösung der Schrödinger-Gleichung

Die Lösung der Schrödinger-Gleichung ist eine Funktion, die man üblicherweise mit $\Psi(x,t)$ bezeichnet. Hier steht x für den Raum (genauer: x ist ein Raumvektor) und t für die Zeit. Wendet man die Schrödinger-Gleichung zum Beispiel auf ein Elektron an, so erhält man als Lösung $\Psi(x,t)$, wobei dieser Ausdruck bedeutet, daß der Wellenanteil des Elektrons an der Stelle x und zur Zeit t genau $\Psi(x,t)$ ist.

Daß das Elektron sich nach diesem Gesetz tatsächlich verhält, zeigten die Berechnungen für das Wasserstoffatom, welche genau die korrekten Bohrschen Umlaufbahnen lieferten. Berechnungen des Doppelspaltexperimentes, wo Licht durch zwei nahe beieinanderliegende Spalten fällt und auf einem Schirm hinter den Spalten ein Interferenzmuster (Abb.14) hervorruft, wurden mit der Schrödinger-Funktion durchgeführt. Da Überlagerungen von Wellen nichts anderes als Additionen darstellen, braucht man nur zwei Lösungen $\Psi_1(x,t)$ und $\Psi_2(x,t)$ addieren zu

$\Psi(x,t) = \Psi_1(x,t) + \Psi_2(x,t)$ und erhält mit $\Psi(x,t)$ die wahre Wellenbewegung. Diese stellte sich als eine Bewegung heraus, die exakt die Interferenzmuster des Doppelspaltexperimentes hervorruft.

Nachdem Schrödinger seine Gleichung vorgestellt hatte und sie von den Physikern akzeptiert worden war, entstanden zwei Schwierigkeiten, die die Physiker zunächst ratlos werden ließen:
- Die Lösung $\Psi(x,t)$ ist komplex.

- Die Lösung $\Psi(x,t)$ belegt mit wachsender Zeit, also mit ansteigendem t, einen immer größeren Raum, d.h. die Wellenausbreitung wird immer größer.

Für die erste Aussage gibt es – wie bereits früher erwähnt – kein vernünftiges Bild. Wie kann eine Welle oder ein Wellenanteil komplex sein? Alles, was meßbar ist oder was uns als physikalischer Wert erscheint, ist vom reellen Zahlentyp, ist also wie 4,12345 oder 5678,34.

Die zweite Aussage sagt, daß ein Elektron sich von einer fast punktförmigen Ausdehnung auf eine beliebige Größe – also zum Beispiel auf die Größe eines Fußballfeldes – ausdehnen kann. Je länger die Zeit läuft, um so größer werden die Wellenanteile des Elektrons, um einen so größeren Raum nehmen die Wellenanteile ein. Es handelt sich hier um eine typische Welleneigenschaft, die man sehr gut beobachten kann, wenn man einen Stein in einen See wirft. Kreisrunde Wellen breiten sich von der Einschlagstelle in alle Richtungen aus und belegen einen Raum, der immer größer wird.

Man stelle sich vor: Man mißt ein Elektron und findet es an einer bestimmten Stelle im Raum. Nach der Messung breitet es sich wellenförmig aus, bis es auf die Größe eines Tennisplatzes, eines Golfplatzes und noch größer anwächst. Erst wenn wir es erneut messen, schrumpft es wieder auf einen Punkt zusammen. Dieses schien mit klassischen Interpretationen von Materieverhalten unerklärbar und geradezu befremdlich. Natürlich gilt diese Aussage nicht nur für Elektronen, sondern auch für andere Elementarteilchen. Eigentlich gilt es für alle Materieteile, also auch für dieses Buch oder für den Stuhl, auf dem Sie sitzen. Nur sind hier die Wellenlängen so klein, daß die Vergrößerung nicht wahrnehmbar, also vernachlässigbar ist.

Wir haben also eine Funktion vor uns, die auf der einen Seite die Realität richtig beschreibt, auf der anderen Seite aber Eigenschaften aufweist, die jeder Realitätserfahrung widersprechen. Weder kann ein beschreibbarer und meßbarer Vorgang in Raum und Zeit komplexwertig sein noch ist es vorstellbar, daß ein Elektron sich auf die Größe eines Fußballfeldes aufblähen kann.

In der allgemeinen Ratlosigkeit der Physiker kam eine Veröffentlichung des Göttinger Max Born gelegen, die zumindest eine Teillösung anbot. Born – Professor in Göttingen – hatte in den zwanziger Jahren Untersuchungen durchgeführt, bei denen er Atome mit Elektronen beschoß. Hierzu benutzte er Elektronenstrahlen. Bezüglich der Schrödinger-Gleichung fiel ihm auf, daß ein Zusammenhang zwischen der Häufigkeit der Elektronen in den Elektronenstrahlen und dem Betrag von $\Psi(x,t)$ bestehen könnte. (Der Betrag einer komplexen Zahl ist eine positive Zahl, die man aus der komplexen Zahl errechnen kann und stellt ein Maß für die Größe der komplexen Zahl dar). Die Häufigkeit wiederum hängt eng mit der Wahrscheinlichkeit zusammen. Also folgerte Born: Ist der Betrag von $\Psi(x,t)$ (geschrieben $|\Psi(x,t)|$) möglicherweise die Wahrscheinlichkeit, daß das Elektron an der Stelle x auftritt? Jetzt könnte man das Vergrößern des Elektrons auf die Größe eines Fußballfeldes aus einer ganz anderen Perspektive betrachten: Das Elektron schwillt nicht nach der Zeit t auf die Größe des Platzes an, sondern nach der Zeit t kann es überall auf dem Fußballplatz sein, und zwar mit der Wahrscheinlichkeit, die $\Psi(x,t)$ angibt.

Diese Interpretation der Schrödinger-Lösung fand ungeteilte Zustimmung unter den Physikern. Born hatte seinen Vorschlag 1926 gemacht. 1933 emigrierte er nach England und kam nach dem Kriege nach Deutschland zurück. 1954 erhielt er verspätet den Nobelpreis für seine Interpretation der Wellenfunktion.

Die Interpretation einer Wahrscheinlichkeit wurde allgemein akzeptiert, aber einige Physiker gingen weiter. Für sie hatte $\Psi(x,t)$ darüber hinaus einen Realitätscharakter: Die komplexwertige Funktion hatte irgendeinen Bezug zur Realität, der zwar nicht begreifbar, aber da war. Der Wortführer dieser Gruppe war Niels Bohr, die andere Gruppe derer, die in $\Psi(x,t)$ nur eine Wahrscheinlichkeitsfunktion sahen, wurde von Albert Einstein angeführt.
Der Unterschied der Auffassungen sei an einem Bild festgemacht: Sie finden eine Partitur eines Musikstückes. Unzweifelhaft liegt eine Folge von Noten vor. Vermutlich aber beschreibt die Notenfolge mehr, nämlich eine Melodie, welche Gefühle wie Freude, Trauer, Übermut oder einfach Harmonie vermittelt. Die Notenfolge birgt eine Realität aus der Welt der Gefühle. Da Sie kein Instrument zur Hand haben, können Sie nicht herausfinden, ob eine solche Realität gegeben ist und welche es ist.
Für Albert Einstein war – um in diesem Bild zu bleiben – $\Psi(x,t)$ nur eine Notenfolge. Bohr sah mehr: $\Psi(x,t)$ beschreibt eine Realität, die wir allerdings nicht deuten können. Diese Realität muß nicht unbedingt unserer Erfahrungswelt entsprechen.. Die verschiedenen Auffassungen diesbezüglich sollten die Physiker noch für Jahrzehnte beschäftigen und sind auch heute noch nicht ganz ausgeräumt. Wir werden darauf zurückkommen.

Die Unschärferelation

Im Sommer 1927 weilte der Göttinger Professor Werner Heisenberg in Kopenhagen bei Niels Bohr, um als Gast in dessen Institut zu arbeiten. Bohr und Heisenberg beschäftigte die Frage, wie man die Beobachtung einer Elektronenbahn in der Wilsonschen Nebelkammer mit der Quantenphysik in Einklang bringen könnte. (Die Wilsonsche Nebelkammer ist eine mit Gas und Wasserdampf gefüllte Kammer, in der die Bahn von fliegenden Elektronen sichtbar gemacht werden kann.) Als Bohr für einige Tage zum Skifahren nach Norwegen fuhr, versuchte Heisenberg allein, das Problem zu lösen. Er wollte herausfinden, wie in der Quantenmechanik die Bahn eines Elektrons in der Nebelkammer mathematisch darstellbar ist. Den entscheidenden Gedanken faßte er auf einem nächtlichen Spaziergang im Fälledpark. Als er nach Hause kam, fixierte er seine Gedanken schriftlich. Was herauskam, ist seine berühmte Unschärferelation.
Zum Verständnis gehen wir von dem folgenden Bild aus: Ein Auto fahre auf einer Autobahn konstant 100 km pro Stunde. Wenn ich weiß, daß es um 17 Uhr an der Ausfahrt Köln-Mülheim vorbeifährt, kann ich genau berechnen, wo es sich um 17:15 Uhr oder um 18 Uhr befindet.
Lage und Geschwindigkeit sind demnach Größen, die ein System (hier das Auto) determinieren. Die Physiker betrachten statt der Geschwindigkeit oft den Impuls, das ist die mit der Masse des Systems multiplizierte Geschwindigkeit.
Wir übertragen den Gedanken auf den Mikrokosmos. Wie sieht die Determinierung eines Elementarteilchens aus, etwa eines Elektrons. Wenn ich die Lage des Elektrons im Raum und den Impuls (also die Geschwindigkeit) kenne, kann ich dann sein Verhalten wie bei dem Auto vorausberechnen.?
Nehmen wir an, das Teilchen soll vermessen werden: An welcher Stelle befindet es sich und mit welcher Geschwindigkeit bewegt es sich fort? Um seine Lage zu fixieren, könnten wir es einem Lichtstrahl aussetzen und aus dem reflektierten Licht auf seine Lage schließen. Wie wir oben gesehen haben, besteht Licht aus Photonen, also ebenfalls aus Teilchen. Ist das zu messende Teilchen sehr klein – etwa ein Elektron – werden die

Photonen, wenn sie auf das Elektron treffen, diesem Energie abgeben, d.h. sein Geschwindigkeit verändern. Dies ist so, als würde ich einen Luftballon mit Tennisbällen bewerfen, der Luftballon wird in seiner Bewegung beeinflußt. Wenn es mir gelingen sollte, die Lage recht genau zu fixieren, habe ich zumindest die Geschwindigkeit des Teilchens verändert, d.h. diese kann nicht mehr exakt ermittelt werden. Je genauer ich die Lage des Teilchens ermittele, um so ungenauer wird die Geschwindigkeit. Eine genauere Untersuchung zeigt, daß auch die Umkehrung gilt: Je genauer man die Geschwindigkeit bzw. den Impuls des Teilchens ermittelt, um so ungenauer wird die Messung der Lage. Bezeichnen wir die Lagekoordinate mit x und die Impulskoordinate mit p, dann gilt die von Heisenberg gefundene Beziehung

$$\Delta x \cdot \Delta p \geq h$$

dabei ist Δx die Ungenauigkeit in der Lagekoordinate, Δp die Ungenauigkeit des Impulses und h das Plancksche Wirkungsquantum (h = $6{,}626 \cdot 10^{-34}$ Ws², genau genommen steht rechts $h/(2 \cdot \pi)$). Wie man sieht, wird Δx sehr klein, wenn Δp groß wird und umgekehrt, damit die Ungleichung erhalten bleibt. Man kann die Aussage der Heisenbergschen Entdeckung anschaulich nachvollziehen, wenn man Lage und Geschwindigkeit von Wasserwellen fixieren will. Um die Geschwindigkeit zu messen, müssen wir die Wellen eine Zeitlang beobachten. Man kann sie zum Beispiel einige Sekunden lang mit einem Videofilm aufnehmen und aus dem Film dann näherungsweise die Geschwindigkeit ermitteln. Vielleicht erhält man den Geschwindigkeitswert ziemlich genau, wo aber ist die Lage der Welle während dieser Zeit? Je kürzer der Film ist, um so eindeutiger die Lage, aber um so ungenauer die Geschwindigkeit. Fotografiert man schließlich die Wellen, kann man die Lage exakt angeben, nämlich die auf der Fotografie, aber über die Geschwindigkeit läßt sich keine Aussage machen, deren Ungenauigkeit Δv und damit auch Δp ist unendlich. Da Materie als Wellenbewegung auffaßbar ist, kann man das Bild direkt übertragen und erhält bei genauer Rechnung Heisenbergs Unschärferelation.

Obige Gleichung stellt eine Grenze der exakten Meßbarkeit dar. Genau genommen gibt es keine Exaktheit in der Meßbarkeit, auch nicht in der von uns registrierten Welt. Würde man zum Beispiel die Lage eines Massenpunktes von einem Gramm so genau bestimmen, daß die Lagekoordinate auf Lichtwellenlänge genau ist, würde dieses nach obiger Gleichung eine Ungenauigkeit in der Geschwindigkeit von etwa 10^{-22} cm/s bewirken. Da man mit keinem Meßinstrument solche Feinheiten in der Geschwindigkeit registrieren kann, ist diese Ungenauigkeit vernachlässigbar. Nicht so im Mikrokosmos.

Des weiteren ergibt sich aus obigen Überlegungen, daß jede Messung im Mikrokosmos eine Störung der zu messenden Größe darstellt. Die Meßgröße wird durch die Messung verfälscht. Man könnte auch sagen: Beobachten heißt stören. Zudem erhält man verschiedene Ergebnisse, wenn zuerst die Lage und dann den Impuls oder wenn man zuerst den Impuls und dann die Lage mißt. Die Meßergebnisse hängen von der Reihenfolge der Messungen ab.

Es gab verschiedene Interpretationen. Einige Physiker vertraten die Meinung, daß die Unschärferelation eine Grenze darstellt, die aus meßtechnischen Gründen nicht unterschritten werden kann. In anderen Darstellungen erfuhr man, daß hier eine prinzipielle Grenze der Erkenntnis existiert, da die Gegebenheiten im Mikrokosmos unbegreifliche Fakten seien, auf die die klassischen Orts- und Impulsbegriffe nicht anwendbar seien. Heute wissen wir, daß die Ungewißheit nicht in menschlicher Unwissenheit begründet ist, sondern in der Naturgesetzlichkeit der Mikrophysik. Wir werden auf diese Interpretationen zurückkommen.

6.2 Fakten und Aussagen

$\Psi(x,t)$ und Messungen

Betrachten wir ein Elektron. Wir haben in einer Messung festgestellt, daß es sich in einem Bereich um x befindet. Damit ist die Wahrscheinlichkeit, daß es sich außerhalb dieses Bereiches befindet, null. Dieses drückt auch die Schrödinger-Funktion $\Psi(x,t)$ aus, die ja diese Wahrscheinlichkeit beschreibt. Nunmehr beginnt das Einflußgebiet des Elektrons sich auszudehnen. Der Raum, in dem es sein könnte, wird immer größer. $\Psi(x,t)$ wächst und dehnt sich aus so wie Wasserwellen, die durch einen Stein hervorgerufen wurden und sich in alle Richtungen ausdehnen. Irgendwann hat der Wahrscheinlichkeitsbereich – also der Bereich, wo das Elektron sein könnte – die Größe eines Fußballfeldes erreicht. Jetzt führen wir eine erneute Messung durch und finden das Elektron an der Stelle x'. Was gilt jetzt für die Schrödinger-Funktion $\Psi(x,t)$? Die Wahrscheinlichkeit und damit $\Psi(x,t)$ muß außerhalb von x' mit einem Schlag auf null gesunken sein, denn dort kann das Elektron auf Grund unserer neuen Information ja nicht mehr sein. Eine Messung hat die Schrödinger-Lösung radikal verändert. Sie hat bewirkt, daß die Wellenfunktion außerhalb von x' auf null zusammenbrach.

Dieser Effekt sei an einem kleinen Beispiel erläutert: Wenn Sie mit einem Würfel eine Zahl werfen, hat die Zahl 3 die Wahrscheinlichkeit p = 1/6, da 6 Zahlen vorhanden sind. Wenn Sie aber wissen. daß die gewürfelte Zahl ungerade ist, ist die Wahrscheinlichkeit für die Zahl 3 angewachsen auf p = 1/3, da es nur drei ungerade Zahlen gibt. Die zusätzliche Information hat also die Wahrscheinlichkeit verändert.

Sollte es bei der Schrödinger-Gleichung ähnlich sein: Eine zusätzliche Information – nämlich das Ergebnis der Messung – verändert $\Psi(x,t)$? In diesem Falle könnte man $\Psi(x,t)$ als ein Maß für unser Wissen ansehen: Je weniger wir wissen, um so größer ist der Bereich, in dem $\Psi(x,t)$ ungleich null ist. Oder besser: Die Größe von $\Psi(x,t)$ ist ein Maß für unser Unwissen.

Den Kollaps der Wellenfunktion bei einer Messung kann man auch so begründen: Wenn $\Psi(x,t)$ (genauer: der Betrag von $\Psi(x,t)$) die Wahrscheinlichkeit für das Auftreten des Teilchens an der Stelle x zur Zeit t beschreibt (und daran glauben alle Physiker), dann beinhaltet diese Funktion alle potentiellen Möglichkeiten für das Teilchen. Erst der Meßvorgang kreiert eine der Möglichkeiten als real und läßt die restlichen Möglichkeiten unmöglich werden.

Das Zusammenbrechen von $\Psi(x,t)$ bei einer Messung ist eine der Merkwürdigkeiten der Quantenmechanik, die – was die Interpretation betraf – zu erheblichen Meinungsverschiedenheiten unter den Physikern führte (wir werden darauf zurückkommen). Eine andere für die klassische Physik ungewohnte Aussage betraf die Wechselwirkung zwischen dem zu Messenden und den Meßinstrumenten bzw. dem, der die Messung ausführt.

Wie verläuft ein Meßvorgang? In der realen uns vertrauten Welt nehme ich die Daten eines physikalischen Vorganges auf und betrachte diese als Parameter eines objektiv von der Natur vorgegebenen Prozesses. Das Objekt des Messens steht im Vordergrund, das Subjekt, nämlich die messende Person, tritt in den Hintergrund, ist quasi gar nicht vorhanden.
Ganz anders in der Quantenwelt. Das zu messende Objekt ist definiert durch die Wellenfunktion $\Psi_1(x,t)$. Der Messende oder das Meßsystem produziert ebenfalls eine Wellenfunktion, sagen wir $\Psi_2(x,t)$. Wenn zwei Wasserwellen aufeinanderstoßen, ergeben sich überlagerte Wellen, die komplizierte Strukturen besitzen können. Die Physiker sprechen von einer Superposition. Auch beim Meßvorgang entsteht eine Superposition der beiden Wellenfunktionen $\Psi_1(x,t)$ und $\Psi_2(x,t)$, die man – wie man mathematisch leicht zeigen kann – durch eine einfache Summe berechnen kann. Die Superposition $\Psi(x,t) = \Psi_1(x,t) + \Psi_2(x,t)$ ist demnach die Wellenfunktion des Gesamtsystems. Führt man nun eine Messung durch, mißt man $\Psi(x,t)$ statt $\Psi_1(x,t)$, d.h. die Daten sind nicht mehr objektiv, da die Daten des Messenden bzw. des Meßsystems mit einfließen. Die Meßdaten beschreiben die Wechselwirkung zwischen dem zu Messenden und dem Meßsystem. Eine objektive Messung ist nicht mehr möglich.
Die Superposition von Wellenfunktionen führt auf der Quantenebene zu Situationen, die auf der realen Ebene unserer Erfahrungen unmöglich sind. Nehmen wir an, zwei Systeme senden ihre Wellenfunktionen aus, die sich überlagern, sie bilden also eine Superposition. $\Psi(x,t) = \Psi_1(x,t) + \Psi_2(x,t)$. Die Überlagerung $\Psi(x,t)$ stellt nun alle möglichen Zustände dar, die das Gesamtsystem annehmen kann. Diese Zustände können etwas vom System 1 und etwas vom System 2 besitzen, also eine Mischung sein, denn beide Wellenfunktionen gehen ja in $\Psi(x,t)$ ein. In den Bereichen, wo die überlagernden Wellen zu widersprüchlichen Ergebnissen führen würden, interferieren die Wellen zu null.
In der Makrowelt führt das im allgemeinen zu grotesken Situationen: Nehmen wir an, Sie stehen im Zoo. Wenn Sie nach rechts schauen, sehen Sie einen Elefanten, wenn Sie nach links schauen, erblicken Sie ein Kamel. Weitere Tiere sind nicht in der Nähe. Also werden Sie, wenn Sie ein Tier erblicken, entweder einen Elefanten oder ein Kamel sehen.
Dieses harte Entweder-Oder gibt es nicht in der Quantenwelt. Hier treten Mischungen als Superposition auf. Übertragen auf unser Zoo-Beispiel müßten Sie, wenn Sie geradeaus schauen, einen Kamelefant sehen, also eine Mischung aus beiden Tieren. Auch die Mischung von zwei Drittel Kamel und ein Drittel Elefant tritt auf usw.
Messen bedeutet, die Realität der Quantenebene auf unsere Realitätsebene zu heben. Nach der Messung kann ich genau sagen, daß das gemessene Teilchen hier und nicht dort sich befindet. Die harte Unterscheidung Hier-Dort oder Entweder-Oder sind Kennzeichen unserer Erfahrungswelt. Realitäten der Quantenebene sind fließend, gehen ineinander über, sind unbestimmt. Erst der Meß- oder Beobachtungsvorgang schafft abgrenzbare Realitäten, für die Alternativen, logische Gesetze, symbolische Beschreibbarkeit gelten.
Daß eine Messung die Zustandsgrößen eines Teilchens – und damit $\Psi(x,t)$ – verändern, hatte Heisenberg ja bereits bei der Herleitung seiner Unschärferelation angemerkt. Nehmen wir an, wir versuchen, das Elektron dadurch zu entdecken, daß wir es mit Lichtphotonen beschießen. Der Impuls der Photonen wird zwangsläufig die Daten des Elektrons beeinflussen, in diesem Sinne hat die Messung auch $\Psi(x,t)$ verändert.
Die Interpretation der Wellenfunktion $\Psi(x,t)$ teilte – wie bereits erwähnt – die Physiker in zwei Lager. Die eine Gruppe – angeführt von Niels Bohr – betrachtete die Wellenfunktion als die Beschreibung einer Realität, die sich unseren Vorstellungen entzieht. Der Kollaps

von $\Psi(x,t)$ bei einer Messung wäre demnach ein Kollaps in der Realität der Quantenwelt. Mit einer Messung greife ich in den Mikrokosmos ein und verändere die Welt, indem ich $\Psi(x,t)$ verändere. Da jede Beobachtung letztlich eine Messung ist, verändere ich durch Beobachtungen die Realität. In einer extremen Auffassung könnte man folgern: Jede Realität auf der Realitätsebene, in der wir bewußt leben, wird durch unsere Beobachtungen erst geschaffen.

Die andere Gruppe – angeführt von Albert Einstein – betrachtete $\Psi(x,t)$ lediglich als eine Wahrscheinlichkeitsfunktion, nicht als Realitätsbeschreibung. Was sich tatsächlich in der Quantenwelt abspielt, ist zwar unseren Messungen nicht zugänglich, aber irgendwie soweit kontinuierlich, daß es durch unbekannte – verborgene – Variablen beschreibbar sein müßte. In dieser Auffassung ist $\Psi(x,t)$ nur ein Maß für unser Unwissen, nicht mehr. Die Unschärferelation Heisenbergs ist rein technischer Art, wir können instrumentell nicht weiter in den Mikrokosmos vordringen, während die Gruppe um Niels Bohr glaubte, daß es sich um eine prinzipielle Grenze handelt, weil hier eine für uns nicht faßbare Realität beginnt...

Niels Bohr versus Albert Einstein

Die Auseinandersetzungen zwischen den beiden Gruppen nahmen von Zeit zu Zeit spannende Züge an und sind bis heute noch nicht ganz ausgeräumt.
Im Oktober 1927 trafen sich die 30 bekanntesten Physiker zur fünften Solvay-Konferenz in Brüssel. Die Solvay-Konferenzen fanden seit 1911 regelmäßig statt und wurden von dem belgischen Chemiker und Industriellen Solvay finanziert, der die international führenden Physiker regelmäßig einlud. Niels Bohr und Albert Einstein trugen ihre sich widersprechenden Positionen vor. Heisenberg berichtet darüber, daß Einstein meist schon am Frühstückstisch im Hotel ein Gedankenexperiment vortrug, mit dem er die inneren Widersprüche der Bohrschen Interpretation aufzuzeigen glaubte. Dies führte zu einer heftigen Diskussion zwischen den beiden und am späten Nachmittag hatte Bohr dann meist eine vollständige Analyse des Problems gefunden, die seine Auffassung stützte und die er Einstein vortrug. In langen Diskussionen versuchte man, eine Einigung zu finden, jedoch ohne Erfolg. Die Position Erwin Schrödingers, daß Elektronen im klassischen Sinne als Wellen aufzufassen seien, fand keine Akzeptanz. Später rückte Schrödinger von dieser Position ab.
Im folgenden sollen die Denkansätze von Bohr und Einstein näher betrachtet werden.

Niels Bohr und die Abkehrung von der Realität

Niels Bohr, der zu Beginn der zwanziger Jahre in Kopenhagen das gerade gegründete physikalische Institut leitete, hielt 1922 eine Gastvorlesung an der Universität Göttingen. Einer seiner Hörer war Werner Heisenberg, Student der Physik. Heisenberg fiel Bohr in den Diskussionen auf und er lud ihn zu einem nachmittäglichen Spaziergang auf den Hainberg ein. Die Gespräche zwischen Bohr und Heisenberg übten einen großen Einfluß auf den jungen Heisenberg aus. Insbesondere erklärte Bohr mehrmals mit Nachdruck, daß Atome keine „Dinge" seien.
Wenn wir unter „Dinge" Objekte unserer täglichen Erfahrung – oder besser – Objekte der uns vertrauten Realität sehen, dann bedeutet diese Aussage, daß Atome sich in ihrer Struktur unserem Realitätssinn entziehen. Dies wiederum impliziert, daß in der Mikrowelt der Atome eine Realität herrscht, die ganz anders sein muß als das, was wir bewußt und

unbewußt in unserer Erfahrungswelt vorfinden und erleben. Insbesondere könnte es Erscheinungen geben, die nach unseren Erfahrungen unmöglich nebeneinander Gültigkeit besitzen können. Ein Beispiel ist die Welle-Teilchen-Dualität des Lichtes bzw. der Materie. Wie können Wellen ohne Medium existieren und wie können diese Wellen gleichzeitig als feste Teilchen auftreten? In der Welt unserer Realität ist dies ein glatter Widerspruch.

Wie kam Bohr zu dieser Anschauung einer nicht faßbaren Realität im atomaren Bereich? Nehmen wir ein Elektron, welches nach dem Bohrschen Atommodell den Atomkern umkreist. Ohne Zweifel läßt sich der Bewegungsablauf des Elektrons durch die Schrödinger-Gleichung vorausberechnen. Man erhält die Wellenfunktion $\Psi(x,t)$. Diese beschreibt exakt die Bahnkurven der Elektronen. Würde man nun eine Messung des Elektrons vornehmen, könnte man möglicherweise das Elektron an einer fixierten Stelle erkennen. Die Messung reduziert das Elektron auf einen winzigen Bereich. Bei der Interpretation von $\Psi(x,t)$ als Wahrscheinlichkeit erfährt die Wellenfunktion einen Kollaps, sie fällt auf diesen lokalen Bereich zusammen, um danach sofort wieder auf einen größeren Bereich anzuwachsen. Eine Messung würde das Elektron als ein Teilchen entlarven.

Andererseits sind aber in der Atomhülle nur die Elektronenbahnen möglich, bei denen das Elektron nach einer Umrundung stetig in eine Wellenbewegung übergeht. (siehe z.B. Abb.15). Unstetigkeiten in der Wellenbewegung sind nicht vorgesehen.

Das Elektron verhält sich also an jeder Stelle so, daß es seine Wellenbewegungen bzw. seine Bahn so auswählt, daß es nach einer Umrundung seine Wellen stetig ineinander übergehen lassen kann. Wäre es ein Teilchen, müßte man fragen, woher weiß es, daß es nur die Bahn wählen darf, bei der seine Welle stetig ist? Um die Stetigkeit festzustellen, müßte es zuerst einmal den Kern umrunden – oder mehr theoretisch – es müßte neben seiner eigenen Wellenlänge auch die Länge der Bahnkurve kennen und nur dann „starten", wenn es auf einer Bahn ist, deren Länge ein Vielfaches der Wellenlänge ist.

Das Elektron müßte also als Teilchen Informationen über den Raum um den Atomkern besitzen. Das es wohl kaum als kleiner Computer durch den Raum fliegt, bleibt nur die Vorstellung, daß es irgendwie überall ist. Das Elektron ist über den Raum „verschmiert". In diesem Sinne ist das Bohrsche Atommodell nur eine Hilfsvorstellung, die sich in ihren Bildern an unsere Vorstellungskraft anlehnt. In Wirklichkeit ist alles viel komplizierter und insbesondere irgendwie nicht vorstellbar. Ein Teilchen tritt bei einer Messung als Teilchen auf, ansonsten ist es über den ganzen Raum verschmiert.

Die Folgerung ist, daß jedes Teilchen im Elementarteilchenbereich nach einer Messung einen immer größeren Raum ausfüllt. Es ist praktisch überall gleichzeitig, dies auf eine Weise, wie es unserer Vorstellungswelt – die sich ja im Makroskopischen ausgebildet hat – nicht zugänglich ist. Sobald aber eine Messung oder eine Beobachtung ausgeführt wird und das Teilchen an einem bestimmten Punkt gesichtet wird, ist in diesem Augenblick die Wellenfunktion $\Psi(x,t)$ auf einen Punkt kollabiert. Eine Messung greift daher in den ganzen Raum ein, es verändert die Realität in einem globalen Sinne.

Ein Beispiel möge dies verdeutlichen. Ein Stern im Weltraum emittiere ein Photon. Die Schrödinger Gleichung sagt uns, daß seine Wellenfunktion $\Psi(x,t)$ sich kugelförmig ausbreitet. Das Photon füllt also einen riesigen Raum aus, der mehrere Lichtjahre im Durchmesser betragen kann. Nach einigen Jahren trifft die Wellenfront auf die Erde und ein Beobachter nimmt das Photon wahr. Im selben Augenblick bricht die Welle zusammen, das Photon wird zum Teilchen und fällt in das Auge des Beobachters. Der Beobachter hat somit

durch die Beobachtung (Messung) die Realität verändert, indem er eine Wellenbewegung im Ausmaß von einigen Lichtjahren auslöschte.
Was wäre, wenn an einer anderen Stelle – sagen wir genau diametral gegenüber an der anderen Seite der Kugelwelle – ein zweier Beobachter auf das Licht aus dem Weltraum wartet? Wenn der Beobachter auf der Erde das Photon zuerst wahrnimmt, ist es für den zweiten Beobachter nicht mehr erkennbar, denn seine Welle ist ausgelöscht. In diesem Sinne hat eine Messung bzw. Beobachtung auf der Erde Auswirkungen in den ganzen Weltraum. Hätte der zweite Beobachter das Licht zuerst gesehen, wäre unser Erdbewohner leer ausgegangen.
Diese sicherlich befremdlich und merkwürdig klingenden Ausführungen sind Konsequenzen aus der Vorstellung, daß jede Materie durch eine Schrödinger-Wellenfunktion existentiell gegeben ist. Es entsteht ein Szenario, bei dem offenbar die Lokalität aufgehoben ist, bei der Existenzen den ganzen Raum ausfüllen und nur durch eine Messung oder Beobachtung auf unsere Realitätsebene gehoben werden.
Jede Messung und jede Beobachtung kreiert nach diesem Bild eine neue Realität, denn die Wellenfunktion wird neu definiert. Werner Heisenberg schrieb 1927 in der Zeitschrift für Physik (Nr.43, Seite 185) über die Elektronenbahn im Atom: *„Die Bahn entsteht erst dadurch, daß wir sie beobachten."* Sind wir in diesem Sinne Erschaffer der Realität oder – anders ausgedrückt – ist Realität letztlich nur durch unsere Beobachtung existent? Solche und ähnliche Fragen beschäftigten und beschäftigen Physiker und Philosophen, die die Bohrsche Interpretation übernommen haben.
Der Unterschied zur klassischen Physik sei nochmals an dem folgenden Beispiel erläutert: Nehmen wir an, wir messen die Lage eines Elektrons im Punkt A und kurz danach im Punkt B. In der klassischen Auffassung würden wir schließen, daß sich das Elektron auf einer Bahn von A nach B bewegt hat. Nach der Quantenmechanik gibt es kein Elektron, das sich von A nach B bewegt. Es gibt lediglich zwei Messungen an den Punkten A und B. Die klassische Physik versucht, Meßergebnisse so zu ordnen, daß sie in ein Modell der Realität integrierbar sind. Die Quantenphysik in der Bohrschen Auffassung kennt nur Messungen und verzichtet bewußt auf ein Modell, weil es schlichtweg keines gibt. Wenn aber keine Modelle existieren, kann man auch keine deterministischen Voraussagen machen. Die Quantenmechanik arbeitet daher nur mit Wahrscheinlichkeiten, nicht mit fixen Daten.
Die Welt hängt nicht nur von unseren Beobachtungen ab, sie hängt auch vom Beobachtungsverfahren ab. So erhält man zum Beispiel verschiedene Werte, wenn man zum einen erst die Lage und dann den Impuls und zum anderen erst den Impuls und dann die Lage mißt. Die Reihenfolge spielt eine wesentliche Rolle.

Albert Einstein und die verborgenen Variablen

Albert Einstein bezweifelte die Berechtigung all dieser Denkansätze. Zwar akzeptierte auch er, daß Messungen die zu messenden Größen beeinflussen und daß die Schrödinger-Gleichung die Teilchen beschreibt, jedoch war die Schrödingerfunktion $\Psi(x,t)$ für ihn lediglich eine Wahrscheinlichkeitsfunktion, die unser Unwissen darstellt, aber keinerlei existentielle Aussagen macht. 1944 schrieb er in einem Brief an Max Born: *„Du glaubst an den würfelnden Gott und ich an die volle Gesetzlichkeit in einer Welt von etwas objektiv Seiendem, das ich auf wild spekulativem Wege zu erhaschen suche."*
Von diesem Denkansatz aus muß die atomare Realität zwar ebenfalls für uns nicht zugänglich sein, aber Einstein vermutete, daß dieses nur deswegen nicht der Fall ist, weil unsere

Meßmöglichkeiten zu grob sind, um die Feinheiten der atomaren Wirklichkeit zu erfassen. Möglicherweise werden wir niemals imstande sein, diese Realitätsebene in ihrer Struktur zu erkennen und zu erfassen. Daraus folgt aber noch lange nicht, daß es diese Realität als eine deterministische und rein funktionale nicht gibt. Einstein und seine Gefolgsleute vermuteten, daß unterhalb der Quantenebene eine Struktur existieren müsse, die der klassischen ähnlich ist.

Als Heisenberg 1926 in Berlin über die Auffassungen der Bohrschen Gruppe – der er sich auch zuzählte – in einem Vortrag berichtete, kam es nachher zu einer Diskussion zwischen Einstein und Heisenberg. Heisenberg hatte darauf hingewiesen, daß die Bahnen eines Elektrons im Atom nicht real als Bahnen existieren müssen, sondern daß die Vorstellung solcher Bahnen eine Art Denkökonomie sei, die uns das Verständnis des Atoms erleichtert. Einstein erwiderte auf dieses Argument, daß man Elektronenbahnen in der Nebelkammer beobachten kann. Es sei daher Unsinn, anzunehmen, daß durch bloßes Verkleinern des Raumes, in dem das Elektron sich bewegt, der Bahnbegriff außer Kraft gesetzt werden kann.

Die Verfechter dieses Denkansatzes vermuteten, daß die atomaren Gegebenheiten sich so durch Variablen beschreiben lassen wie die makroskopische Welt und daß diese Variablen lediglich für uns nicht erkennbar sind. Diese Variablen wurden später von David Bohm als „verborgene Variablen" bezeichnet. Für sie gibt es eine objektive Realität, die im atomaren Bereich zur Zeit nicht beschreibbar ist.

Einstein und seine Anhänger gingen von drei Grundannahmen aus, die sie nicht bereit waren, aufzugeben und die für sie die Basis jeden physikalischen Denkens war: Realismus, Lokalität und Separabilität. Diese drei Axiome beinhalteten folgendes:

Realismus: Es existiert eine objektive, von uns unabhängige Welt. Die Wahrscheinlichkeitsaussagen der Quantentheorie basieren nur auf unserer Unkenntnis, nicht aber auf eine für uns nicht faßbare Welt.

Lokalität: Es gibt keine Geschwindigkeit, die größer ist als die Lichtgeschwindigkeit. Daher kann jede Art von Information höchstens mit Lichtgeschwindigkeit übertragen werde.

Separabilität: Physikalische Systeme können stets in Teilsysteme zerlegt werden, die autonom sind.

Das EPR-Paradoxon

Die Interpretation Bohrs, die auch als Kopenhagener Deutung bekannt wurde, stand der Auffassung des Objektivismus Albert Einsteins gegenüber und diese Dissonanz der Auffassungen spaltete die Physiker.

Im Jahre 1935 ging Einstein zum Angriff über, indem er ein Paradoxon veröffentlichte, welches zeigen sollte, daß die Quantenmechanik keine in sich abgeschlossene Wissenschaft sei. Genauer gesagt, veröffentlichte Einstein gemeinsam mit Boris Podolski und Nathan Rosen vom Institute of Advanced Studies an der Princeton University in der Zeitschrift „The Physical Review" eine Abhandlung, in der sie ein Paradoxon entwickelten, welches als EPR-Paradoxon (Einstein-Podolski-Rosen-Paradoxon) bekannt wurde.

Die Autoren definierten zunächst den Begriff „Wirklichkeit". Ausgehend von der Überlegung, daß „Wirkliches" meßbar (beobachtbar) sein muß, und zwar beliebig oft, folgerten sie, daß eine solche Messung am Objekt keine Störung verursachen darf, da im Falle der

Störung spätere Messungen andere Werte liefern würden, es gäbe keine objektiven Werte mehr. Messungen im Sinne der Quantenphysik stören das zu messende Objekt, in der makroskopischen Realität dagegen können solche Störungen vernachlässigt werden.
Folgende Definition wurde von den Autoren gewählt:
Eine Größe, die man messen kann, ohne sie zu stören, ist „wirklich".
Die Umkehrung des Satzes gilt übrigens nicht: Dinge können wirklich sein, ohne daß man sie messen kann. Wenn man zum Beispiel das Innere eines Steines beobachten will, muß man ihn zerstören.
Einstein und seine Mitautoren konstruierten nun ein Gedankenexperiment, welches zu einem Paradoxon führte, welches auch heute noch nicht ganz geklärt ist.
Zum besseren Verständnis betrachten wir zunächst zwei Billardkugeln. Wenn diese zusammenstoßen und dann wieder auseinanderrollen, gelten für den Stoß eindeutige mechanische Gesetze wie zum Beispiel der Impuls- und Energiesatz, mit deren Hilfe man Impuls und Lage beider Kugeln nach dem Stoß berechnen kann. Das Entscheidende ist, daß es völlig genügt, Impuls und Lage der einen Kugel zu kennen, um den Impuls und die Lage der anderen Kugel ausrechnen zu können. Ich kann also Impuls und Lage der zweiten Kugel ermitteln, ohne sie direkt zu beobachten, also ohne sie zu stören.
Nun gilt das Bild des „Wirklichen" im Makroskopischen ohnehin. Interessant wird es, wenn wir versuchen, im Bereich der Quantenphysik eine ähnliche Konstellation zu finden. Genau hier setzten Einstein und seine Mitautoren an. Anstatt der Billardkugeln betrachteten sie zwei Elementarteilchen, die korreliert sind, die also irgendwann zusammen waren wie zum Beispiel zwei Photonen, die von einem Atom ausgesandt werden. Wenn dann physikalische Meßgrößen für eines der Teilchen aus den Größen des zweiten Teilchen, die direkt gemessen werden, ableitbar sind, dann haben wir die Größe für das zweite Teilchen ermittelt, ohne es zu stören. Die entsprechende Größe müßte dann wirklich sein.
Dies widerspricht der Quantenphysik, nach der eine physikalische Größe erst dann real wird (die Welle bricht zusammen), wenn sie gemessen wird. Der Kollaps der Welle ist die damit verbunden Störung. Die Größe wird erst durch die Messung kreiert. Bei obigem Beispiel wird die Größe nicht kreiert, sie ist bereits vor der Messung da, sie ist wirklich.
Besteht man aber auf die Aussagen der Quantenphysik, dann kollabiert die Welle im entfernten Teilchen in dem Moment, wo die Größe im anderen Teilchen gemessen wird. Dies auch dann, wenn die beiden Teilchen bereits Lichtjahre voneinander entfernt sind. Im gleichen Augenblick passiert etwas Lichtjahre von mir entfernt, wenn ich hier an meinem Ort eine Messung vornehme. Diese Gleichzeitigkeit an verschiedenen Orten widerspricht eindeutig der speziellen Relativitätstheorie, nach der Wirkungen sich höchstens mit Lichtgeschwindigkeit fortpflanzen können. Eine Gleichzeitigkeit an verschiedenen Orten ist nicht möglich.
Noch seltsamer wird es, wenn man bedenkt, daß die Realität des ersten Teilchens davon abhängt, in welcher Reihenfolge ich am ersten Teilchen Impuls und Lage messe. Diese Realität überträgt sich augenblicklich auf das zweite Teilchen, egal, in welcher Entfernung es sich befindet. Der offensichtliche Widerspruch zur speziellen Relativitätstheorie veranlaßte Einstein, die Quantentheorie als „nicht vollständig" zu bezeichnen.
Einstein bemerkte hierzu: *„Diesem Schluß (daß die Quantentheorie nicht vollständig ist), kann man nur dadurch ausweichen, daß man entweder annimmt, daß die Messung an S_1 den Realzustand von S_2 telepathisch verändert, oder aber daß man Dingen, die räumlich*

voneinander getrennt sind, unabhängige Realzustände überhaupt abspricht. Beides scheint mir ganz inakzeptabel."

Das Bellsche Theorem

Das EPR-Paradoxon inspirierte den Physiker J.S. Bell zu Überlegungen, die zu einem höchst interessanten Satz führten.

Einstein und mit ihm viele andere wie zum Beispiel auch David Bohm in den 50er Jahren sahen die Heisenbergsche Unschärferelation lediglich als eine instrumentelle Begrenzung, nicht als eine prinzipielle Grenze. Sie vermuteten jenseits der Unschärfe eine verborgene Realität, die genau so den Kausalitätsgesetzen und dem Determinismus gehorchte wie die von uns wahrnehmbare Realität des täglichen Lebens. Eine solche Realität muß durch Variablen beschreibbar sein, die denselben Gesetzen unterliegen wie die Variablen unserer globalen Realität. Variablen dieser Art sind zum Beispiel die Zeit t, die Raumkoordinaten x, y, z und die Energie E. Es gibt den einzigen Unterschied, daß die Variablen der Quantenrealität möglicherweise niemals angebbar sein werden, da die Unschärferelation eine Beobachtung verhindert. Derartige Variablen bezeichnete Bohm als verborgene Variablen.

Im Jahre 1966 erschien in der Zeitschrift „Reviews of Modern Physics" ein Aufsatz unter dem Titel „On the EPR-Paradox". Verfasser war John Stewart Bell, ein Physiker der Universität Wisconsin, der sich hatte beurlauben lassen, um am SLAC (Stanford Linear Accelerator) und am Kernforschungszentrum CERN in Genf zu arbeiten. Bell konnte in dieser Arbeit nachweisen, daß es – wenn die Quantenmechanik stimmt – keine Theorie verborgener Variablen geben kann, es sei denn, die Variablen sind nichtlokal.

Was sind nichtlokale Variablen? Natürlich Variablen, die nicht lokal sind. Was aber sind lokale Variablen? Lokale Variablen sind jene, mit denen wir unsere makroskopische Wirklichkeit beschreiben. Sie sind dadurch charakterisiert, daß sie in jedem Punkt einen eindeutigen Wert besitzen und diese Werte sich von Punkt zu Punkt ändern können. So ist zum Beispiel die Temperatur eine lokale Variable, da sie für jeden Punkt des Raumes gegeben ist. Ein noch einfacheres Beispiel: Ordnet man jedem Passanten einer Fußgängerzone den Geldbetrag zu, den der Passant gerade mit sich führt, so ist dies zunächst eine Funktion. Darüber hinaus ist diese Funktion lokal, da sie für jeden Passanten einen eigenen Wert angibt.

Nicht-lokal ist demnach eine Funktion, die nicht für einzelne Punkte oder Objekte definiert ist, sondern für ganze Raumbereiche oder Objektgruppen. Würde man in einer solchen Funktion einen Wert anheben, wäre die Anhebung im selben Augenblick gültig für alle Punkte des entsprechenden Raumbereiches. Im Falle der Passanten der Fußgängerzone hätte das die höchst erfreuliche Effekt, daß, wenn sie einem der Passanten 20 DM schenken, im selben Augenblick alle Passanten um 20 DM reicher wären. Ein weiteres Beispiel wäre die Temperatur in einem Hochhaus. Wenn wir vereinfachend annehmen, daß in jedem Raum die Temperatur konstant gleich ist für alle Raumpunkte, genügt es, wenn man für jeden Raum den Temperaturwert angibt. Sie hängt dann nicht mehr lokal von den einzelnen Punkten des Raumes ab, sondern global von den Räumen selbst.

Bell konnte zeigen, daß die statistischen Aussagen der Quantenmechanik in der allgemein benutzten Formulierung nur gültig sein können, wenn nichtlokale Variablen eingeführt werden. Darüber hinaus gelang es Bell, ein – hypothetisches – Experiment zu beschreiben, welches eine Entscheidung herbeiführen könnte, ob Bohrs oder Einsteins Auffassung

richtig ist. Bell ging aus von dem Modell des EPR-Paradoxons. Die zu messenden Objekte sollten Lichtquanten (oder andere Elementarteilchen) sein, die Meßgrößen selbst sollte die Eigendrehung (Spin) der Teilchen sein. Die Lichtquanten würden von einem Objekt (Atom) in verschiedene Richtungen ausgesandt. Würde man beide emittierte Teilchen messen, könnte man die Korrelation der Meßwerte berechnen.
Bell berechnete diese Korrelation theoretisch zum einen klassisch und zum anderen mit den Prämissen der Quantentheorie und erhielt erstaunlicherweise verschiedene Ergebnisse. Bells Theorem zeigte damit, daß entweder die Quantentheorie falsch ist oder das Prinzip der Separabilität, welches ein grundlegendes Prinzip der klassischen Physik und des gesunden Menschenverstandes ist. Was von beiden falsch ist, sagt das Theorem nicht.
Eine Entscheidung könnte man durch einen Versuch herbeiführen, welcher die Korrelationswert experimentell ermitteln würde. Würde ein solches Experiment die statistischen Voraussagen der Quantentheorie bestätigen, würde dieses ungeheure Folgen in der Wissenschaftsgeschichte haben, denn erstmalig würden Prinzipien in Frage gestellt, welches für jedes Denken der Menschen – sei es in der Naturwissenschaft oder in der Philosophie – zu den selbstverständlichen a priori-Voraussetzungen zählte.

Experimente zur Bestätigung der Quantenmechanik

Obiges Experiment wurde in dieser Form nie ausgeführt. Statt dessen hat man ähnliche Versuche angestellt, bei denen nicht der Spin, sondern die Polarisation der emittierten Photonen gemessen wurde. Da Licht ja als elektromagnetische Welle aufgefaßt werden kann, existiert eine bestimmte Richtung der schwingenden elektrischen Feldstärke senkrecht zur Ausbreitungsrichtung. Es ist völlig problemlos, über Analysatoren (Filter unterschiedlicher Stellung) die Polarisationsrichtung festzustellen. Man hat die Polarisation der von einem Photon emittierten Photonen gemessen und kann aus den Meßwerten auf die Korrelation der Spins der beiden Quanten schließen. Seit 1967 wurden weitere Experimente auch für Elektron-Elektron-Paare und Proton-Proton-Paare ausgeführt. Mit Ausnahme von zwei Versuchen, deren Genauigkeit aber angezweifelt wurde, bestätigten alle die Bohrsche Interpretation, widersprachen also dem Bild der verborgenen Variablen.
Als Einwand gegen diese Experimente wurde vorgebracht, daß es ja sein könnte, daß möglicherweise über die Meßeinrichtungen eine Korrelation hergestellt werden könne. Um dem zu entgegnen, hat Alain Aspect mit seinen Mitarbeitern in den achtziger Jahren in Paris einen Versuchsaufbau verwendet, bei dem über raffinierte Methoden (die Richtung, in der der Spin gemessen werden sollte, wurde erst festgelegt, als das Photon schon unterwegs war) eine solche Korrelation ausgeschlossen wurde. Seine 1983 veröffentlichten Ergebnisse bestätigen eindeutig die Bohr-Heisenbergsche Auffassung der Quantenmechanik.
Die drei Grundforderungen Einsteins für ein physikalisches Weltbild waren: Realismus, Lokalität und Separabilität. Dabei steht Realismus für eine objektive, vom Beobachter unabhängige Welt, Lokalität für die Aussage, daß es keine Geschwindigkeiten größer als die Lichtgeschwindigkeit geben kann und Separabiltät dafür, daß ein physikalisches System stets in Teilsysteme zerlegbar ist. Die Ergebnisse obiger Versuche, insbesondere das Experiment von Aspect, zeigen, daß zumindest eine dieser Voraussetzungen falsch sein muß. Die Annahme, daß eine mikrokosmische Realität über verborgene Variablen beschreibbar ist, kann nicht richtig sein.

6.3 Folgerungen

Mikroskopische Realität

Die Wirklichkeit auf der atomaren Ebene wird durch die Schrödinger-Gleichung bestimmt. Wenn wir zum Beispiel die Lage eines Elektrons kennen, können wir sein weiteres Verhalten mit Hilfe der Schrödinger-Gleichung vorausberechnen. Man erhält eine Wellenfunktion, die sich über einen immer größeren Bereich ausbreitet.
Wenn man einen Stein in einen See wirft, entstehen Wellen, die sich kreisförmig ausbreiten und einen immer größeren Raum einnehmen. So auch die Lösung der Schrödinger-Gleichung. Es entsteht eine Wellenbewegung, die wie das Wasser einen immer größeren Bereich erfaßt. Würde man mit einem Computer die Schrödinger-Funktion errechnen, würde man genau diese Ausdehnungsbewegung erhalten. Erst der Meßvorgang läßt die Welle auf einen Punkt *kollabieren*, und zwar an der Stelle, wo das Teilchen gesichtet wird.
Dies ist ein höchst befremdliches Geschehen. Es widerspricht all unseren Erfahrungen, die wir mit dem Begriff „Realität" verbinden. Insbesondere ergeben sich logische Folgerungen, die die atomare Wirklichkeit in einem Licht erscheinen lassen, in der sie uns widersprüchlich und seltsam erscheint.
Die Lösung der Schrödinger-Gleichung, die wir im folgenden der Kürze halber als „Wellenfunktion" bezeichnen wollen, enthält alle Möglichkeiten eines zukünftigen Verhaltens des Elementarteilchens. Alle Punkte, die eventuell bei einem Meßvorgang als Lage des dann entstehenden Teilchens (das ja vor der Messung als Welle vorhanden war) identifiziert werden könnten, werden von der Wellenfunktion erfaßt. Auf diese Art kann ein Elektron oder Proton auf die Größe eines Fußballfeldes anwachsen.
Halten wir fest:
Alle potentiellen Möglichkeiten eines zukünftigen Verhaltens werden von der Wellenfunktion erfaßt. Erst der Meßvorgang entscheidet, welche Möglichkeit real wird.
Wenn wir dieses ernst nehmen, müssen wir schlußfolgern, daß Realität erst durch den Meßvorgang entsteht. Die Entwicklung der Welt ist durch die Schrödinger-Gleichung eindeutig und deterministisch vorgegeben, allerdings auf einer Eben, die uns nicht zugänglich ist. Wenn wir wissen wollen, was auf dieser unteren und für uns nicht zugänglichen Ebene passiert ist, müssen wir messen. Damit zerstören wir aber die Wellenfunktion, sie kollabiert und wir erhalten eine Information.
Damit haben wir durch den Meßvorgang in den Lauf der Wellenfunktion eingegriffen, wir haben die Realität verändert. Messen bedeutet damit, die Realität zu ändern.
Wenden wir uns dem Begriff „messen" zu. Messen bedeutet, realitätsbezogene Informationen zu gewinnen. Offenbar erhalten wir solche Informationen auch durch einfaches Beobachten und damit verändert auch die Beobachtung Realität.
Die Realität der Wellenfunktion ist für uns nicht wahrnehmbar. Das, was wir wahrnehmen können, ist eine übergeordnete Realität, die aus Beobachtungen und damit aus lauter Zusammenbrüchen der Wellenfunktionen besteht. Wenn wir unter „Realität" nur diese Form der Wahrnehmungen verstehen, müssen wir feststellen, daß Realität erst durch Beobachten entsteht. Und da wir die Konditionen der Wahrnehmung selbst bestimmen, gehen einige Physiker so weit, daß sie sagen, die Realität wird erst von uns geschaffen.

In unserem Gehirn wählen wir auf der Ebene der Atome und Elementarteilchen, wobei diese Wahl sich unserem Bewußtsein entzieht. Diese Wahl bereitet die Basis für die globale Wirklichkeit, die wir dann als makroskopische Realität empfinden. Damit schaffen wir uns unsere eigene Wirklichkeit und sind gleichzeitig Opfer dieser Wirklichkeit, da sie uns beeinflußt. Diese Form des Denkens entspricht nicht der westlichen Tradition. Seit Aristoteles und erst recht seit Descartes und Newton war und ist die Welt präexistent. Der Beobachter tritt in den Hintergrund, er ist quasi gar nicht vorhanden. Die Realität ist die einzige Daseinsform, sie prägt uns und sich selbst. Wir als Beobachter registrieren nur.

Ganz anders in der atomaren Wirklichkeit: Jede Objektivität ist Illusion. Die Wirklichkeit wird von uns erschaffen. Beobachter und Welt sind eins. Die Wirklichkeit ist nur die, die wir zulassen. Nicht eine anonyme, „objektive" Realität ist der Hauptakteur, sondern wir selbst. Diese von uns erschaffene Wirklichkeit wirkt auf uns zurück. Sie kann uns erdrücken oder befreien.

In einer extremen Auffassung könnte man sagen, es gibt es keine Wirklichkeit, die nicht wahrgenommen wird. Zudem ist die Trennlinie zwischen Beobachter und Wirklichkeit aufgehoben. Realität hängt davon ab, was ich beobachte und wie ich beobachte. Es ist ein Unterschied, ob ich erst die Lage und dann die Geschwindigkeit eines Elektrons messe oder umgekehrt. Die Quantentheorie zeigt ganz klar, daß verschiedene Ergebnisse herauskommen. Das „wie" der Beobachtung hängt wiederum von meinem Denken ab. Realität wird damit auch durch mein Denken erzeugt. Heisenberg formulierte das, indem er sinngemäß sagte, die „intermediäre Wirklichkeit" liegt zwischen stofflicher Realität und der geistigen Realität der Ideen und Vorstellungen.

In einem Gespräch mit Werner Heisenberg im Jahre 1923 erklärte Bohr die Situation der Wissenschaftler bei der Erforschung des Mikrokosmos so: *„Wir sind gewissermaßen in der Lage eines Seefahrers, der in ein fernes Land verschlagen ist, in dem nicht nur die Lebensbedingungen ganz andere sind, als er sie aus seiner Heimat kennt, sondern in dem auch die Sprache der dort lebenden Menschen ihm völlig fremd ist. Er ist auf Verständigung angewiesen, aber er besitzt keinerlei Mittel zur Verständigung. In einer solchen Lage kann eine Theorie überhaupt nicht ‚erklären' in dem Sinne, wie das sonst in der Wissenschaft üblich ist. Es handelt sich darum, Zusammenhänge aufzuzeigen und sich behutsam voranzutasten."*

Geht man von der Bedeutung des Wortes „erklären" aus, werden Bohrs Aussagen verständlich. „Erklären" bedeutet, einen Sachverhalt oder eine Realität zu beschreiben. Dabei benutzt man Bilder, die allgemein – zumindest von den Zuhörern – erfahrbar und damit vorstellbar sind. Vorstellbar aber sind nur Vorgänge in unserer Erfahrungswelt, also in der makroskopischen Realität. Bilder aus der mikroskopischen Realität müssen nicht den Bildern unserer Erfahrungswelt entsprechen, und wenn das nicht so ist, dann ist eine Erklärung nicht möglich.

Makroskopische Realität

Obige Aussagen gelten zunächst unterhalb der Unschärferelation, also im atomar Kleinen. Sie gelten nicht bei der Beobachtung von Häusern, Tischen oder Murmeln, d.h. nicht für unsere Erfahrungswelt, für die makroskopische Realität..

Unsere Erfahrungswelt wird im wesentlichen durch die folgenden Eigenschaften charakterisiert:

- Die Wirklichkeit ist für uns sinnlich erfahrbar.
- Die Wirklichkeit ist „draußen". Dies bedeutet, daß es eine strikte Trennung zwischen Beobachter und Beobachtetem gibt.
- Die Wirklichkeit würde auch existieren, wenn wir sie nicht wahrnehmen würden. In diesem Sinne ist sie unabhängig von uns.

Offenbar kann man diese Formulierungen auf mikroskopische Realitäten nicht einfach übertragen, wie wir im vorigen Kapitel gesehen haben. Insbesondere existiert keine Trennung zwischen Beobachter und Wirklichkeit, beide beeinflussen sich, sie sind eins.
Wir haben damit zwei Realitätsbegriffe. Die eine Form der Wirklichkeit ist geprägt durch unsere Erfahrungen, sie hat eindeutige Regeln und diese Regeln, die wir kennen, setzen uns in den Stand, diese Realität verwalten zu können. Sie existiert auch ohne uns. Die andere Form der Realität gilt im Bereich der Elektronen, Elementarteilchen und Atome. Sie ist voller Widersprüche und wird von uns erst geschaffen. Wir sind ein Teil dieser Realität.
Ein Makrosystem wird determiniert von den atomaren Bestandteilen, welche der Schrödinger-Funktion gehorchen. Es ist daher eine legitime Frage, wie die Überlagerung (Superposition) all dieser Wellen sich auswirkt und welche Realität dadurch geschaffen wird.

Schrödingers Katze

Schrödinger selbst hat in diesem Zusammenhang ein Beispiel vorgeführt, welches als „Schrödingers Katze" bekannt wurde und zu gewissen Widersprüchen führt.
In einer Kiste befindet sich ein einzelnes radioaktives Atom mit der Halbwertzeit von einer Stunde. Dies bedeutet, daß bei einer großen Menge des Materials nach einer Stunde nur die Hälfte zerfallen ist oder – anders ausgedrückt – es innerhalb der nächsten Stunde mit der Wahrscheinlichkeit 0,5 zerfällt. Falls es zerfällt, trifft seine Strahlung eine empfindliche Photozelle, die wiederum über eine raffinierte elektronische Schaltung eine Giftampulle in der Kiste zerstört.
Wir sperren eine Katze in die Kiste, verschließen sie und warten ab. Falls das radioaktive Atom zerfallen sollte, würde das Gift der Ampulle die Katze töten. Dies geschieht aber innerhalb einer Stunde nur mit der Wahrscheinlichkeit 0,5. Würden wir das Experiment mit

vielen Katzen durchführen (jede in einer eigenen Kiste), würde im Durchschnitt die Hälfte überleben.
Was gilt für die Schrödingersche Wellenfunktion innerhalb der Kiste? Die Wellenfunktion für eine *lebende* Katze wird immer unwahrscheinlicher, die einer *toten* Katze immer wahrscheinlicher. Wie wir oben gesehen haben, umfaßt die Wellenfunktion alle potentiellen Möglichkeiten, also die der toten und die der lebenden Katze. Im Bereich „tot" wird die Amplitude der Wellenfunktion immer stärker, im Bereich „lebendig" immer kleiner. Wegen der Superpositionseigenschaft der Lösung der Schrödinger-Gleichung muß es sogar einen Bereich geben, wo die Katze sowohl lebendig als auch tot ist. Hier allerdings interferieren verschiedene Wellenzüge zu null, so daß diese Unmöglichkeit in der Tat die Wahrscheinlichkeit null erhält.
Nach einer Stunde öffnen wir die Kiste und schauen nach, was mit der Katze passiert ist. Dies ist vergleichbar einer Messung. Wie wir wissen, bricht die Welle bei einer Messung zusammen. In diesem Fall kollabiert die Welle entweder auf den Zustand „tot" oder auf den Zustand „lebendig". Nach der Quantentheorie entsteht erst jetzt Realität.
Bedeutet dies im Falle des Todes der Katze, daß erst beim Öffnen die Katze getötet wird? In diesem Falle hätten wir mit dem Öffnen der Kiste die Katze getötet. Dies ist sicher falsch. Wenn wirklich erst beim Meßvorgang Realität entsteht, wäre die Quantenmechanik an dieser Stelle offenbar unpräzise.
Schrödinger erklärte den Widerspruch dieses Gedankenexperimentes damit, daß er meinte, daß die quantenmechanischen Theorien nicht für makroskopische Systeme wie das einer Katze gelten. Allerdings gibt es genügend Physiker, die anderer Meinung sind. Es sind verschiedene Erklärungsversuche angeboten worden, von denen sich aber bisher keine durchsetzen und überzeugen konnte.

Ganzheit und Einheit

Die Lösung der Schrödinger-Gleichung vergrößert mit wachsender Zeit ihren Einflußbereich. Irgendwann führen wir eine Messung durch und die gesamte Welle „platzt" zu einem Punkt zusammen. Wir sehen ein Teilchen.
Dies ist vergleichbar mit einem Luftballon, der sich immer mehr aufbläht. Sein Raumvolumen wächst und wächst. Plötzlich erfolgt eine Messung oder Beobachtung und er platzt. Außer der lokalen Realität des Teilchens ist nichts mehr vorhanden.
Es gibt keinen Grund, anzunehmen, daß das Anwachsen der Wellenfunktion – zum Beispiel bei einem Photon – nicht über Bereiche von Lichtjahren gehen kann. Wenn ein Beobachter dann beobachtet, platzt die Wellenfunktion. Ein zweiter Beobachter, der Lichtjahre entfernt ist, kann dann das zur Wellenfunktion gehörende Teilchen nicht mehr beobachten, denn die Wellenfunktion hat sich aufgelöst.
In diesem Sinne erfolgt das Auslöschen der Funktion gleichzeitig im gesamten Bereich, möglicherweise über Lichtjahre hinaus. Dadurch, daß der erste Beobachter das Teilchen sichtet, bewirkt er, daß der zweite Beobachter kein Teilchen erkennt. Der erste Beobachter hat etwas in Gang gesetzt, das gleichzeitig Lichtjahre entfernt seine Wirkung zeigt.
Die Quantenmechanik scheint nahezulegen, daß es so etwas wie eine nichtdynamische Fernwirkung gibt, die schneller als Lichtgeschwindigkeit wirkt. Diese erfaßt einen Raumbereich gleichzeitig, so, als ob dieser Raumbereich eine Einheit wäre. Die Raumgröße spielt hierbei keine Rolle. Auch in den atomaren Größenbereichen existieren Erscheinungen, die

auf nichtlokale Raumbereiche bzw. Fernwirkungen hindeuten, so zum Beispiel das Verhalten der umlaufenden Elektronen, die unmöglich lokal gedacht werden können oder auch das Paulische Ausschließungsprinzip (auf das hier nicht näher eingegangen werden kann). Der Versuch von Aspect hat experimentell bestätigt, daß wir von der Existenz solcher immaterieller Fernwirkungen ausgehen müssen.

Dies sind Erscheinungen, die im Sinne der klassischen Physik völlig unmöglich ist. Nach der speziellen Relativitätstheorie Einsteins gibt es keine höhere Geschwindigkeit als die Lichtgeschwindigkeit. Die Information, daß Beobachter Nr. 1 das Teilchen gesichtet hat, kann also höchstens mit Lichtgeschwindigkeit an den Beobachter Nr. 2 gehen. Bei einer Entfernung von Lichtjahren käme das Signal aber erst Jahre später dort an. Die Wirkung des Beobachtens ist aber sofort – gleichzeitig – da.

In unserer täglichen Beobachtung erleben wir Gleichzeitigkeit bei festen Körpern: Wenn ich einen Holzbalken an einem Ende verschiebe, wird gleichzeitig das andere Ende mit verschoben (das gilt zwar nur prinzipiell, aber darauf wollen wir hier nicht näher eingehen). Der Balken ist eine Einheit, daher die Möglichkeit der Gleichzeitigkeit. Man kann es auch so formulieren: Das Signal des Verschiebens des Balkenendes pflanzt sich mit unendlicher Geschwindigkeit in Richtung auf das andere Ende des Balkens fort. Würde sich das Signal nur mit einer endlichen Geschwindigkeit fortpflanzen, könnte man theoretisch das Signal vorübergehend anhalten, wenn es die Hälfte der Strecke überwunden hat. Zu diesem Zeitpunkt ist die eine Hälfte des Balkens vom Signal noch völlig unberührt, die andere Hälfte hat das Signal bereits empfangen. Wir könnten den Balken jetzt aufteilen in den „unberührten" Teil und in den Restteil. Diese Aufteilung ist ein Charakteristikum physikalischer Systeme: Jedes physikalische System ist in zwei Teilsysteme aufspaltbar (Separabilität). Die Separabilität war eine der Realitätseigenschaften, die Albert Einstein nicht bereit war, aufzugeben, als er mit Bohr und Heisenberg über die Quantentheorie diskutierte.

Haben wir aber eine unendliche Signalgeschwindigkeit, ist obiger Teilungsalgorithmus nicht mehr möglich. Systeme mit unendlicher Signalgeschwindigkeit bilden eine Einheit oder eine Ganzheit, die nicht in Teilsysteme aufspaltbar ist. Gleichzeitigkeit spricht für Ganzheit. Die Quantenphysik führt die Gleichzeitigkeit ein und damit die Ganzheit. David Bohm schreibt dazu:

„Die mit der Quantentheorie implizierte grundsätzliche neuartige Eigenschaft ist die Nichtlokalität, d.h. daß ein System sich nicht in Teile zerlegen läßt .... Das führt zu dem radikal neuen Begriff der unzerstörten Ganzheit des gesamten Universums."

Daß ein System im Sinne der Quantenphysik sich nicht in Teile zerlegen läßt, wurde oben dargelegt, aber kann man daraus die „Ganzheit des gesamten Universums" folgern, wie Bohm es tut? Man kann es tatsächlich. Der Versuch von Aspect zeigt nämlich die Korrelation bzw. die Ganzheit zweier Teilchen, die irgendwann in Wechselwirkung standen. Wenn wir aber von der Urknalltheorie des Universums ausgehen, standen alle Teilchen des Universums zu Beginn in Wechselwirkung, daher hängen sie alle irgendwie zusammen. Das gesamte Universum ist eine Einheit, unabhängige autonome Teile sind eine Illusion. Die klassische Idee von der Analysierbarkeit der Welt in Einzelteile wird fragwürdig.

Mehr noch: Wenn ein Experimentator in ein System eingreift, wirkt er damit gleichzeitig auf entfernte Systeme und umgekehrt wirkt jedes Ereignis fern von mir auf meine Umgebung. Was hier geschieht, hat Auswirkungen auf andere Bereiche im Universum und

umgekehrt. Jede Aktion im Weltall hat Konsequenzen auf alle Teile des Weltalls, dies, weil die Teile des Universums nicht unabhängige Teile sind.
Ähnliche Merkwürdigkeiten – wenn auch von einer anderen Ausgangslage aus gesehen - erleben wir in der speziellen Relativitätstheorie Einsteins. Nach dieser Theorie vergeht die Zeit um so langsamer, je schneller wir den Raum durchfliegen. Erhöhen wir unsere Geschwindigkeit und kommen schließlich auf Lichtgeschwindigkeit (was zwar praktisch unmöglich ist, aber gedanklich kann man dies durchspielen), dann bleibt die Zeit stehen. Auch der Raum schrumpft auf einen Punkt zusammen. Start und Ziel meiner Reise sind eins, alles ist hier und jetzt.
Sollte es möglich sein, daß zwei Bereiche des Raumes eins sein können, wenn wir alles aus einer anderen Perspektive beobachten? Ist das gesamte Universum nur ein Punkt und die Vielheit des Universums eine Folge der Beobachtung? Einheit und Ganzheit sind nämlich letztlich nur in einem Punkt realisiert, zwei Punkte bilden keine Einheit mehr. Quantentheorie und spezielle Relativitätstheorie geben diesen merkwürdigen Gedanken Raum.
Einige Physiker halten es für möglich, daß es fundamentale Einheiten oder fundamentale Prozesse geben könnte, die gleichzeitige Verbindungen zwischen getrennten Teilen irgendwie zulassen. Möglicherweise liegen diese Grundeinheiten außerhalb der Raum-Zeit und rufen Vorgänge hervor, die in der Raum-Zeit liegen.
Am Ende dieses Abschnitts sei nochmals David Bohm zitiert:
„Wir müssen die Physik umkehren. Statt mit den Einzelteilen anzufangen und zu zeigen, wie sie zusammenarbeiten, beginnen wir mit dem Ganzen."

Quantentheorie und Philosophie

Es gibt gewisse Denkkonstrukte, die sowohl der Physik wie auch der Philosophie gemeinsam sind. Dies bedingt eine gegenseitige Beeinflussung. Eines davon ist die Kausalität, also der Zusammenhang zwischen Ursache und Wirkung.
In der Philosophie existieren verschiedene Deutungen der Kausalität. Im folgenden sei die Interpretation beschrieben, welche Kant der Kausalität zugeschrieben hat.
Immanuel Kant schuf mit *Kritik der reinen Vernunft* ein Werk, welches einen großen Einfluß auf die Erkenntnistheorie ausübte. Kant geht aus von der Fragwürdigkeit aller metaphysikalischen Aussagen und stellte die Frage, worin diese begründet sei. Er findet heraus, daß alle Unzulänglichkeit der Erkenntnis im Wesen der menschlichen Vernunft begründet ist. Diese ist nämlich gefangen in der Vordergründigkeit der Erscheinungen der Dinge. Der Erkenntnisprozeß vollzieht sich so, daß die Konditionen menschlichen Denkens wie zum Beispiel die Vorstellung von Raum und Zeit, die Bilder über abstrakte Gegebenheiten, die Empfindungen der sinnlichen Erfahrung, Einbildungskraft, Urteilskraft usw. mit in den Prozeß der Erkenntnis hineinfließen. Die Wirklichkeit in unserem Gehirn, also die erkannte Wirklichkeit, stimmt daher nicht unbedingt mit der Wirklichkeit an sich überein. Kant nennt denn auch den zu erkennenden Gegenstand „das Ding an sich", welches anders sein mag als das zugehörige Bild der Erscheinungen.
Die Wirklichkeit ist uns demnach nur zugänglich in den Formen, die dem menschlichen Verstand immanent sind. Für Kant sind diese apriorischen Formen zum einen Raum und Zeit, zum anderen Kategorien. Raum und Zeit bilden den notwendigen Hintergrund für die sinnlichen Erfahrungen und die Kategorien wiederum sind Hilfsmittel, die die sinnlichen

Erfahrungswerte in einen übergeordneten Kontext stellen, so daß sie uns zu einem tieferem Verständnis führen. Eine dieser Kategorien ist die Kausalität.

Kausalität ist damit eine a priori-Voraussetzung für den Erkenntnisprozeß. Das Kausalgesetz ist die Voraussetzung für alle Erfahrungen. Würde man sie eliminieren, würde eine wesentliche Komponente in der Kantschen Philosophie fehlen. Daß die Quantentheorie die Kausalität tatsächlich in Frage stellt und damit einen Einfluß auf die philosophische Frage nach der Erkenntnis ausübt, werden wir später sehen.

Nun zum Begriff der Kausalität aus der Warte der Quantenphysik. Eine lückenlose Kausalität, also die Auffassung, daß jedes Geschehen auf einer Ursache basiert und jede Ursache eine Wirkung nach sich zieht, wobei die Wirkung sich eindeutig aus der Ursache ergibt, führt direkt zum Determinismus. Der Determinismus ist ein Merkmal der klassischen Physik, wo bei Kenntnis der Anfangsbedingungen die Zukunft, also die Wirkung, bestimmbar ist. Oft ist der Übergangsprozeß mit Hilfe einer Differentialgleichung berechenbar.

Anders in der Quantenmechanik. Die Differentialgleichung der Schrödinger-Gleichung berechnet zwar eindeutig aus Anfangsbedingungen den zukünftigen Zustand eines Systems und in diesem Sinne haben wir hier Determinismus. Aber wenn diese Zukunft beobachtet, gemessen werden soll, treten Unwägbarkeiten auf, die spontanes Verhalten vermuten lassen. Spontaneität ist aber genau das Gegenteil des Determinismus. Kausalität scheint nicht gegeben zu sein.

Nehmen wir als Beispiel ein radioaktives Atom, welches ein Elektron aussendet. Wir kennen die Halbwertzeit, also die Zeit, in der statistisch gesehen die Hälfte der Atome ein Elektron aussenden. Man kann keine Ursache dafür angeben, warum das Atom gerade jetzt und nicht früher und auch nicht später ein Elektron aussendet. Natürlich könnte man hier einwenden, daß die Kenntnisse in der Physik der Atome noch zu unvollständig sei, um die Ursache angeben zu können. Dies läuft aber auf die Einsteinsche These der verborgenen Variablen hinaus. Aus vielen Gründen kann man heute sagen, daß tatsächlich keine Ursache existiert, daß also die Emission völlig spontan ist.

Damit müssen wir das Kausalitätsgesetz für den mikroskopischen Bereich aufgeben. In der Kantschen Philosophie jedoch ist die Kausalität eine der Voraussetzungen für eine erfahrbare Welt. Wo liegt der Widerspruch? Bei Kant ist das Objekt der Erkenntnis das „Ding an sich". Mit dem „Ding an sich" verbindet sich die Vorstellung einer objektiven Existenz. Dieses Objekt existiert aber in der Atomphysik nicht. Es gibt kein „Atom an sich", sondern nur Erfahrungswerte, die in ihrer Gesamtheit das Atom definieren.

Ist die Kantsche Philosophie also falsch? Genau so wenig wie klassische Physik. Die klassische Physik liefert Aussagen, die in ihrem Anwendungsbereich gültig sind und stets gültig sein werden. Die Fallgesetze gelten ohne Zweifel. Nur bei Änderung des Szenarios – zum Beispiel beim Übergang in den Mikrokosmos – werden sie ungenau. So könnte man zusammenfassend sagen, daß die Quantenphysik die Kantsche Erkenntnisphilosophie relativiert, nicht aber widerlegt.

Nach diesem Exkurs über die Kausalität wenden wir uns einem anderen Begriff zu, der für die Quantenphysik genauso typisch ist wie er für die klassische Physik revolutionär ist: die „Ganzheit" bzw. „Einheit". Dieser Begriff spielte in der Philosophie nur eine untergeordnete Rolle. Allerdings gab es einen Philosophen, der Natur und Welt aus den Begriffen Einheit und Vielheit zu erklären versuchte. Da seine Gedanken die Ganzheit aus einem völlig anderen Licht heraus beleuchten, wollen wir kurz auf ihn eingehen:

Es handelt sich um den griechischen Philosophen Plotin (Plotinos), der um 250 n.Chr. in Rom als Lehrer wirkte. Leben und Lehre des Philosophen wurden von seinem Schüler Porphyrius aufgeschrieben und somit überliefert. Plotin hat mit seinen Ideen die Philosophie des Mittelalters stark beeinflußt.

Für Plotin ist der Grundcharakter der Welt in der Vielheit begründet, die ihren Ursprung in der Einheit, dem Einen hat. So wie die Sonne das Licht ausstrahlt, geht aus dem Einen alles Seiende durch Emanation hervor. Da für Plotin die Einheit, das Eine ein so zentraler Begriff ist, muß er sich damit auseinandersetzen. Was ist die Einheit?

Die Einheit ist nicht wie die mathematische Eins, sie enthält alles in sich, sie umfaßt alles. Sie ist Ursprung allen Seins. Die Einheit hat keinen Namen, denn der Name ist bereits ein Kennzeichen der Identifizierung und damit der Trennung. Trennung aber gibt es nur in der Vielheit. Das Viele kann nicht sein, wenn das Eine nicht ist, von dem her das Viele ausströmt. Plotin setzt diese so gedachte Einheit mit der Gottheit gleich. Diese Gottheit ist über alle menschlichen Begriffe hinaus. Nicht einmal daß sie ist, kann man von ihr sagen, denn der Existenzbegriff ist menschlich gedacht und in der Vielheit begründet. Nicht einmal das Attribut „Geist" läßt Plotin gelten, denn auch dieser Begriff stammt aus der menschlichen Selbsterfahrung. Die Gottheit ist anders als alles Vorstellbare.

Quantentheorie, Gehirn und Bewußtsein

Um es gleich zu sagen: Quantenmechanik kann das Phänomen des Bewußtseins nicht erklären. Trotzdem sahen viele Wissenschaftler in quantenmechanischen Ansätzen Möglichkeiten, um dem Erscheinungsbild des Bewußtseins näher zu kommen.

Beobachten und Messen erhöht das Wissen, Wissen ist ein wesentlicher Teil des Bewußtseins, wenn auch nur ein Teil. Auch das neuronale Erkennen ist so etwas wie Messen, daher gibt es offenbar Zusammenhänge zur Quantenmechanik.

Einige Autoren haben „freien Willen" quantentheoretisch untersucht (z.B. [Ba75]). Entscheidung bedeutet, daß ich in einer Wahl von mindestens zwei Konstellationen eine wählen kann und Freiheit in der Entscheidung bedeutet, daß ich nicht durch Sachzwänge, durch deterministische Randbedingungen, durch soziale Vorgaben zwangsläufig zu einer Entscheidung kommen muß, ohne daß ich Einflußmöglichkeiten besitze.

In welchem Bereich des Gehirns können solche Entscheidungen fallen? Unser Bild vom neuronalen Aufbau des Gehirns legt einen kausalen, determinstischen Ablauf nahe, denn Neuronen feuern genau dann, wenn ein Schwellwert der eingehenden Spannung überschritten wird. Dies scheint ein deterministischer Vorgang zu sein. Oberhalb der Heisenbergsche Unschärfe scheint damit kein Platz für Willkürlichkeiten eines freien Willens zu sein.

Betrachten wir die elektrischen Ströme im Gehirn auf der Ebene der Quantenströme, so gilt auch hier Eindeutigkeit, die durch die Schrödinger-Gleichung vorgegeben ist. Wenn allerdings ein Neuron Ströme erkennt, sind wir im Bereich des Messens. Jetzt gilt die Unschärfe und der Meßvorgang ist undeterminiert. Impuls und Lage der Elektronen sind nicht fixiert. Hier könnte eine Fixierung durch eine Art „freien Willen" geschehen – oder anders ausgedrückt: Wenn Geist Materie beeinflussen kann, dann vermutlich unterhalb der Ebene der Unschärfe (vgl.[Ba75]).

Ein weiterer Aspekt im Zusammenhang mit dem freien Willen ist die Kausalität, also die Aussage, daß jede Wirkung eine Ursache hat, aus der sie eindeutig ableitbar ist. Gäbe es

eine lückenlose Kausalität, bliebe für einen freien Willen kein Platz. Da die Quantentheorie eine lückenlose Kausalität nicht akzeptieren kann (siehe Abschnitt „Quantentheorie und Philosophie"), bietet sie die Voraussetzung dafür, daß freier Wille möglich ist.
Der freie Wille ist nur möglich wegen der Unschärferelation, denn auf der Ebene der Quantenströme ist alles eindeutig vorgegeben. Gäbe es die Unschärfe nicht, bestände die Welt nur aus Quantenströmen, die nicht platzen können, wäre sie also eindeutig determiniert. Wir wären – falls eine solche Welt überhaupt existierte – Maschinen, es wäre kein Platz für eine freie Entscheidung. Die Unschärfe schafft diesen Freiraum. Es gibt quantenmechanische Deutungen des Bewußtseins auf dieser Basis.
Das menschliche Gehirn besteht aus zwei Hälften, die durch ein Gewebe miteinander verbunden sind. Bei der Behandlung krankhafter Zustände werden beide Hälften hin und wieder chirurgisch getrennt. Durch die Beobachtung von Patienten, die sich einem solchen Eingriff unterziehen mußten, erhielten die Wissenschafter Aufschlüsse über die Arbeitsweise beider Gehirnteile und stellten fest, daß beide Teile Informationen verschiedenartig verarbeiten und aufbereiten. Die linke Gehirnhälfte verarbeitet und speichert Wissen linear, logisch geordnet, rational. Sie schafft den Begriff der Kausalität, ordnet Fakten nach Ursache und Wirkung. Das Lokale, welches auf den Begriff, das Objekt zugeschnitten ist, steht im Vordergrund.
Ganz anders die rechte Hemisphäre. Sie sieht in Zusammenhängen, Globalität geht vor Lokalität. Künstlerische Fähigkeiten und Intuition stehen im Vordergrund. Erkennen von Ganzheit und damit auch das Aufnehmen von Gefühlen und Empfindungen prägen die Fähigkeiten dieses Teiles des Gehirns. Während die linke Seite analysiert und aus der Analyse Erkenntnisse gewinnt, erkennt die rechte Hemisphäre durch ganzheitliche Aktionen wie zum Beispiel durch „Staunen". Daß auch gefühlsbasierte Vorgänge wie Staunen, Genießen von Kunst oder auch Meditation Erkenntnisse – allerdings ganz anderer Art – vermitteln können, wird vom rational gesteuerten Denken nicht unbedingt akzeptiert, aber jeder Künstler weiß, daß Kunstwerke eine Art Information übermitteln und östlichen Kulturkreisen ist dieses Wissen immanent.
Während die linke Hälfte einzelne Wörter versteht, kann die rechte Hälfte Satzzusammenhänge erkennen. Die linke Hälfte kann als überwiegend maskulin, rational, aktiv bezeichnet werden, während die rechte Hemisphäre mehr intuitiv, weiblich, rezeptiv gedacht werden kann.
Die linke Gehirnhälfte steuert die rechte Seite des Körpers und umgekehrt. Es ist daher kein Zufall, daß die meisten Menschen für Präzisionsarbeiten die rechte Hand benutzen. Unsere westliche wissenschaftsgeprägte Gesellschaft wird vornehmlich von den Denkstrukturen der linken Gehirnhälfte, der Rationalität, der Logik geprägt. Dies förderte den Aufstieg westlicher Denkweise weltweit, verursachte aber gleichzeitig den Niedergang rechtshemisphärischer Denkweise. Eine stärkere Betonung von Intuition, Meditation, Ganzheit und Gefühl erleben wir in traditionell östlichen Kulturen. Bei den Chinesen ist zum Beispiel die Dualität von aktiv-passiv beziehungsweise Lokalität-Ganzheit als Yin und Yang bereits seit Jahrtausenden bekannt. Yin und Yang rufen im Zusammenspiel alles Seiende hervor, beide Prinzipien sind wesentlich und ergänzen sich.
Den Unterschied zwischen partikulärem Denken des Westens und dem ganzheitlichen Denkansatz des Ostens erkennt man deutlich im Bereich der Medizin. Der traditionellen chinesischen Medizin fehlen die gegensätzlichen Vorstellungen wie Subjekt-Objekt völlig. Die Akupunktur zum Beispiel, die in der Akupunktur-Analgese völlige Schmerzfreiheit bei

chirurgischen Eingriffen erzielen kann, besitzt keinerlei naturwissenschaftliche Methodik und kann nur ganzheitlich verstanden werden.
Während die vorquantentheoretische Wissenschaft wie zum Beispiel die Newtonsche Mechanik ganz auf linkshemisphärischem Denken beruht, gibt die Quantentheorie zum ersten Mal in der Wissenschaftsgeschichte Raum für Begriffe wie Ganzheit und Intuition. Das linkshemisphärische Denken erkennt die Notwendigkeit und die Berechtigung von Denkansätzen, die der rechten Gehirnhälfte zuzuordnen sind.
David Bohm meinte hierzu in einem Vortrag vor Physikern 1977: „*Die höchste letzte Wahrnehmung entsteht nicht im Gehirn oder in irgendeiner materiellen Struktur, obwohl eine materielle Struktur erforderlich ist, um sie zu manifestieren. Der subtile Mechanismus des Wissens um die Wahrheit entsteht nicht im Gehirn.*"

Quantentheorie und Erkenntnis

Als Niels Bohr und Werner Heisenberg zum ersten Mal sich in Göttingen trafen und kennenlernten, unterhielten sie sich auf einem Spaziergang auf dem Göttinger Hainberg über die gerade aufkommenden Fragen, wie man Atome zu interpretieren und sich vorzustellen habe. Bohr meinte hierzu, daß Atome keine „Dinge" seien. Damit meinte er wohl, daß sie sich unserer Erfahrungswelt entziehen und daß letztlich jedes Bild, das aus unserer Erfahrungswelt stammt, Atome nicht hinreichend beschreiben kann.
Stellen wir uns die Frage, was „Dinge" im eigentlichen sind. Ein Baum ist ein Ding, eine Tasse und ein Stuhl sind „Dinge". Welche Form von Existenz besitzen diese Dinge? In unserem Denken sind es offenbar feste Größen, mit denen wir operieren, deren Existenz unzweifelhaft vorhanden ist. Sie bilden so etwas wie ein Einheit, die objektiv vorgegeben ist. Objektiv bedeutet hier, daß sie unabhängig von uns und irgendwie absolut existieren. Ihre Existenz begründet sich sozusagen in ihnen selbst.
Wir versuchen herauszufinden, worauf diese Absolutheit sich begründet, was ihre „Einheit" ausmacht. In einem mechanistisch ausgerichteten Ansatz könnte man sagen, daß die Einheit gegeben und definiert ist durch die Menge der Atome bzw. Moleküle, aus denen das „Ding" besteht. Dieser Denkansatz führt allerdings schnell zu Widersprüchen. Würden wir so zum Beispiel die Einheit „Glas Wasser" definieren, müssen wir zunächst feststellen, daß in jeder Sekunde bei jeder Temperatur Milliarden von Milliarden Moleküle verdampfen. Welche Molekülmenge definiert dann das Glas Wasser? Gehören die sich gerade im Verdampfungsprozeß befindlichen dazu oder nicht und wenn ja, wo ist die Grenze?
Für Vertreter der Quantenmechanik ist es ohnehin klar, daß eine materielle Identifizierung unmöglich ist. Denn jede Identifizierung bedeutet einen Meßvorgang. Die Quantenphysik lehrt aber, daß jede Messung das zu messende Objekt stört, also verändert. Dies heißt, daß nach der Identifizierung das Objekt den Identifizierungsdaten nicht mehr entspricht. Ein Objekt der Natur ist demnach nicht einfach die Summe seiner Atome oder das Korrelat seiner Meßdaten.
Nun könnte man vermuten, daß, obwohl eine quantitative Identifizierung nicht möglich ist, trotzdem eine existentielle Einheit hinter dem Objekt steht, eine Art verborgener Existenz. Dies würde der Einstellung Albert Einsteins entsprechen. Da aber, wie wir gesehen haben, die Experimente gegen die Einsteinsche Interpretation entschieden haben, entfällt auch diese Vorstellung.

Da für uns ein „Ding" so etwas wie eine Einheit, eine Art absoluter Existenz darstellt, diese Einheit aber von der Natur nicht vorgegeben ist, kann es nur so sein, daß wir in unserer Vorstellung, in unserem Gehirn diese Einheit konstituieren. Wir selbst sind es, die Einheiten schaffen und in unseren Denkprozessen damit operieren.

Wenn dem so ist, dann erschaffen wir die Realität in unserem Gehirn. Jede begriffliche Identifizierung greift aus der absoluten Realität einen Teilaspekt heraus und formt diesen zu einem Begriff. Dieser ist nur eine Annäherung an die Realität, er verändert (in unserem Gehirn) die Wirklichkeit.

Da in die Begriffsbildung auch Wunschvorstellungen und Charaktereigenschaften der Menschen hineinwirken, könnte man vielleicht konstatieren, daß viele Begriffe ein Traum (Wunschtraum), eine Naivität oder auch eine Täuschung sind. Sie erfassen die Wirklichkeit nur ungenau. In diesem Sinne ist dann auch ein gesprochener Satz ein Traum, eine Naivität, eine Täuschung. Sprechen ist ein Vorgang, in dem ich einer Gegebenheit codierte Werte zuordne. So wie in der Physik der Meßimpuls die Nachbarwerte zerstört, zerstören die Codierungen die benachbarten Wahrheiten, indem sie die Gegebenheiten und damit die Wahrheitsumgebung nivellieren.

Die Heisenbergsche Ungenauigkeitsrelation lehrt, daß die Realität durch Messen nur ungenau erfahrbar ist. Da die Begriffe und Bilder unseres Denkens auf Erfahrungen (und damit auf Messungen) beruhen, muß diesen eine ähnliche Ungenauigkeit zugeordnet werden.

Quantentheorie und Psychologie

Wir betrachten die Bohrsche Auffassung zur Interpretation quantenphysikalischer Meßvorgänge und stellen sie der klassischen Einstellung gegenüber. In der klassischen Welt tritt der Beobachter in den Hintergrund, er registriert eine von ihm unabhängige Realität. Diese Realität ist praeexistent, ist geprägt von Lokalität und wirkt auf uns, während wir kaum Einflußmöglichkeiten auf sie besitzen. Alle zeitlichen Veränderungen betreffen nur die Realität, aber nicht den Beobachter, der quasi gar nicht vorhanden ist. Die Unabhängigkeit vom Beobachter nennen wir Objektivität.

Ganz anders in der atomaren Wirklichkeit. Jede Objektivität ist Illusion. Die Wirklichkeit wird von uns geschaffen. Beobachter und Welt sind eins. Die Wirklichkeit ist die, die wir zulassen. Nicht eine „objektive" Realität ist der Hauptakteur, sondern wir selbst. Objektivität wird durch Subjektivität, Lokalität durch Globalität ersetzt. Im ersten Fall bin ich hier und die Welt ist draußen, im zweiten Fall sind Welt und ich eins.

Diese Denkweise, die ihren Anspruch aus der Quantenwelt herleitet, wurde auf psychologische Probleme angewendet. Als Beispiel betrachten wir die folgende Situation: Sie streiten mit Ihrem Gegenüber. Im Falle der klassischen Auffassung ist Ihr Kontrahent „draußen", in einer objektiven Welt. Für Sie ist er ein Objekt, dem Sie Attribute wie etwa „borniert" oder „nicht einsichtig" zuordnen. Sie wollen das „Objekt" verändern, damit es seinen Standpunkt ändert und Ihnen zustimmt.

Ganz anders in der Bohrschen Welt. Sie und die Umwelt sind eins. Ihr Kontrahent ist gleichzeitig auch Sie, das heißt, Sie sehen auch Ihre eigene Borniertheit im anderen. Sie kämpfen gegen etwas an, was partiell auch in Ihnen ist. Wenn der andere verbal formuliert, bilden sich in Ihrem Gehirn Bilder, die Ihre eigenen Bilder sind, Sie interpretieren die Aussagen Ihres Kontrahenten mit Bildern der eigenen Erfahrung. So gibt es keine scharfe Trennung zwischen Du und Ich, der Übergang ist unscharf.

Die Konsequenz lautet: Wenn ich andere ändern will, muß ich mich selber ändern. Allgemeiner formuliert: Wenn ich die Welt verändern möchte, muß ich mich (auch) selbst verändern. Dieser Satz steht im seltsamen Gegensatz zur Forderung aller Revolutionäre, man müsse die Welt verändern, dann ändert man den Menschen. Letztere Formulierung entspricht genau der klassischen Auffassung, nach der der Beobachter quasi nicht existiert, nur die Welt ist vorhanden. Um zu verändern, bleibt als Objekt der Veränderung nichts als gerade diese Welt.

Quantentheorie und Evolution

Werner Heisenberg beschreibt in seinem Buch *Der Teil und das Ganze* einige Gedanken zur biologischen Evolution, die quantentheoretisch begründet sind. Sie sind zum einen spekulativ und werden nicht unbedingt von allen Biologen akzeptiert werden, zum anderen aber doch so bemerkenswert, daß sie hier nicht unerwähnt bleiben sollen.
Heisenberg nahm des öfteren an Kolloquien teil, die vom Max Planck Institut für Verhaltensforschung in der Nähe von München abgehalten wurden. Neben dem bekannten Verhaltensforscher Konrad Lorenz waren Biologen, Philosophen, Physiker und Chemiker an dieser interdisziplinären Veranstaltung beteiligt.
In diesem Kreis wurde auch das Thema Evolution in der Darwinschen Form behandelt und es wurde der folgende Vergleich vorgetragen: Die Entwicklung des Lebens ist vergleichbar mit der Entwicklung der menschlichen Werkzeuge. Während zum Beispiel zur Fortbewegung auf dem Wasser zunächst das Ruderboot benutzt wurde und die Seen und Meeresküsten mit Ruderbooten bevölkert waren, erfand irgend ein Mensch das Segelboot. Dieses setzte sich wegen seiner Überlegenheit in der Energiegewinnung durch und nach einiger Zeit waren es die Segelboote, die die Mehrheit der schwimmenden Boote ausmachten. Der nächste Schritt war die Erfindung der Dampfschiffe. Sie verdrängten Segel- und Ruderboote weitgehend. Danach kamen Motorboote usw. Diese Entwicklung läßt sich in allen Sparten der Werkzeugentwicklung beobachten.
Heisenberg fiel auf, daß der Vergleich zur biologischen Evolution an einer Stelle ungenau ist. Die Veränderungen in der Natur, die zur Selektion des besseren Individuums führt, wird als rein zufällig angenommen. Diese Veränderungen werden darüber hinaus als kleine Sprünge gedacht, die erst in der Summation vieler Veränderungen qualitativ Neues hervorbringen. Darwin schreibt in seinem Werk *The Origin of Species* : „*Die natürliche Auslese erforscht in der ganzen Welt täglich und stündlich die geringsten Veränderungen, sie verwirft die nachteiligen und bejaht und summiert alle vorteilhaften, sie arbeitet still und unmerklich.*"
Die Ungenauigkeit des Vergleiches mit dem menschlichen Werkzeug liegt nun darin, so Heisenberg, daß eine zufällige Veränderungen mit geringer Wirkung nicht das bessere Boot schaffen kann. Man kann an einem Segelboot noch so viele zufällige Veränderungen vornehmen. Es ist kaum glaubhaft, daß dadurch ein Dampfschiff entsteht. Vielmehr entstand das Dampfschiff durch zielgerichtete Veränderung, durch eine Veränderung, die mit einer Absicht verbunden war.
Heisenberg beschreibt seine Gedanken so: „*Ich versuchte mir auszumalen, was herauskäme, wenn man den Vergleich ernster nähme als er gemeint war und was dann an die Stelle des Darwinschen Zufalls treten müßte. Könnte man mit dem Begriff ‚Absicht' etwas anfangen?*" Er kommt zu dem Schluß, daß das, was wir üblicherweise unter „Absicht"

verstehen, wohl kaum geeignet scheint, in den Evolutionsprozeß eingebunden zu werden. *„Aber"*, so meint er weiter, *„vielleicht könnte man für die Frage die vorsichtigere Formulierung wählen: Kann das Mögliche, nämlich das zu erreichende Ziel, den kausalen Ablauf beeinflussen? Da die Zufallsänderung auf der Ebene der Quantenphysik stattfindet oder zumindest von hier initiiert wird, gilt die Wellenfunktion, und diese stellt ja das Mögliche, nicht das Faktische dar. Könnte die Auswahl des Faktischen von der Zukunft bzw. von dem Ziel her beeinflußt werden, die Veränderung so zu gestalten, daß eine bessere Anpassung an die Umweltbedingungen erfolgt?"*
Die meisten anwesenden Biologen konnten dieser Sichtweise nicht zustimmen. Für sie – so Heisenberg – sind die Atome und Moleküle Gegenstände der klassischen Physik, obwohl sie die Berechtigung der Quantenphysik anerkennen. Geht man von der klassischen Physik aus, wird in den meisten Fällen dieses auch zu richtigen Ergebnissen führen. Aber da die Struktur der Quantentheorie doch ganz anders ist als die der klassischen Ebene, kann man – so Heisenberg – *„gelegentlich zu ganz falschen Ergebnissen kommen, wenn man in den Begriffen der klassischen Physik denkt."*

7 Chaostheorie oder das Ende der Berechenbarkeit

Die Natur zeigt nicht nur einen höheren Grad als die Euklidische Geometrie, sondern sie besitzt eine völlig andere Charakteristik.
Benoit B. Mandelbrot, 1987

Drei der tragenden Stützpfeiler der klassischen Physik waren die Absolutheit von Raum und Zeit, die prinzipielle Begreifbarkeit aller physikalisch-naturwissenschaftlichen Vorgänge und die exakte Berechenbarkeit der Zukunft wie der Vergangenheit, wenn man nur genügend Daten zur Verfügung hat. Wie wir gesehen haben, brachte Albert Einstein mit seiner Relativitätstheorie den ersten Pfeiler zu Einsturz, indem er die Relativität von Raum und Zeit einführte. Der zweite Pfeiler der prinzipiellen Begreifbarkeit brach zusammen, als Werner Heisenberg seine Unschärferelation und Niels Bohr die Dualität des Lichtes formulierte und es klar wurde, daß der Mikrokosmos nicht exakt beschreibbar ist. Der letzte der drei Pfeiler, die exakte Berechenbarkeit und Vorhersagbarkeit – zumindest im Makrokosmos – wurde brüchig, als die Forscher der Chaostheorie ihre Ideen entwickelten. Dies war das endgültige Ende des Determinismus.

Die Botschaft der Chaostheorie lautet, daß die theoretisch beherrschbaren und regelbaren Phänomene die Ausnahme bilden. Die meisten Systeme sind zu komplex, als daß sie mit Theorien abbildbar und damit manipulierbar sind. Dies gilt für Systeme des Makrokosmos, der Mathematik, aber auch der Wirtschaft, der Soziologie und der Politik. Nicht wenige Studien zu politischen, soziologischen oder wirtschaftlichen Ereignissen sind schon kurz nach ihrer Veröffentlichung überholt. Der Grund sind die nicht voraussehbaren Einflüsse und Störfaktoren von außen.

Die Beschreibung dieser Störungen und ihrer Wirkungen auf das Ganze sowie der Versuch, gewisse Gesetzmäßigkeiten des Unkontrollierbaren, des Chaos, aufzufinden, ist das Anliegen der Chaostheorie.

7.1 Zukunft und Berechenbarkeit

Für Laplace war es eine unumstößliche Wahrheit: Jedes dynamische System läßt sich eindeutig vorausberechnen. Und wenn nicht, dann fehlt es nur an den passenden Gleichungen, die noch nicht erforscht sind, irgendwann aber sicherlich bekannt sein werden.

Die Chaostheorie hat diese Säule der totalen Berechenbarkeit gekippt. Wettervorhersage in Präzision ist prinzipiell unmöglich und wenn ich eine Billardkugel anstoße und ihre Bahn für eine Minute vorausberechne, muß ich – so unglaublich es klingt – sogar jedes Elektron der Milchstraße in seinem gravitativen Einfluß auf die Billardkugel in die Rechnung mit einbeziehen, wenn ich exakt sein will. Dies ist das Ergebnis dessen, was die Chaosforscher heute als „deterministisches Chaos" bezeichnen. Das deterministische Chaos ist der Inhalt des ersten Abschnitts.

Die Berechenbarkeit von Ereignissen

Verzinst man ein Kapital von 1000 DM mit 4 Prozent, hat man nach einem Jahr $1000 \cdot 1{,}04$ = 1040 DM, nach zwei Jahren $1000 \cdot 1{,}04^2 = 1081{,}60$ DM und nach n Jahren

$$K = 1000 \cdot 1{,}04^n$$

Will man wissen, nach wieviel Jahren das Kapital auf 6000 DM angewachsen ist, hat man obige Gleichung nur nach n aufzulösen, was mathematisch unproblematisch ist.
Viele Vorgänge, Sachverhalte, Naturgesetze usw. lassen sich durch Gleichungen beschreiben. Will man eine konkrete Aussage – zum Beispiel eine Voraussage – machen, hat man diese Gleichungen lediglich aufzulösen.
Komplexere Gegebenheiten sind oft durch Gleichungssysteme beschreibbar. Auch hochdimensionale Gleichungssysteme (sofern sie linear sind) lassen sich mit geeigneten Verfahren mit Hilfe eines Computers lösen.
Die Newtonsche Mechanik liefert für dynamische Probleme wie die Bewegung von Planeten, das Verhalten eines Pendels oder den Fall eines Gegenstandes im Schwerefeld der Erde nicht Gleichungen oder Gleichungssysteme obiger Art, sondern Differentialgleichungen. Dies sind Gleichungen, in denen als Unbekannte Funktionen und deren Ableitungen vorkommen. Differentialgleichungen lassen sich (im allgemeinen) lösen und die Lösung stellt dann das gesuchte Verhalten dar.
Erinnern wir uns: Laplace vertrat die Meinung, daß die Newtonsche Mechanik das Brecheisen zur Lösung aller denkbaren Probleme und Aufgaben in der stofflichen Welt darstellt. Will man voraussagen, wann die nächste Sonnenfinsternis stattfindet, mit welcher Frequenz ein Pendel schwingt oder welcher Bahn ein hochgeworfener Ball folgt, man muß nur die richtige Differentialgleichung aufstellen und diese lösen.
Die Lösung einer Differentialgleichung ist eine Funktion, zum Beispiel bei der Bewegungsgleichung eines Pendels die Funktion $y = f(t)$, wenn t die Zeit und y der Pendelausschlag ist. Man muß nur den richtigen Zeitwert t einsetzen und erhält den Ausschlag y des Pendels zu diesem Zeitpunkt.
Für die Bewegung eines Satelliten um die Erde würde man sechs derartige Funktionen benötigen, nämlich drei Funktionen für den augenblicklichen Lagepunkt des Satelliten zum Zeitpunkt t in einem dreidimensionalen Raum und weitere drei Funktionen für die drei Geschwindigkeitskoordinaten. Diese Funktionen sind Lösungen eines Differentialgleichungssystems.
Wie sehen nun Lösungen der Form $y = f(t)$ aus? Da gibt es zunächst all die Funktionen, die Sie auf dem Taschenrechner finden wie $\sin(t)$, $\cos(t)$, e^t usw. Darüber hinaus gibt es nicht mehr allzuviele Funktionen. Es sind jene Funktionen, die die Mathematiker als „elementare Funktionen" bezeichnen.

Die Liste dieser elementaren Funktionen ist zu kurz, um alle Eventualfälle bei der Lösung von Differentialgleichungen abzudecken. Glücklicherweise bieten die Mathematiker noch eine weitere Möglichkeit, funktionale Zusammenhänge auszudrücken, dies sind die Potenzreihen.
Eine Potenzreihe hat die Form einer unendlichen Summe, genannt Reihe:

$$y = a_0 + a_1 \cdot t + a_2 \cdot t^2 + a_3 \cdot t^3 + a_4 \cdot t^4 + a_5 \cdot t^5 + \ldots\ldots$$

Als Beispiel sei genannt die unendliche Reihe für die Sinusfunktion:

$$\sin(t) = t - t^3/3! + t^5/5! - t^7/7! + t^9/9! - t^{11}/11! + \ldots\ldots$$

Da man für die Koeffizienten a_j alle möglichen Zahlen einsetzen kann, wäre die Zahl der Funktionen dieses Typs schier unbegrenzt, wenn es nicht geschehen könnte, daß bei Einsetzen eines Wertes für t unendlich herauskommt. In diesem Fall nennt man die Reihe divergent. Glücklicherweise existieren genügend viele Potenzreihen, die endliche Werte liefern (zumindest in einem Bereich von t), die also konvergent sind, und damit haben wir ein großes Spektrum von formal darstellbaren Funktionen für die Lösungen von Differentialgleichungen.
In der heilen Welt der Newtonschen Mechanik verläuft die Problemlösung also nach dem folgenden Ablaufschema: Man stelle eine geeignete Differentialgleichung auf, die das Problem beschreibt. Sodann löse man die Differentialgleichung. Man erhält als Lösung entweder eine elementare Funktion oder eine Potenzreihe. Diese bietet uns die Möglichkeit, zukünftiges Verhalten präzise vorauszusagen, wir müssen nur den Zeitpunkt t, für den wir die Voraussage wünschen, in die Lösung einsetzen.

Ist das Sonnensystem stabil ?

Im Jahre 1887 setzte der schwedische König Oscar II. einen Preis in Höhe von 2500 Kronen aus für die Beantwortung der folgenden Frage: „*Ist das Sonnensystem stabil?*"
Die Stabilität unseres Sonnensystems – also die Aussage, daß es nicht irgendwann auseinanderfliegen oder kollabieren wird – war in den Jahrhunderten zuvor immer wieder angezweifelt worden. Als Reaktion darauf wurden immer wieder Beweise zur Stabilität präsentiert, so von Laplace, Lagrange und Poisson. Diese Beweise krankten allerdings allesamt daran, daß sie die Stabilität von Modellen bewiesen, die Näherungen zum Sonnensystem darstellten. Wenn ein Näherungsmodell stabil ist, braucht es aber nicht das Original zu sein. Gehen wir von den Keplerschen Gesetzen aus, so mag die Frage befremdlich klingen, denn danach rotieren die Planeten auf fast kreisförmigen Bahnen um die Sonne, und dies für immer und alle Zeiten. Die Keplerschen Gesetze berücksichtigen aber nur das System Sonne-Planet. Daß die Planeten sich auch gegenseitig anziehen und dazu noch der Einfluß der zahlreichen Planetoiden kommt, wird bei dieser Modellierung nicht berücksichtigt.
Wenn wir eine Raumsonde von der Erde zum Mars schicken wollen, müssen wir neben der augenblicklichen Position des Mars auch dessen Bahnkurve um die Sonne genau kennen, um die Bahn der Sonde so berechnen zu können, daß sie nach einer gewissen Reisezeit den Mars genau trifft. Hierzu benötigen wir die Keplerschen Gesetze, welche Bahn und Geschwindigkeit der Planeten angeben.

Würden wir nach dem gleichen Prinzip eine Sonde zum erdfernsten Planeten Pluto schicken, alle Berechnungen auf Grund der Keplerschen Gesetze genauestens durchführen, würde unsere Sonde den Pluto wohl trotzdem verfehlen. Warum? Die Keplerschen Gesetze sind falsch. Oder besser: Sie stimmen nur in erster Näherung. Ein Planet wird ja nicht nur von der Sonne angezogen, wie es die Keplerschen Gesetze voraussetzen, sondern sie ziehen sich auch gegenseitig an. Unsere Erdbahn um die Sonne wird durch die Anziehung des Jupiter gestört. Dadurch ist das schöne Bild der Ellipse als Umlaufbahn nicht mehr korrekt. Umgekehrt stört auch die Erde die Bahn des Jupiter, dieses hat wieder Rückkopplungen auf die Erdbahn. zur Folge. Natürlich gilt dieses für alle Planeten untereinander. Berücksichtigt man noch die Gravitation der Monde, wird die Lage völlig unübersichtlich.

Glücklicherweise sind die so verursachten Störungen klein, zumindest so klein, daß man Planetenbahnen zumindest für einige Jahre vernünftig voraussagen kann, wenn man von den Keplerschen Gesetzen ausgeht. Will man Voraussagen für hundert Jahre oder mehr treffen, muß man die Störungen berücksichtigen.

Im vorletzten Jahrhundert wurde hierzu eine mathematischer Formalismus entwickelt, den man Störungsrechnung nennt. Um die Störungen des Planeten Jupiter auf die Erdbahn zu berechnen, geht man so vor:

1. Man berechnet den Einfluß des Jupiter auf die Erdbahn.

2. Den umgekehrten Einfluß der Erde auf den Jupiter läßt man unberücksichtigt. Dies führt natürlich zu Fehlern, denn der Effekt der Rückkopplung wird vernachlässigt.

3. Gleichungen, die die Rechnungen ermöglichen, werden linearisiert. Dies ist so, als würde man die Bahn einer Kurve durch seine Tangente berechnen.

Derartige Störungsrechnungen sind sehr rechenintensiv. Lalande begann derartige Rechnungen im Juni 1757 und legte seine Ergebnisse im November 1758 vor. Natürlich ist kein Mensch bereit, derartige Rechnungen auf Rechenfehler nachzuprüfen, so daß eine große Unsicherheit bezüglich der Richtigkeit besteht. Heute – im Zeitalter der Computer – lassen sich Störungsrechnungen in Stunden erledigen. Dies hat bewirkt, daß wir den Zeitraum der Vorausberechnungen von Planetenbahnen von einigen hundert Jahren auf einige Jahrtausende ausdehnen konnten.

Um das Problem der Stabilität des Sonnensystems exakt zu lösen, muß man also alle Planeten, Planetoiden und die Sonne als ein einziges System betrachten und alle Abhängigkeiten untereinander berücksichtigen.

Beginnen wir also mit dem einfachsten Modell: Planet und Sonne. Beide Körper lassen sich mit Hilfe der Newtonschen Mechanik, genauer mit dem Gravitationsgesetz, durch eine Differentialgleichung erfassen. Löst man diese Differentialgleichung, erhält man die Ellipsenbahn des Planeten, die die Keplerschen Gesetze voraussagen.

Nunmehr fügen wir einen weiteren Planeten hinzu, wir behandeln also drei Körper gleichzeitig und versuchen, deren Bahnen zu berechnen. Wir versuchen wiederum, aus der Newtonschen Mechanik die Differentialgleichungen zu formulieren und diese zu lösen. Diese als Dreikörperproblem bezeichnete Methode war Gegenstand zahlreicher Untersuchungen, ohne daß es je gelang, eine formale Lösung aufzufinden. Will man aber die Stabilität des Sonnensystems mit Hilfe der Newtonschen Mechanik beweisen, hat man ein Vielkörperproblem zu lösen. Die Möglichkeit der Lösung des Dreikörperproblems ist daher eine erste Voraussetzung, um überhaupt ans Ziel zu gelangen.

Der Mathematiker Henri Poincaré (1854-1912), Professor in Paris und Vetter von Raymond Poincaré, dem französischen Staatspräsidenten während des ersten Weltkrieges, griff die Frage des schwedischen Königs nach der Stabilität des Sonnensystems auf und machte sich daran, Lösungsansätze zu suchen. Er wurde durch diese Arbeiten zum Urvater der Chaostheorie, wenngleich er das Wort Chaos in diesem Zusammenhang sicher nicht benutzt hätte. Die eigentliche Chaostheorie entstand sehr viel später, konnte aber auf die wertvollen Beiträge von Poincaré zurückgreifen.

Poincaré begann mit dem Dreikörperproblem. Es gelang ihm, zu zeigen, daß es für dieses Problem keine Lösung gibt, die formal angebbar ist. Keine der speziellen mathematischen Funktionen beschreibt die Bahnen der Körper. Wie wir oben gesehen haben, kann man es mit Potenzreihen versuchen, wenn keine formale Funktion existiert. Alle möglichen Potenzreihen zur Lösung des Dreikörperproblems erwiesen sich aber als divergent (liefern also unendlich). Mit diesen Potenzreihen kann man zwar das Verhalten der Himmelskörper für die nächste Zukunft bestimmen, aber das Verhalten in der ferneren Zukunft bleibt im Nebel der Unbestimmtheit.

Wohlgemerkt, Poincarés Ergebnis sagt nicht, daß es keine Lösung gibt. Eine Lösung existiert und damit auch ein eindeutiges Verhalten der Planeten in der Zukunft. Poincaré sagt lediglich, daß es uns unmöglich ist, jemals dieses Verhalten vorherzusagen, weil die Mathematik ein Lösen der Differentialgleichungen nicht hergibt. Auch zukünftige mathematische Forschung wird hieran nichts ändern. Das Newtonsche Modell der Planetenbewegung enthält damit eine Wahrheit, die uns stets verborgen bleiben wird.

Damit ergibt sich für die Frage nach der Stabilität des Sonnensystems die Antwort: Wir wissen es nicht und werden es nie wissen. Poincaré erhielt für seine umfangreiche Arbeiten auf diesem Gebiet den von Oscar II ausgesetzten Preis.

Das Grundproblem ist damit geblieben: Die von Laplace propagierte Berechenbarkeit aller Zukunft war und ist eine Fiktion. Wenn wir das Verhalten der Planeten für ein- oder zweitausend Jahre vorausberechnen können, so mag das ansehnlich sein, wenn wir von der menschlichen Perspektive ausgehen. Im astronomischen Sinne ist diese Zeitspanne ein Nichts. Die Zukunft liegt wie die Vergangenheit im Dunklen und ist unberechenbar.

Der Schmetterlingseffekt

Differentialgleichungen, die nicht exakt lösbar sind – und davon gibt es in der Mathematik genügend – kann man numerisch lösen. Die numerischen Lösungsverfahren liefern eine Näherungslösung, die allerdings um so ungenauer wird, je weiter man in die Zukunft geht.

Die Grundidee sei an einem trivialen Beispiel erläutert: Sie fahren mit genau 100 km/h auf der Autobahn. Dies sind umgerechnet 27,7777. Meter pro Sekunde. Es sei s_i die Strecke, die Sie nach i Sekunden zurückgelegt haben. Natürlich ist dann s_{i+1} die zurückgelegte Strecke nach (i+1) Sekunden und es gilt

$$s_{i+1} = s_i + 27{,}777\ldots$$

Die Mathematiker bezeichnen eine derartige Gleichung als Differenzengleichung. Sie gestattet die Berechnung jeder zurückgelegten Strecke. Wenn nämlich $s_0 = 0$ ist, erhält man $s_1 = s_0 + 27{,}777 = 27{,}777$. Daraus folgt dann $s_2 = s_1 + 27{,}777 = 55{,}554$, daraus s_3 usw. Man kann also, von einem Anfangszustand ausgehend, alle zukünftigen Werte berechnen.

Alle Differentialgleichungen lassen sich durch derartige Differenzengleichungen ersetzen, was die Möglichkeit liefert, die Zukunft sukzessive aus der Gegenwart zu berechnen. Derartige Rechnungen sind i.A. äußerst rechenintensiv, so daß die meisten Probleme ohne den Einsatz von Computern nicht beherrschbar wären. So werden zum Beispiel bei der Wettervoraussage Differentialgleichungen numerisch gelöst. Der Rechenaufwand ist so riesig, daß man nur Hochleistungscomputer einsetzen kann und für die Lösungen der Differentialgleichungen hohe Ungenauigkeiten in Kauf nehmen muß. Würde man die Näherungslösungen mit der gebotenen Genauigkeit lösen, würde die Wettervoraussage vermutlich zu Wetternachsage, weil sich das Wetter dann schneller entwickeln würde, als es der Rechner „vorausberechnet".

Wie aufwendig derartige Rechnungen sein können, zeigt das folgende Beispiel: Der schwedische Astronom Elis Strömgren (1870-1947) berechnete mit der Methode des Dreikörperproblems die Bahn eines Planeten, der um zwei gleich schwere Sonnen kreist. Die Rechnungen erfolgten „von Hand", also ohne Computer, denn elektronische Hilfsmittel gab es noch nicht. Er benötigte dabei mit 57 Mitarbeitern 40 Jahre.

Als in den fünfziger Jahren die ersten Computer aufkamen, stürzten sich die Wissenschaftler auf diese neuen Rechenknechte, denn nun konnte man all die Probleme endlich angehen, die wegen des ungeheuren mathematischen Aufwandes bisher nicht bewältigt werden konnten.

Eine für Wissenschaftler interessante und für die Öffentlichkeit wichtige Anwendung ist die Wettervorhersage. Die Wetterprognosen waren damals (wie leider auch heute) ziemlich unzuverlässig, obwohl die entsprechenden Differentialgleichungen bekannt waren. Diese Differentialgleichungen sind so kompliziert, daß man sie vereinfachen muß und diese vereinfachten Gleichungen werden dann numerisch gelöst.

Der Meteorologe Edward Lorenz vom MIT (Massachusetts Institute of Technology) publizierte 1963 zu diesem Thema eine Arbeit, die später zu einer der grundlegenden Arbeiten der Chaostheorie werden sollte.

Lorenz hatte die Differentialgleichungen zur Wettervorhersage (Navier-Stokes-Gleichungen und die Fourier-Gleichung für die Wärmeleitungsprozesse) durch einfachere (nicht-lineare) Gleichungen ersetzt. Diese Gleichungen löste er numerisch mit Hilfe eines Computers, der aus heutiger Sichtweise als vorsintflutlich gelten muß, aber durchaus in der Lage war, Wettervoraussagen auf Grund dieser Gleichungen zu treffen.

Von einer Anfangs-Wetterkonstellation ausgehend, konnte er numerisch die Wettersituation für nachfolgende Zeiten berechnen. Der Computer benötigte hierfür meist mehrere Stunden. Als er einmal bei einer besonders langfristigen Wetterprognose die Schlußphase überprüfen wollte, kam er auf die Idee, nicht die ganze Rechnung erneut aufzurollen, sondern die Zwischenwerte kurz vor der Schlußphase aus der vorhergehenden Rechnung als Startwerte einzugeben. Er gab also eine Zwischenposition ein und ließ von hier aus die Rechnung weiterführen. Der Rechner prognostizierte zu seiner Überraschung eine völlig andere Wetterlage als vorher.

Lorenz selbst schreibt hierzu: *„Im Verlauf unsere Arbeit entschlossen wir uns, eine der Lösungen eingehender zu prüfen; wir nahmen daher die Zwischenergebnisse, die der Rechner ausgedruckt hatte und gaben sie ihm als neue Ausgangsdaten ein. Als wir eine Stunde später zurückkamen, entdeckten wir, daß der Rechner, nachdem er ungefähr zwei Zeitmonate simuliert hatte, zu einem völlig anderen Ergebnis gekommen war, als bei der Lösung, die er vorher geliefert hatte. Unsere erste Reaktion war, einen Fehler im Gerät zu* *vermuten, was nichts Ungewöhnliches war. Aber dann begriffen wir rasch, daß die beiden Lösungen gar nicht von identischen Ausgangsdaten gewonnen worden waren. Der Rechner führte seine Berechnungen mit sechs Dezimalstellen durch, druckte aber nur drei aus, so daß die neuen Anfangsbedingungen den alten nicht völlig gleich waren, sondern vielmehr kleine Abweichungen aufwiesen. Diese Abweichungen vergrößerten sich exponentiell und verdoppelten sich alle vier Tage der simulierten Zeit, so daß am Ende von zwei Monaten die beiden Lösungen völlig auseinanderliefen. Ich zog daraus sogleich den Schluß, daß es unmöglich sein werde, langfristige und detaillierte Wettervorhersagen zu erstellen, wenn die die Atmosphäre beherrschenden wirklichen Gleichungen sich genau so wie dieses Modell verhielten."*

Die Lösung der Differentialgleichungen reagiert demnach äußerst sensibel auf kleine Änderungen in den Anfangswerten. Wenn ich bei der Wetterprognose für die nächste Woche die heutige Wetterlage eingebe und bei der Eingabe nur einen winzigen Fehler mache, erhalte ich ein anderes Wetter, als es eine fehlerfreie Eingabe ergeben würde. Da aber die Wetterdaten nie die exakte Wetterlage bis ins letzte Detail widerspiegeln, ist eine langfristige Wettervorhersage prinzipiell unmöglich. Diese Instabilität ist eine Eigenschaft der Gleichungen der Meteorologie.

Man kann sogar den Grad der Veränderung angeben. Nach den Angaben von Lorenz verdoppeln sich bei seiner Wettersimulation die Änderungen alle vier Tage. Wenn dies auch für die echte Wetterveränderung gilt, wird eine winzige unmerkliche Veränderung im Luftdruck, Windgeschwindigkeit usw. sich nach vier Tagen verdoppeln, nach acht Tagen vervierfachen und – wie man leicht nachrechnet – in einem Monat auf das 200-fache anwachsen, in einem Jahr sogar auf das $2 \cdot 10^{27}$-fache. Diese Eigenschaft der Wetterentwicklung wurde als „Schmetterlingseffekt" bezeichnet: Der Flügelschlag eines Schmetterlings in Indien kann in einigen Monaten oder in einem Jahr bei uns einen Orkan auslösen.

Das Ende der Kausalität?

Die Arbeit von Lorenz mit dem Titel „Deterministische nichtperiodische Strömungen" erschien 1963 in der meteorologischen Zeitschrift „Journal of the Atmospheric Sciences" und blieb für etwa 10 Jahre trotz ihrer grundlegenden Bedeutung unbeachtet. Der Grund liegt wohl darin, daß diese Zeitschrift von Mathematikern und Physikern kaum gelesen wird. Erst in den siebziger Jahren erkannte man den Sprengstoff, den diese Arbeit enthielt, besagt sie doch, daß langfristige Prognosen möglicherweise unmöglich sind. Ein Indiz für die Wichtigkeit einer Publikation ist die Anzahl, wie oft diese Arbeit von anderen Autoren zitiert wird. In den sechziger Jahren wurde die Arbeit von Lorenz etwa einmal pro Jahr zitiert, zwanzig Jahre später etwa 100 mal pro Jahr.

Andere Systeme erwiesen sich in ihrem dynamischen Verhalten ähnlich: Der französische Astronom Michel Henon fand zum Beispiel zusammen mit dem Studenten Carl Heiles für Bahnen von Sternen bei hohen Energien in einer Galaxie ein ähnliches sensitives Verhalten der Bahnen in Bezug auf die Anfangswerte. Plötzlich begann man alle möglichen zeitabhängigen Berechnungen, die man wegen nichtinterpretierbarer Ergebnisse beiseite gelegt hatte, nochmals zu überprüfen und stellte die von Lorenz beschriebenen Instabilitäten fest. Sensitivität gilt nicht nur beim Wetter, wie sich herausstellte, sondern bei Populationen, Börsenentwicklungen, Verhalten von Menschengruppen, Planetenbahnen usw. Bei allen dynamischen Systemen muß man – wie sich herausstellte – unterscheiden zwischen den Systemen, die sich stabil verhalten und denen, die instabil sind. Die Wissenschaft hatte sich bisher nur mit den stabilen Systemen beschäftigt.

Wenn Sie eine Billardkugel anstoßen, haben Sie eindeutige Anfangsbedingungen gesetzt und die Kugel läuft entsprechend der Vorgabe der von Ihnen gesetzten Anfangsbedingungen ihre Bahn. Alles ist deterministisch, d.h. die Bahn ist auf Grund der Anfangsbedingungen eindeutig determiniert. Wenn diese Bahn sensitiv von den Anfangswerten abhängt, würde eine fast unmerkliche Abweichung bei der Startvorgabe die Kugel woanders hinführen. Berechnungen ergaben, daß eine hohe Sensitivität vorliegt. Wenn ein Spieler die Bahn einer Billardkugel (unter Vernachlässigung der Reibung) so berechnet, daß die Kugel zwei Karambolagen verursacht, kann er natürlich den Einfluß der Gravitation der neben dem Tisch stehenden Personen vernachlässigen. Versucht er allerdings eine Karambolage mit neun Bällen, muß er – wie Berechnungen zeigten – den Gravitationseinfluß danebenstehender Zuschauer in seine Berechnungen mit einbeziehen, wenn die Bahn einigermaßen korrekt sein soll. Die Sensitivität bewirkt eben, daß Bahnen um so ungenauer werden, je weiter man in die Zukunft geht.

James P. Crutchfield, Chaosforscher an der University of California in Berkeley, trieb die Untersuchungen zur Instabilität der Billardkugeln auf die Spitze, als er sich fragte, wie weit wohl ein Elektron durch seine Gravitation die Bahn einer Billardkugel beeinflussen könnte. Wenn man bedenkt, daß die Masse eines Elektrons in Gramm erst an der 28. Stelle hinter dem Komma beginnt, ist die von ihm ausgeübte Gravitation praktisch null, aber eben nicht exakt null. Die Winzigkeit der Masse genügte Crutchfield nicht, er nahm zudem an, daß dieses Elektron sich am Rande der Milchstraße befindet, also etwa 100 000 Lichtjahre oder 9 460 Milliarden Kilometer entfernt. Kaum vorstellbar, daß von diesem Elektron ein Einfluß auf die Bahn unserer Billardkugel existieren solle. Und doch ergab die Crutchfields Rechnung, daß eine Vorhersage der Bahn nach einer Minute falsch ist, wenn man diesen gravitativen Einfluß des Elektrons nicht berücksichtigt.

Die thermische Bewegung der Moleküle in einem Gas kann man als eine Art Billardpartie mit einer gigantischen Zahl von Kugeln, den Molekülen, auffassen, die stets aneinanderstoßen und sich gegenseitig beeinflussen. Rechnungen ergaben, daß ein Elektron am Rande des uns bekannten Universums (etwa 10^{10} Lichtjahre), die Bewegung eines Moleküle ab dem 56-ten Stoß merklich beeinflußt.

Es zeigt sich also, daß die heile Welt des Laplace, der glaubte, daß jede Zukunft und jede Vergangenheit mit Newtonscher Mechanik berechenbar sei, wie eine Seifenblase zerplatzt. Nichtstabilitäten bei vielen dynamischen Prozessen zeigen, daß die Welt durch deterministische Gleichungen beschreibbar sein mag, daß die Lösungen dieser Gleichungen aber nicht angebbar sind, daß daher die Zukunft nicht voraussagbar ist. Wenn nämlich die kleinste Abweichungen die Lösung in eine ganz andere Richtung drängen kann, dann beeinflussen die Unwägbarkeiten der Quantenmechanik (Heisenbergsche Unschärferelation) wie auch die Rundungen in den Berechnungen der Computer (ohne die eine Rechnung nicht möglich ist, da ja ein Computer nur mit 10 bis 20 Stellen hinter dem Komma rechnen kann) instabile dynamische Prozesse so stark, daß jede Voraussage unmöglich wird.

Diese Erkenntnis erschüttert eine der Säulen des bisherigen wissenschaftlichen Denkens: die Kausalität. Kausalität besagt im strengen Sinne, daß gleiche Anfangsbedingungen gleiche Ergebnisse nach sich ziehen. Die Formulierung der Kausalität in dieser Form mag richtig sein, ist aber wertlos, denn im mathematischen Sinne exakte Voraussetzungen bis in die letzte Dezimale lassen hinein sich niemals zweimal herstellen. Dies erkannte schon Maxwell, als er schrieb: „*Es ist eine metaphysische Doktrin, daß gleiche Ursachen gleiche Wirkungen haben. Niemand kann sie widerlegen. Ihr Nutzen aber ist sehr gering in dieser Welt, in der gleiche Ursachen niemals wieder eintreten und nichts zum zweitenmal geschieht. Das entsprechend physikalische Axiom lautet: Ähnliche Ursachen haben ähnliche Wirkungen. Dabei sind wir aber von der Gleichheit übergegangen zur Ähnlichkeit, von absoluter Genauigkeit zu mehr oder weniger grober Annäherung.*" In diesem Sinne hat sich auch Poincaré geäußert.

Der Satz „Gleiche Ursachen haben gleiche Wirkungen" ist eine schwächere Forderung als „ähnliche Ursachen haben ähnliche Wirkungen". Dem entsprechend bezeichnet man die erste Formulierung als die schwache Kausalität und die zweite Formulierung als die starke Kausalität. Das starke Kausalitätprinzip schließt das schwache mit ein und besagt, daß Ursachen, die in der Nähe eines Ursachenpunktes liegen, Wirkungen nach sich ziehen, die in der Nähe des zugeordneten Wirkungspunktes liegen. Die starke Kausalität ist die Grundlage aller Experimentalwissenschaften, denn jeder Experimentator geht von der Voraussetzung aus, daß ein Experiment jederzeit wiederholbar sein muß, daß also unter leicht abgeänderten Bedingungen ein ähnliches Ergebnis sich einstellen muß. Aber nicht nur die Experimentalwissenschaften benutzen die starke Kausalität wie ein selbstverständliches Werkzeug, fast alle Wissenschaften basieren in ihren deduktionistisch-logischen Entwicklungen methodisch auf dem starken Kausalitätprinzip.

In dem Kapitel über die Quantenphysik haben wir gesehen, daß die Erkenntnisse der Quantenmechanik dazu führen, daß man den Kausalitätsbegriff im Mikrokosmos aufgeben muß. Die Chaostheorie zeigt, daß auch im makroskopischen Bereich die Kausalität in Zukunft nicht mehr als eine Grundsäule wissenschaftlicher Argumentationen betrachtet werden darf, denn wie wir gesehen haben, existieren dynamische Systeme, die in jeder Weise die starke Kausalität verletzen. Nach wie vor gilt die schwache Kausalität, die besagt, daß gleiche Ursachen gleiche Wirkungen nach sich ziehen. Was nach den Erkenntnissen der Chaostheorie nicht mehr gilt, ist die Berechenbarkeit, die Voraussagbarkeit der Wirkung, wenn man die Ursache kennt.

Attraktoren und Stabilität

Dynamische Systeme wie Pendel, Satelliten, Luftströmungen und Autos, also alles, was sich zeitabhängig bewegt, können sich in ihren Bewegungen stabil verhalten und damit Vorausberechnungen zugänglich sein oder – wie bei den Lorenz-Gleichungen – instabil werden und damit in chaotische Bewegungen übergehen. Die klassische Wissenschaft hat sich fast ausschließlich nur mit den stabilen Systemen beschäftigt. Diese Systeme lassen sich mathematisch exakt und elegant beschreiben und vorausberechnen mit Hilfe der Hamilton-Theorie, einer von dem irischen Mathematiker S.W. Hamilton 1834 geschaffenen mathematischen Berechnungsmethode.

Wir wollen uns jetzt den Systemen mit chaotisch- unberechenbarem Zielverhalten zuwenden. Dazu benötigen wir ein Hilfsmittel, welches die Physiker schon seit Jahrhunderten benutzen, das Phasendiagramm. In diesem Diagramm werden die Zustandsvariablen in ein Koordinatensystem eingetragen und die Variablenkombinationen, unter denen das System stabil ist, bilden dann meist ein Kurve, ein Fläche usw. Dies soll an einigen Beispielen erläutert werden:

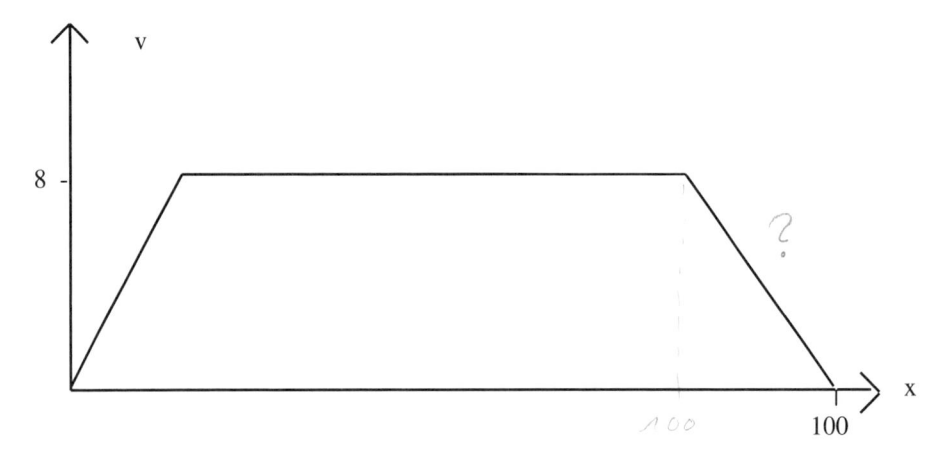

Abb. 17: *Phasendiagramm eines Hundertmeterlaufes*

Nehmen Sie an, Sie nehmen an einem Hundertmeterlauf teil. Nach dem Startschuß geht Ihre Geschwindigkeit von 0 auf – sagen wir – 8 Meter pro Sekunde hoch. Nach dem Zieldurchlauf bremsen Sie und Ihre Geschwindigkeit sinkt wieder auf null. Der dynamische Prozeß Ihres Laufes wird durch die Variablen x (zurückgelegte Strecke) und v (Geschwindigkeit) voll determiniert. Wir tragen jetzt diese Zustandsvariablen in ein Koordinatensystem ein und erhalten die Abb. 17.

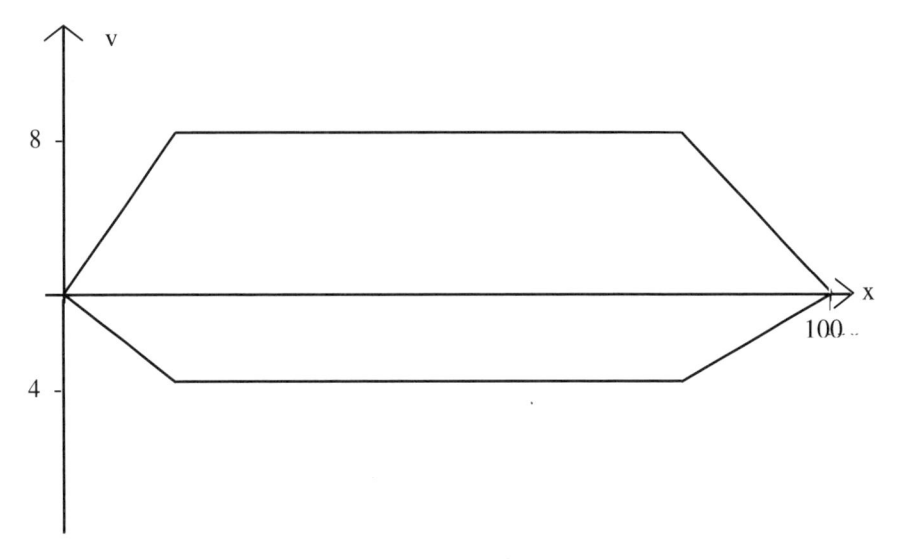

Abb. 18: *Phasendiagramm eines für einen Hin- und Rücklauf*

Auf der x-Achse können wir die zurückgelegte Strecke x ablesen und in der darüberliegenden Kurve die Geschwindigkeit v an dieser Stelle. Man sieht, daß nach dem Start die Kurve (d.h. die Geschwindigkeit) von 0 auf 8 m/s ansteigt, diese Geschwindigkeit bis zum Ziel gehalten wird und nach dem Zieleinlauf wieder auf 0 absinkt. Zu jedem Zeitpunkt des Laufes wird die Situation durch einen Punkt der Kurve charakterisiert.

Nunmehr erweitern wir unser Experiment, indem Sie, wenn Sie das Ziel erreicht haben, wieder mit einer gemütlichen Geschwindigkeit von 4 m/s zum Startpunkt zurücktraben. Diesmal ist die Geschwindigkeit negativ (da in Gegenrichtung), und man erhält das Diagramm der Abb. 18. Offenbar entsteht jetzt eine geschlossene Kurve.

Wenn man diese Kurve im Uhrzeigersinn durchläuft, erhält man all die Zustandsvariablen x und v, die im Verlauf des Hin- und Rücklaufes nacheinander angenommen wurden.

Stellen Sie sich vor, Sie laufen nunmehr die 100-Meter-Strecke permanent hin- und her. Der Hinlauf mit 8 m/s und der Rücklauf mit 4 m/s Geschwindigkeit. Dann durchlaufen die Zustandsvariablen ununterbrochen (bis Ihnen die Puste ausgeht) die Werte der geschlossenen Kurve der Abb. 18, dieses im Uhrzeigersinn. Jedermann, wenn Sie am Startpunkt sind, beginnt die Umrundung im Phasendiagramm erneut.

Dies ist auch die Situation eines (reibungsfreien) Pendels. Ein Pendel schwingt hin- und her und seine Zustandsvariablen durchlaufen bei jeder Periode wie obiger Läufer eine geschlossene Kurve. Man kann beweisen, daß diese Kurve eine Ellipse ist. Die Abb. 19 zeigt das Phasendiagramm eines Pendels. Man sieht, daß die Geschwindigkeiten an den Endpunkten (beim größten Ausschlag) null werden und beim Nulldurchgang die größten Werte annehmen.

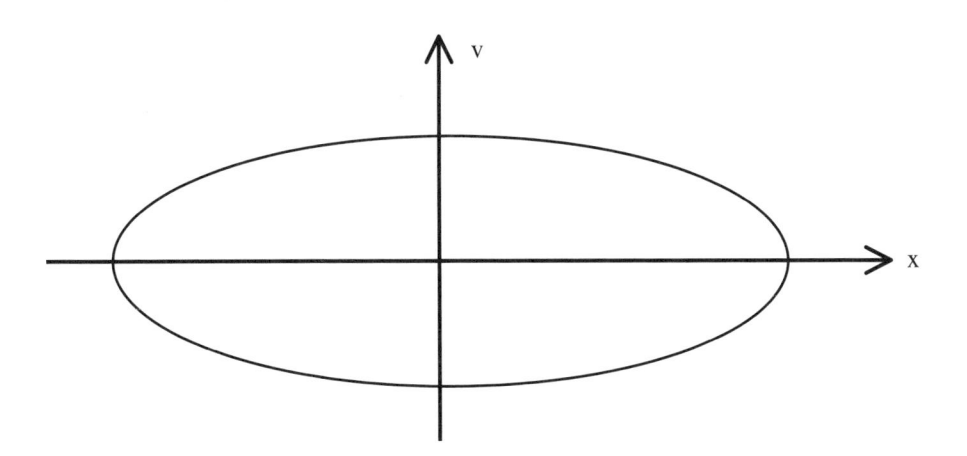

Abb. 19 : *Phasendiagramm eines reibungsfreien Pendels.*

Das Phasendiagramm der Abb. 19 beschreibt ein Pendel, welches stets die gleichen Schwingungen ausführt, ohne daß es ausschwingt und zur Ruhe kommt. Ein realistisches Pendel dagegen kommt irgendwann zur Ruhe. Dies ist eine Folge der Reibungskraft in der Aufhängung und der Luftreibung.

Lassen wir Reibungskräfte zu, entsteht aus dem idealisierten Phasendiagramm der Abb. 19 das Phasendiagramm der Abb. 20. Wie man sieht, werden Ausschläge und Geschwindigkeiten bei jedem Durchgang kleiner, bis die Zustandskurve schließlich bei 0 landet. Der Nullpunkt des Koordinatensystems als der Endpunkt der Bewegung wird in der Chaostheorie als *Attraktor* bezeichnet.

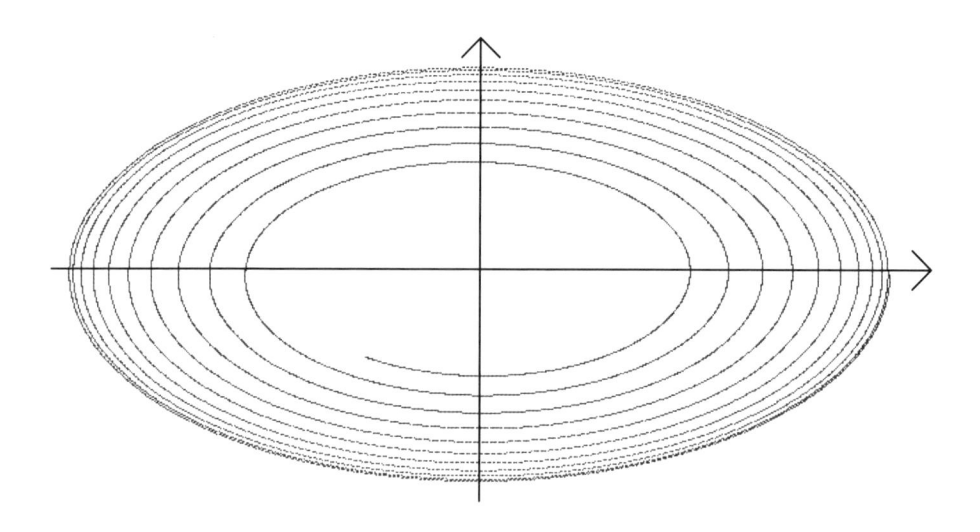

Abb. 20*: Phasendiagramm eines Pendels mit Reibung*

Nunmehr verändern wir unser Pendel dahingehend, daß wir es bei jeder Periode von außen periodisch mit der gleichen Kraft anstoßen. Die Frequenz der anstoßenden Kraft soll von der Eigenfrequenz des Pendels verschieden sein. Dies führt dazu, daß das Pendel nie zur Ruhe kommt, der Attraktor im Phasendiagramm kann jetzt nicht der Nullpunkt sein.
Wie wird das Phasendiagramm jetzt aussehen? Das Pendel ist ewig in Bewegung, die Kurve hat demnach kein Ende. Wenn die Zustandskurve nahe an den Nullpunkt kommt, wenn also die Geschwindigkeit klein wird, wird durch die anstoßende Kraft die Geschwindigkeit vergrößert und die Kurve bewegt sich vom Nullpunkt weg. Ist die Zustandskurve dagegen weit draußen im Koordinatensystem, sind also Geschwindigkeiten und Amplituden groß, sorgt die Reibungskraft dafür, daß die Kurve wieder in Richtung Nullpunkt sich verändert. Je größer die Geschwindigkeiten, um so größer die bremsende Reibungskraft. Die Bahn des Punktes der Zustandsvariablen wird jetzt eine komplizierte Kurve sein. Allerdings scheint sich in dem Ringen zwischen der von außen aufgezwungenen Kraft und der Eigenbewegung des Pendels die äußere Kraft durchzusetzen. Das Pendel übernimmt die Frequenz der antreibenden Kraft. Reibungskraft und anstoßende Kraft sorgen dafür, daß die Kurve im Phasendiagramm sich auf eine mittlere Kurve einpendelt, die sie dann beibehält.

Die Abb. 21 zeigt das Grenzverhalten. Wenn man das Pendel periodisch anstößt und lange genug wartet, geht die Zustandskurve in die gezeichnete Ellipse über. Stört man das Pendel, erfolgen vorübergehende Ausschläge, jedoch wird es danach wieder in die Grenzkurve der Ellipse übergehen. Nichts kann das Pendel davon abbringen, diese Ellipsenbahn anzusteuern. Die Punkte dieser Ellipse bilden einen Attraktor. War der Attraktor des frei hängenden Pendels der Nullpunkt, ist er jetzt eine Kurve. Diese Kurve wird als *Grenzzyklus* bezeichnet. Ein gutes Beispiel für einen Grenzzyklus-Attraktor bildet das dynamische Verhalten des Herzens.

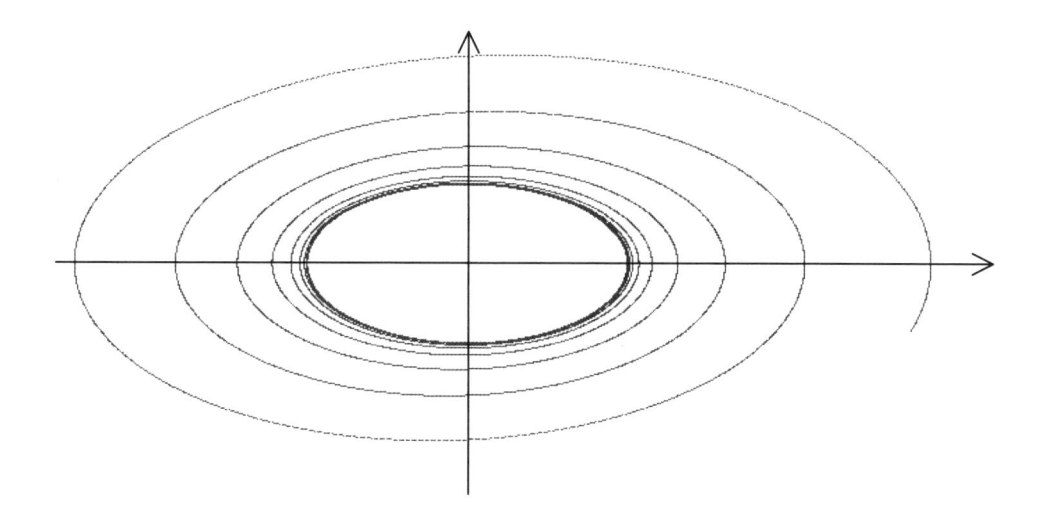

Abb. 21 : Grenzzyklus eines angeregten reibungsfreien Pendels

Alle stabilen dynamischen Systeme besitzen in ihren Phasendiagrammen Grenzzyklen. Dies bezieht sich nicht nur auf physikalische, sondern auf biologische, ökonomische und politische Systeme. Als Beispiel betrachten wir eine Landschaft mit Hasen und Wölfen. Die Wölfe fressen die Hasen. Gibt es viele Hasen, leben die Wölfe wie im Schlaraffenland, sie vermehren sich rapide. Dies führt dazu, daß die Zahl der Hasen abnimmt. Die Folge: Die Nahrung für die Wölfe wird knapper und die Zahl der Wölfe geht zurück, wodurch die Hasen ein sorgenfreieres Leben führen können und sich vermehren. Jetzt beginnt alles von vorne, die Wölfe leben wieder im Schlaraffenland usw. Führen wir als Zustandsvariablen für dieses System die Zahl der Hasen bzw. die der Wölfe ein und zeichnen das Phasendiagramm, erhalten wir Abb. 22.

Dieses Raubtier-Beute-System wurde von den Wissenschaftlern gründlich untersucht. Es ergab sich, daß – selbst wenn man ein paar Wölfe abschießt oder zusätzliche Hasen aussetzt – stets die Kurve nach ein paar Schlenkern sich auf die gleiche Grenzzyklus-Kurve

einstellt. Selbst wenn man die Wölfe bis auf ein paar wenige entfernt, wird das System die gleiche Grenzkurve anstreben. Derartige Systeme sind äußerst stabil.
Natürlich gibt es eine ähnliche Verkettung zwischen dem Pflanzenwuchs und der Hasenzahl. Eine Hasenüberbevölkerung vernichtet (frißt) die Pflanzen, die Hasennahrung wird knapp, die Hasenzahl reduziert sich, die Pflanzen erholen sich wieder, es gibt wieder mehr Hasen usw. Wir erhalten als Grenzzyklus wieder eine geschlossene Kurve. Wie würde ein Phasendiagramm aussehen, welches das Gesamtsystem Pflanzen-Hasen-Wölfe einbezieht? Wir haben jetzt drei Zustandsvariablen und alles spielt sich im dreidimensionalen Raum ab. Der Grenzzyklus wird komplexer.

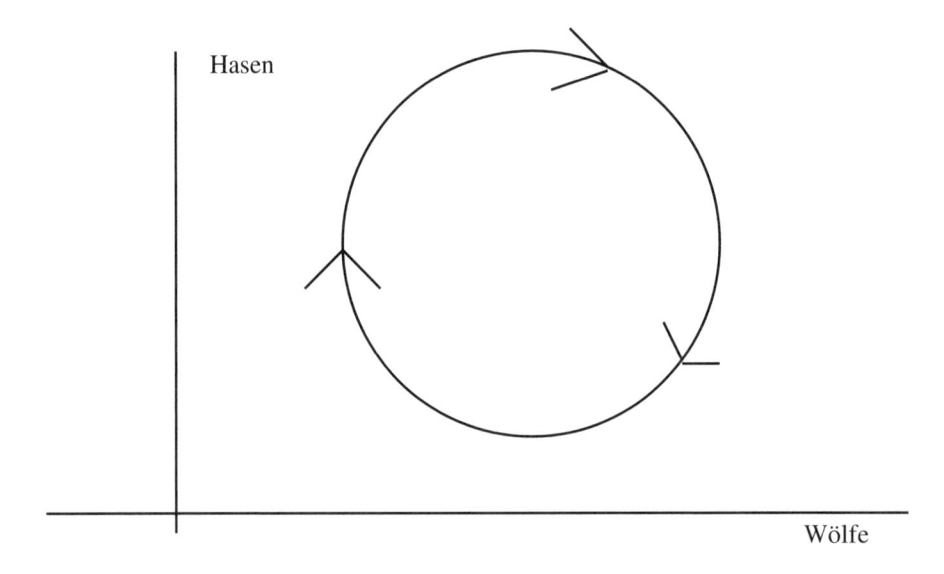

Abb. 22: Grenzzyklus im Hase-Wolf-System

Der Hase-Wolf-Zyklus ist eine geschlossene Kurve, die nach – sagen wir 5 Jahren – in sich übergeht. Das heißt, daß nach 5 Jahren alles wieder von vorne beginnt, die Periode ist 5. Der Hase-Pflanzen-Zyklus dagegen erzeugt eine Kurve im Phasendiagramm, welche vielleicht nach einigen Monaten in sich übergeht. Wenn wir jetzt in einem dreidimensionalen Raum die geschlossene Kurve des Hase-Wolf-Zyklus zeichnen und um die Punkte dieser Kurve die geschlossenen Kurven des Hase-Pflanzen-Zyklus, ist dieses so, als wenn ein Punkt im Raum auf einer Ellipsenbahn herumfährt und um den Punkt zu jeder Zeit ein zweiter Punkt kreisen würde. Dieser weiterer Punkt ist der Punkt des Gesamt-Grenzzyklus und liegt auf einem Torus.
Ein Torus hat die Gestalt eines Autoreifens (siehe Abb. 23). Die Kurve im Phasenraum liegt auf der Oberfläche des Torus, also auf einer Fläche.
Es zeigt sich, daß alle gekoppelten Systeme (zum Beispiel zwei Pendel, die miteinander verbunden sind), Grenzzyklen ausbilden, die auf einem Torus liegen. Für Mathematiker ist es problemlos, Tori in beliebig dimensionalen Räumen zu beschreiben. Ein stabiles System

mit vielen Variablen (zum Beispiel 15 gekoppelte Pendel) durchläuft Grenzzyklen auf einem hochdimensionalen Torus.

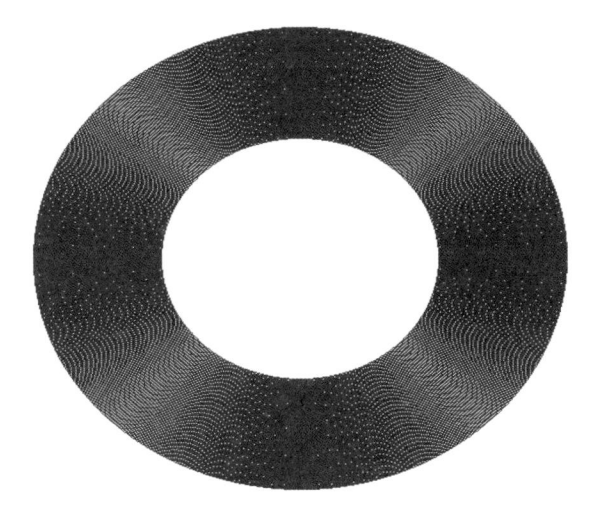

Abb. 23: Der Grenzzyklus in höherdimensionalen Räumen ist ein Torus. Die gekoppelte Bewegung zweier verbundener System ist eine Linie, die sich auf der Torus-Oberfläche entlangschlängelt.

Die Form der Kurve auf dem Torus hängt stark von den Frequenzen der beteiligten Teilsysteme ab. Hat bei zwei Systemen das eine System die doppelte Frequenz wie das andere, wandert die Kurve um den Torus zweimal herum und geht dann wieder in sich über. Ist das Verhältnis der Frequenzen rational (d.h. als Bruch schreibbar), geht die Kurve nach endlich vielen Umrundungen wieder in sich über. Lediglich bei irrationalem Verhältnis der beiden Frequenzen (d.h. wenn das Verhältnis nicht als Bruch geschrieben werden kann), wandert die Kurve ewig um den Torus herum, ohne jemals wieder in sich überzugehen. Derartige Systeme bezeichnet man als quasiperiodisch. Quasiperiodische Systeme findet man bei gekoppelten Pendeln und Federn, bei der Aufzeichnung von elektrischen Schwingungen und bei Musikinstrumenten, kurz bei Schwingungen in mehreren Freiheitsgraden.
Bekanntlich ist es nicht ungefährlich, wenn eine Kompanie marschierender Soldaten eine Brücke überquert. Durch die Gleichmäßigkeit des Marschierens kann es vorkommen, daß die Brücke im gleichen Rhythmus zu schwingen beginnt, die Schwingungen verstärken sich und die Brücke erleidet einen Schaden. Die Physiker sprechen von Resonanz.
Resonanz kann auftreten, wenn ein schwingungsfähiges System durch eine periodische Kraft mit der gleichen Frequenz angeregt wird. Im letzten Abschnitt sahen wir, daß für solche Fälle die Zustandskurve im Phasendiagramm nach einer Umrundung in sich übergeht. Betrachten wir die in Resonanzschwingungen geratene Brücke. Wenn wir ihre Zustandskurve im Phasendiagramm zeichnen, verläuft diese wie üblich auf der Fläche eines Torus, zudem geht sie nach einer Umrundungen wieder in sich über. Nach jeder Umrundung gewinnen die Zustandsvariablen an Wert und dies bedeutet, daß der Torus sich langsam aufbläht und verformt. Irgendwann kann er platzen und dies ist der Resonanzfall, die Zerstörung der Brücke.

Gleiches gilt für beliebige gekoppelte schwingende Systeme. Wenn die Frequenzen der beteiligten Systeme ganzzahlige Verhältnisse besitzen, wenn also die Zustandskurve nach einigen Umrundungen des Torus in sich übergeht, kann sich der Torus aufblähen und zerplatzen.

Diese Überlegung hat eine sehr beunruhigende Konsequenz. Unser Sonnensystem ist ein Gefüge mit vielen schwingenden Systemen. Was passiert, wenn zwei Planeten Umlaufzeiten um die Sonne besitzen, die zueinander rational sind, die also ein einfaches Verhältnis wie zum Beispiel 5:3 oder 3:8 bilden? Möglicherweise wird in einem solchen Falle einer der Planeten irgendwann ins Weltall hinausgeschleudert. Ist unser Sonnensystem möglicherweise dann stabil, wenn die Zustandskurve im Phasendiagramm quasiperiodisch ist?

Bei Untersuchungen fand man im Asteroidengürtel tatsächlich genau an den Stellen Lücken, wo die Umlaufzeiten von Jupiter und dem Asteroiden dieser Bahn ein einfaches Verhältnis bildeten. Offenbar hatten Asteroiden, die diese Bahn besetzt hatten, sie wegen Instabilitäten verlassen.

Wird unser Sonnensystem jemals in eine chaotische Phase geraten? Könnte die Erde in den Weltraum entweichen? Zur Beantwortung dieser Frage reicht es nicht aus, alle Umlaufzeiten der Planeten zu kennen und sie auf ganzzahlige Verhältnisse zueinander zu prüfen. Diese Zeiten ändern sich nämlich permanent. Dafür sorgen die Reibungskräfte zwischen den Planeten. Dies sind zum Beispiel die Auswirkungen der Gezeiten auf die Umlaufbahn des Mondes oder die Auswirkung der dichten Gasatmosphäre des Jupiters auf dessen Monde. Diese ändern im Laufe der Zeiten die Umlaufperioden. Von daher ist die Frage nach der Stabilität des Sonnensystems offen.

Seltsame Attraktoren

Für ein dynamisches – also zeitabhängiges – System existieren für das zeitabhängige Verhalten der beschreibenden Variablen drei Möglichkeiten:
1. Das System geht in einen stabilen und ruhenden Zustand über (zum Beispiel ein Pendel, welches ausschwingt).
2. Das System geht in einen stabilen bewegten Zustand über (zum Beispiel ein angeregtes Pendel).
3. Das System wird instabil, seine Zustandsvariablen nehmen unkontrollierbare Werte an oder gehen gegen unendlich (zum Beispiel bei Resonanz).

In den Fällen (1) und (2) existiert ein Attraktor, der im Falle (1) (meistens) aus einem Punkt besteht und im Falle (2) aus einem Torus, auf der die Zustandskurve sich herumwindet. Nur im Falle (3) kann kein Attraktor existieren, denn der Attraktor setzt stets voraus, daß alle Zustandsvariablen endlich bleiben und in einem begrenzten Gebiet definiert sind.

In dem Abschnitt über den Schmetterlingseffekt hatten wir dynamische Systeme kennengelernt, die extrem abhängig waren von den Anfangswerten. Eine winzige Änderung am Anfang konnte nach einer gewissen Zeit verheerende Wirkungen nach sich ziehen. Eines dieser Systeme waren die Wettergleichungen von Lorenz.

Die Lorenz-Gleichungen zur Voraussage des Wetters beschreiben Temperatur- und Geschwindigkeitsfelder. Da die Wetterwerte nicht unendlich groß werden können und sich stets eine bestimmte Wetterlage einstellt, müssen die Variablen begrenzt bleiben, es müssen Attraktoren existieren.

Wie kann es einen Attraktor geben, der ein endliches Gebiet ausfüllt und gleichzeitig Lösungen bzw. Funktionen enthält, die extrem abhängig sind von den Anfangswerten Diese Abhängigkeit besagt ja gerade, daß zwei Lösungen, die benachbarte Anfangswerte besitzen, sich immer mehr voneinander entfernen. Gleichzeitig sollen diese Lösungen aber einen Attraktorbereich nicht verlassen, der nur endlich ausgedehnt ist.

Dies ist so ähnlich als würde man einen Fahrradschlauch gleichzeitig aufpumpen und in eine enge Kiste sperren. Entweder sprengt der Schlauch die Kiste oder er verteilt sich gleichmäßig in der Kiste unter optimaler Ausnutzung des Raumes.

Die Kiste – d.h. der Attraktor – wird bei den Lorenz-Gleichungen nicht gesprengt, im Gegenteil, alle Bahnen aus der Umgebung werden unweigerlich von ihm angezogen. Eine Bahn (Trajektorie), die den Attraktor erreicht hat, kann ihn nicht mehr verlassen. Nach einem Vorschlag der französischen Physiker David Ruelle und Floris Takens werden diese Art von Attraktoren seltsame Attraktoren genannt. Die Abb. 24 zeigt den von Lorenz entdeckten seltsamen Attraktor, den Attraktor der Lorenz-Gleichungen.

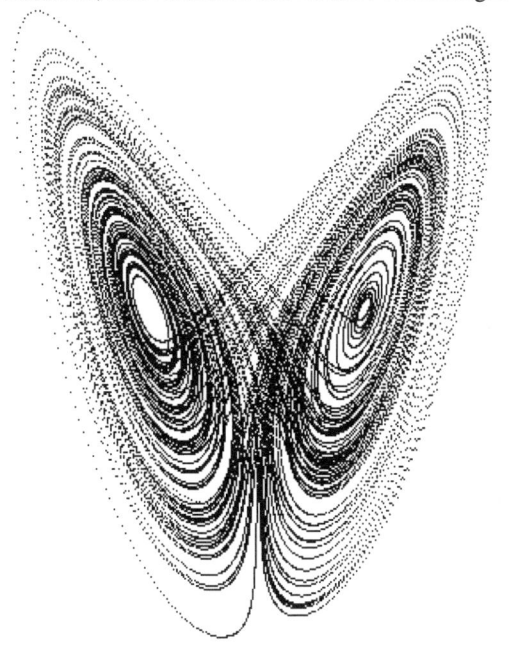

Abb. 24: *Lorenz-Attraktor*

Seltsame Attraktoren sind in ihrer geometrischen Struktur wahrhaft seltsam. Würde man einen winzigen Bereich des Attraktors mit dem Mikroskop betrachten, also vergrößern, würde man eine Struktur erkennen, die der Struktur des gesamten Attraktors ähnlich ist. Derartige Strukturen sind die Strukturen der Natur, zum Beispiel die eines Baumes. Wenn man einen kleinen Teil des Baumes – zum Beispiel einen Zweig – betrachtet, hat dieser im Prinzip dieselbe Struktur wie das übergeordnete Gefüge, nämlich der Ast. Dieser wiederum hat dieselbe Grundstruktur wie der Baum selbst. Derartige Eigenschaften bezeichnet man als „selbstähnlich" und selbstähnliche geometrische Gebilde als Fraktale. Die Fraktale erweisen sich als die Gebilde einer neuen Geometrie, die der Natur entspricht und in der Chaostheorie eine derart wichtige Rolle spielen, daß wir uns in einem eigenen Abschnitt damit beschäftigen werden. Seltsame Attraktoren sind Fraktale.

Eine weitere wichtige Eigenschaft ist die der Dimension des Attraktors. Die nichtseltsamen Attraktoren wie Ellipse oder Torus besitzen eine Dimension, die kleiner ist als der Phasenraum. Zum Beispiel: Der Attraktor des angeregten Pendels war eine Ellipse, also ein eindimensionales Gebilde im zweidimensionalen Phasenraum (vgl. Abb. 19). Der Torus ist als Fläche zweidimensional in einem dreidimensionalen Raum usw. Der seltsame Attraktor erweist sich dagegen in seiner Dimension als äußerst merkwürdig: die Dimension ist gebrochen, also 2,3-dimensional oder 1,5-dimensional. Der seltsame Attraktor der Lorenz-Gleichungen hat zum Beispiel die Dimension 2,06 und ist demnach ein Zwischending zwischen Fläche und Raum.

Um eine Vorstellung davon zu erhalten, wie ein Gebilde zwischen zwei und drei Dimensionen aussehen könnte, nehmen wir ein Blatt Papier. Dessen Oberfläche ist zweidimensional. Nunmehr zerknüllen wir das Papier zu einem Papierklumpen. Die zweidimensionale Papierfläche wird jetzt in chaotischer Weise zerknittert und gefaltet, das entstehende Gebilde ist noch kein dreidimensionaler Körper, jedoch gerät es beim Zusammendrücken des zerknüllten Papiers nahe dran. Ein fraktales Gebilde entsteht ähnlich. Daß gebrochene Dimensionen tatsächlich sinnvoll sein können, werden wir in dem Abschnitt über Fraktale sehen.

Auf dem Gebiet der seltsamen Attraktoren sind trotz intensiver Forschung noch viele Fragen offen.

Turbulenzen und Attraktoren

Seltsame Attraktoren entstehen auch bei Flüssigkeiten oder Gasen, die in Turbulenz, also unkontrollierte Bewegungen, geraten. Turbulenzen finden wir in Bächen, Pipelines, im Sturm, in Wasserfluten und sogar in den Adern. Sie stellen eine Form des Chaos dar, die stets ein Forschungsobjekt der Wissenschaftler darstellte. Leonardo da Vinci war einer der ersten, der systematisch das Fließen von Wasser in Röhren untersuchte. Helmholtz, Lord Kelvin und andere beschäftigten sich mit diesem Gebiet. Heute stellen Turbulenzen ein wichtiges Teilgebiet der Chaostheorie dar, da man an ihnen das Entstehen von Chaos geradezu ideal studieren kann. Strömungen werden nämlich von nichtlinearen Differentialgleichungen beschrieben, die man numerisch lösen und auf dem Computer in Simulationen vorführen kann.

Wie entstehen Turbulenzen. Wir betrachten einen Bach, der ruhig und beschaulich an einem schönen Sommertag dahinfließt. Die Geschwindigkeit des Wassers ist fast überall konstant. Würden wir einen Attraktor des Phasendiagramms zeichnen, so erhielten wir einen Punkt. Wenn das Wasser schneller fließt, entstehen im Bach die ersten Wirbel. Sie bilden sich zum Beispiel hinter Hindernissen wie Steinen oder ungeraden Begrenzungen. Diese Wirbel sind ziemlich stabil. Wirft man einen Stein in den Bach und stört den Wasserlauf, pendelt sich das Bachverhalten danach wieder auf die alten Läufe und Wirbel ein. Der Attraktor im Phasenraum ist jetzt ein Grenzzyklus.

Fließt der Bach noch rascher, geht der Grenzzyklus in einen zweidimensionalen Torus über. Früher war man der Meinung, daß bei weiterem Ansteigen der Strömungsgeschwindigkeit der Attraktor in noch höherdimensionale Tori übergeht, in 3, 4, 5 usw. dimensionale Tori.
Seit 1982 weiß man, daß dies nicht so ist, denn Experimente zeigten, daß bei Erhöhen der Fließgeschwindigkeit die Turbulenzen viel früher einsetzten, als es nach dieser auf Hopf zurückgehenden Theorie hätte sein müssen.
Die Physiker David Ruelle und Floris Takens vom Institut des Hautes Études Scientifiques in Frankreich stellten eine Theorie auf, deren Richtigkeit durch spätere Experimente untermauert wurde. Danach geht der Punktattraktor zunächst in einen Grenzzyklus, dann in einen zweidimensionalen Torus über.
Anstatt danach in höherdimensionale Tori überzugehen, zersplittert der zweidimensionale Torus in Stücke. Er löst sich auf wie eine Wolke und seine Punkte beginnen, ein Gebiet zu belegen, welches eine gebrochene Dimension hat. Ein seltsamer Attraktor entsteht. Die Instabilität der Turbulenz drückt sich dadurch aus, daß der Attraktor unschlüssig zwischen zwei und drei Dimensionen verweilt, eben in einer gebrochenen Dimension.
Ruelle und Takens benutzten in diesem Zusammenhang zum ersten Mal den Ausdruck „seltsamer Attraktor".

7.2 Von der Ordnung zum Chaos

Physikalische, chemische, ökonomische und soziologische Systeme können in drei Zuständen existieren. Der erste Zustand ist der stabile. Dies ist der Zustand, den man bis vor der Chaostheorie als den normalen Zustand ansah. Derartige Zustände sind berechenbar, geordnet und reagieren auf kleine Störungen in vorhersehbarer Weise und bilden den größten Teil des Anwendungsspektrums der Wissenschaften.
Seit der Chaostheorie wissen wir, daß es Systeme gibt, die auf kleine Störungen unangemessen reagieren, sie sind nicht stabil und die schwache Kausalität ist verletzt. Diese als „chaotisch" bezeichneten Systeme waren der Inhalt des letzten Abschnittes.
Es gibt einen dritten Zustand, der weder rein chaotisch noch stabil ist. Dies ist der relativ kurze Übergang von der Ordnung zum Chaos. Dieser Zustand ist den Wissenschaftlern schon lange bekannt, jedoch ist er mathematisch so schwer faßbar, daß man sich kaum damit beschäftigte. Die Chaostheorie allerdings brachte Licht in dieses Dunkel, indem sie aufzeigte, daß eine mathematische Beschreibung durchaus möglich ist, wenn man Iterationen benutzt. Man stieß auf die fraktale Geometrie und fand Naturkonstanten, die den Übergang von Ordnung in Chaos charakterisieren. Geometrische Strukturen an der Grenze zwischen Ordnung und Chaos erwiesen sich als völlig neuartige, nie gesehene und besonders ästhetische Strukturen.
In diesem Abschnitt geht es um den Übergang von Ordnung zu Chaos. Die zugehörigen geometrischen Strukturen werden im übernächsten Abschnitt beschrieben.

Die logistische Gleichung

Der Übergang von stabilem Verhalten in instabiles und schließlich chaotisches Verhalten läßt sich am besten veranschaulichen bei ökologischen Systemen, die durch eine Gleichung

beschreibbar sind, die heute als logistische Gleichung bekannt ist. Diese Gleichung wurde eine Art Prototyp bei der Beschreibung des Überganges von Ordnung zu Chaos.
Wir betrachten die Population einer Tiergattung. Die Zahl der Nachkommen einer Generation ist um so größer, je größer die Population ist. Wenn N_i die Zahl der Individuen der i-ten Generation ist, ist demnach N_{i+1} proportional zu N_i. Dies läßt sich ausdrücken durch die Gleichung

$$N_{i+1} = a \cdot N_i$$

wobei a eine geeignete Konstante ist, die wir als Vermehrungsrate bezeichnen wollen. Die Zahl a ist größer oder gleich eins, denn sonst würde die Population aussterben. Wenn a größer als eins ist, erhalten wir exponentielles Wachstum, die Populationsgröße wächst dann über alle Grenzen.
Bei den meisten Tierarten ist a größer als eins, trotzdem bleibt die Populationsgröße begrenzt. Dies liegt daran, daß bei Anwachsen der Generationen irgendwann die Nahrungsvorräte nicht mehr ausreichen und nicht alle Individuen überleben können. Wir müssen daher obige Gleichung dahingehend korrigieren, daß a um so kleiner wird, je größer die Populationsgröße wird.
Bezeichnen wir die Sterberate r_i, so ist r_i ebenfalls proportional zu N_i, denn je größer die Populationsgröße N_i ist, um so enger werden die Nahrungsvorräte. Daher ist

$$r_i = b \cdot N_i$$

Für die Populationsgröße erhalten wir jetzt die richtige Gleichung, wenn wir von der Vermehrungsrate a die Sterberate r_i subtrahieren, also:

$$N_{i+1} = (a - r_i) \cdot N$$

Setzen wir $r_i = b \cdot N_i$ ein, erhalten wir $N_{i+1} = a \cdot N_i - b \cdot N_i^2$ bzw.

$$N_{i+1} = N_i \cdot (a - b \cdot N_i)$$

Diese Gleichung wird als logistische Gleichung bezeichnet. Sie beschreibt das reale Wachstum einer Population.
Die Gleichung erlaubt Untersuchungen zu den Frage, bei welchem Vermehrungsfaktor a sich eine Population auf eine stabile Größe einpendelt und was mit einer Population geschieht, bei der der Vermehrungsfaktor zu groß ist. Sicher werden in diesem Fall die knapper werdenden Futtervorräte eine Reduzierung des Bestandes nach sich ziehen. Auf welche Populationsgröße wird der Bestand zurückgehen? Wie endet der stetige Kampf zwischen großer Vermehrungsfähigkeit und knappen Ressourcen?
Um diese Gesetze zu untersuchen, transformieren wir obige Gleichung auf eine mathematische Form, deren Struktur einfacher ist. Wir setzen $x_i = b \cdot N_i / a$ und erhalten:

$$x_{i+1} = a \cdot x_i \cdot (1 - x_i) \qquad \textit{Logistische Gleichung}$$

wobei a nach wie vor der Vermehrungsfaktor ist (Iterationsgleichung).

Wir können jetzt zum Beispiel untersuchen, wie ein Bestand von 100 Individuen sich ändert, wenn der Vermehrungsfaktor a = 1,5 ist, wenn also jedes Elternpaar durchschnittlich drei Nachkommen produziert. Nehmen wir an, der Sterbefaktor b sei 0,004, dann erhalten wir

$$x_1 = b \cdot N_1 / a = 0{,}004 \cdot 100 / 1{,}5 = 0{,}266666$$

Wir setzen x_1 rechts in die obige Iterationsgleichung und erhalten $x_2 = 0{,}293329$. Dies wiederum rechts eingesetzt ergibt $x_3 = 0{,}321379$. Insgesamt ergibt die Rechnung die Werte der folgenden Tabelle:

$x_1 = 0{,}266666$
$x_2 = 0{,}293329$
$x_3 = 0{,}321379$
$x_4 = 0{,}327142$
$x_5 = 0{,}330180$
$x_6 = 0{,}331741$
$x_7 = 0{,}332534$
$x_8 = 0{,}332933$
$x_9 = 0{,}333133$
$x_{10} = 0{,}333233$
$x_{11} = 0{,}333283$
$x_{12} = 0{,}333308$
....
$x_{24} = 0{,}333333$

Tabelle 1 (a = 1,5)

Die Population pendelt sich also auf einen festen Wert ein, sie wird stabil. Der Endwert x_{24} = 0,333333 entspricht einem Bestand von 125 Individuen, wie man leicht nachrechnet. Dies ist genau der Bestand, bei dem der Vermehrungsfaktor und die Sterberate sich ausgleichen, wo also Stabilität herrscht. Wenn die Individuen in Zukunft in jeder Generation den Vermehrungsfaktor 1,5 aufweisen, bleibt ihr Bestand bei den gegeben Futterverhältnissen konstant.

Ist der Vermehrungsfaktor a kleiner oder gleich 1, konvergiert die Folge gegen null, wie man leicht nachprüft, d.h. die Population stirbt aus. Interessant wird es, wenn wir den Vermehrungsfaktor vergrößern. Bei a = 2,9 erhält man:

$x_1 = 0,800000$
$x_2 = 0,464000$
$x_3 = 0,721242$
$x_4 = 0,583051$
$x_5 = 0,704997$
$x_6 = 0,603130$
$x_7 = 0,694155$
$x_8 = 0,615680$
$x_9 = 0,686192$
$x_{10} = 0,624463$
. . . .

Tabelle 2 (a = 2,9)

Man sieht, daß sich zwei Zweige ausbilden, einer um 0,70, der andere um 0,62. Diese Zweige wachsen im Laufe der Iterationen allerdings zusammen zu dem Endwert 0,655172.

$x_1 = 0,666666$
$x_2 = 0,733333$
$\mathbf{x_3 = 0,645333}$
$x_4 = 0,755298$
$\mathbf{x_5 = 0,609915}$
$x_6 = 0,785131$
$\mathbf{x_7 = 0,556710}$
$x_8 = 0,814387$
$\mathbf{x_9 = 0,498\,831}$
$x_{10} = 0,824995$
$\mathbf{x_{11} = 0,476\,447}$
$x_{12} = 0,823169$
. . . .
$\mathbf{x_{23} = 0,479425}$
$x_{24} = 0,823603$

Tabelle 3 (a = 3,3)

Ab a = 3 allerdings erleben wir, daß die Zweige nicht mehr zusammenwachsen. Man erhält zum Beispiel für a = 3,3 zwei Grenzwerte, nämlich 0,479425 und 0,823603, die alternativ auftreten (siehe Tabelle 3).

Dies stimmt augenfällig mit Beobachtungen in der Natur überein, wo gewisse Populationen ihre Populationsgröße periodisch von Generation zu Generation ändern (z.B. Maikäfer). Offenbar nimmt die Zahl der Individuen bei einem großen Vermehrungsfaktor zunächst stark zu, muß dann allerdings, da die Ressourcen nicht ausreichen, in der nächsten Generation sich dezimieren. Die reduzierte Population benötigt weniger Nahrung, so daß die nächste wieder stärker ausfällt usw.

Nunmehr vergrößern wir den Vermehrungsfaktor a weiter. Ab a = 3,449490.. (genau a = 1 + $\sqrt{6}$) spalten sich die beiden Zweige erneut. Es entstehen vier Grenzwerte, die sich in der

Folge periodisch abwechseln. Als Beispiel betrachten wir die Ergebnisse für a = 3,5 ab der 25. Iteration:

$\ldots\ldots\ldots$
$x_{25} = 0,826941$
$x_{26} = 0,500884$
$x_{27} = 0,874997$
$x_{28} = 0,382820$
$x_{29} = 0,826941$
$x_{30} = 0,500884$
$x_{31} = 0,874997$
$x_{32} = 0,382820$
$x_{33} = 0,826941$
$x_{34} = 0,500884$
$x_{35} = 0,874997$
$x_{36} = 0,382820$
$\ldots\ldots\ldots$

Tabelle 4 (a = 3,5)

Man sieht, daß jetzt eine Periode der Größe 4 vorliegt. Die Populationsgrößen wiederholen sich alle vier Generationen. In der Natur finden wir eine periodische Schwankungen zum Beispiel bei Maikäfern oder Lemmingen, bei denen man alle paar Jahre ein Massenauftreten beobachten kann.

Was geschieht, wenn wir die Vermehrungsfähigkeit weiter vergrößern? Bei a = 3,544.. findet eine weitere Periodenverdopplung statt. Nunmehr wechseln sich 8 Werte in der Iterationsfolge ab. Bei a = 3,564.. werden es 16, bei 3,568.. sind es 32 usw. Jede Vergrößerung verdoppelt die Zahlen bzw. die Periode. Dabei werden die Bereiche von a, in denen eine Periode konstant ist, immer kürzer, d.h. die Verdopplung findet immer schneller statt. Kommen wir schließlich nach a = 3,57.., beginnt das Chaos. Ab hier erhält man alle möglichen Zahlen zwischen 0 und 1, ohne daß ein Gesetz erkennbar ist. Merkwürdigerweise wird dieser Bereich des Chaos von einzelnen Fenstern unterbrochen, wo Periodizität herrscht, so zum Beispiel zwischen 3,8284 und 3,8415. Kommen wir schließlich nach a = 4, wird es noch unübersichtlicher. Nunmehr fällt die Restriktion, daß die Zahlen zwischen 0 und 1 liegen. Alle Zahlen des Kontinuums werden angenommen.

Die Verzweigungspunkte, an denen eine Verdopplung stattfindet, bezeichnet man als Bifurkationspunkte und die Periodenverdopplung als Bifurkation. In Abb. 25 sind die ver

Bifurkationspunkte	Periodenzahl
$r_1 = 3,0$	2
$r_2 = 3,449490\ldots$	4
$r_3 = 3,544090$	8
$r_4 = 3,564407\ldots$	16
$r_5 = 3,568759\ldots$	32
$r_6 = 3,569692\ldots$	64
$r_7 = 3,569891\ldots$	128
$r_8 = 3,569934\ldots$	256
$\ldots\ldots\ldots$	512
$r_\infty = 3,569945\ldots$	∞

Abb. 25: Bifurkationsstellen der logistischen Gleichung

schiedenen Bifurkationspunkte als Zahlenwerte eingetragen und in Abb. 26 ist die Zahl der Perioden grafisch in Abhängigkeit von a aufgetragen. Man sieht in Abb. 26, daß für a < 3 für jedes a es nur einen Wert gibt, der von 0 auf 0,65 ansteigt. Bei a = 3 erfolgt eine erste Verzweigung. Beide Zweige teilen sich erneut bei a = 3,45. Die Verdoppelungen erfolgen immer schneller, bis bei a = 3,57.. das alle Werte zwischen 0 und 1 erfaßt werden. Ab a = 4 haben wir Chaos.

Die Bifurkationspunkte der Abb. 25 zeigen eine merkwürdige Regelmäßigkeit: Bilden wir die Differenz zweier aufeinanderfolgender Zahlen, erhalten wir der Reihe nach

0,449490   0,094600   0,020317   0,004352   0,000933   0,000199   0,000043

Dividieren wir in dieser Reihe jede Zahl durch ihren Nachfolger, erhalten wir nacheinander:

4,7514799   4,656199   4,668428   4,664523   4,688442   4,67907

Hätten wir in Abb. 25 mehr Bifurkationspunkte aufgeschrieben, würden wir feststellen, daß diese Zahlen sich immer mehr der Konstanten

4,6692016091029 ....

nähern. Diesen Sachverhalt entdeckten S. Großmann und S. Thomae 1977. Ein Jahr später konnte M.J. Feigenbaum nachweisen, daß diese Konstante nicht nur bei der logistischen Gleichung auftritt, sondern eine universelle Konstante für diskrete dynamische Systeme ist, also eine Art Naturkonstante der Chaostheorie darstellt. So tritt Bifurkation zum Beispiel bei einem angeregten und einer Reibung unterworfenen Pendel auf, wie wir im nächsten Abschnitt sehen werden, wobei die Bifurkationspunkte ebenfalls den Wert 4,66920... liefern. Heute bezeichnet man diese Konstante als „Feigenbaum-Konstante", sie ist inzwischen mit einer ausgezeichneten Genauigkeit bestimmt.

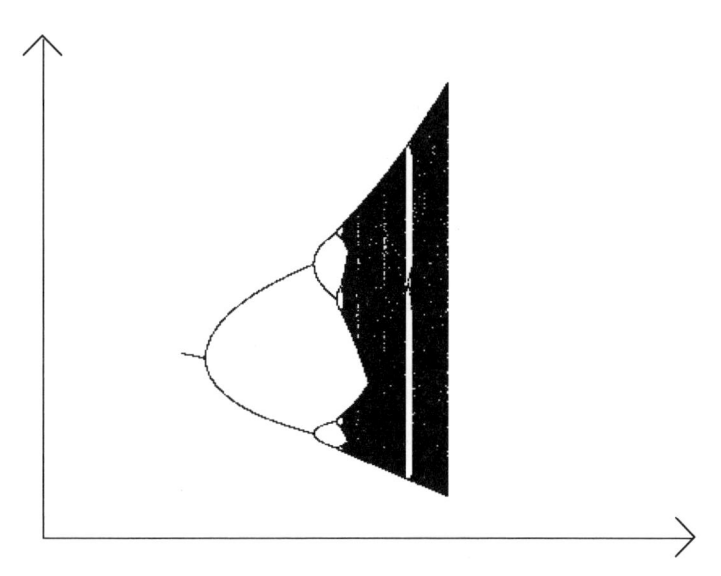

Abb. 26: Verzweigungsbaum bei den Periodenverdoppelungen

Bezeichnen wir die Bifurkationspunkte mit μ_n und die Differenzen $\mu_n - \mu_{n-1}$ (also die Intervalle eines Verzweigungssegmentes) mit Δ_n, dann gilt offenbar

$$\Delta_{n-1}/\Delta_n \to F = 4{,}6692016091029\ldots$$

D.h.: Die Intervalle einer Periode verkürzen sich, indem das nachfolgende Intervall stets ungefähr ein Viertel des vorhergehenden Intervalls ist.
Feigenbaum beschrieb noch eine weitere Konstante, die beim Bifurkationsprozeß auftritt. Wie wir oben sahen, existieren 2, dann 4, dann 8 usw. Fixpunkte in der Iterationsfolge, wenn wir a erhöhen. Bezeichnet man die Differenz zweier benachbarter Fixpunkte in einem Bifurkationsintervall

$$\mu_{n-1} < x < \mu_n$$

als d_n, also $d_n = \mu_n - \mu_{n-1}$, dann nähert sich der Ausdruck d_n/d_{n+1} immer mehr der Konstanten $2{,}5029078750957\ldots$ Auch diese Konstante ist universell und wird als Feigenbaum-Konstante bezeichnet.

Naturkonstanten der Chaostheorie

Die Feigenbaum-Konstanten entdeckten wir bei Konvergenzbetrachtungen im Zusammenhang mit der logistischen Gleichung $x_{i+1} = a \cdot x_i \cdot (1 - x_i)$. Merkwürdigerweise tritt genau diese Konstante auch bei anderen Gleichungen im selben Zusammenhang auf, zum Beispiel bei Konvergenzbetrachtungen zur Gleichung

$$x_{i+1} = 1 - a \cdot x_i$$

Die erste Periodenverdopplung ereignet sich bei a = 0,75, eine weitere Periodenverdopplung liegt bei a = 1,25. Der Leser mag durch einfache Rechnung nachprüfen, daß für a = 1 zum Beispiel die einfache Folge

    1 0 1 0 1 0 1 0 1 ....

auftritt, also eine doppelte Periode. Das Chaos beginnt etwa bei a = 1,401. Auch hier berechnen sich die Intervalle konstanter Periode mit einer Konstanten, die exakt die Feigenbaum-Konstante ist.

Es ist sicher interessant, daß das Verhalten der Lösungen der logistischen Gleichung sich in anderen Systemen und Gleichungen wiederfindet. Eines dieser Systeme ist ein Pendel, welches mit einer periodischen Kraft von außen angestoßen wird, wobei die Frequenz der anregenden Kraft nicht der Eigenfrequenz des Pendels entspricht. Untersucht man die resultierende Frequenz, mit der das Pendel schwingt, ergibt sich bei hoher Reibungskraft eine feste Frequenz, auf die sich das Pendel einschwingt. Die hohe Reibung sorgt dafür, daß das Pendel die Frequenz der Eigenschwingungen „vergißt" und sich auf die anregende Frequenz einstellt. Im Phasendiagramm strebt das Pendel einen Attraktor an (vgl. Abb. 21). Verringert man die Reibungskraft (die als nichtlinear angenommen wird), tritt plötzlich Periodenverdopplung auf. Dies heißt, daß das Pendel eine doppelte Schwingung ausführt, wobei die beiden Schwingungen sich leicht unterscheiden. Erst nach zwei vollen Schwingungen wiederholt sich das Verhalten des Pendels exakt. Die Gesamtschwingungsperiode hat sich also verdoppelt. Bei einer weiterer Verringerung der Reibung erhält man plötzlich vier Schwingungen, dann acht usw. Von einem bestimmten Reibungswert an haben wir chaotisches Verhalten, das Pendel läßt keine Regelmäßigkeiten mehr erkennen.

Beschreibt man die Reibung durch einem geeigneten Parameter a und trägt die Periodenzahl auf in Abhängigkeit von a, erhält man ein Diagramm, welches exakt wie das der Abbildung 26 aussieht (wenn man davon absieht, daß jetzt a nicht wächst, sondern fällt). Und auch das Verhältnis der Intervalle konstanter Periode wird exakt durch die Feigenbaum-Konstanten beschrieben.

Viele Systeme nähern sich über eine Periodenverdopplung einem chaotischen Verhalten, wobei die Kennzeichen und Merkmale des Überganges trotz der Verschiedenheit der Systeme einheitlich sind. Diese Gemeinsamkeit wird im wesentlichen durch die Charakteristik der Kurven in Abb. 26 wiedergegeben. Interessanterweise tritt dabei immer wieder die von Feigenbaum entdeckten Zahlen 4,669201... und 2,5029078.... auf. Von daher muß man der Vermutung Raum geben, daß es sich bei dieser Zahl um Naturkonstanten des Chaos handelt.

7.3   Die Geometrie der Natur

Im letzten Abschnitt sahen wir, wie sich der Übergang von der Ordnung zum Chaos vollzieht. Dieser Übergang ist mit geometrischen Strukturen verbunden, die sich von den geometrischen Elementen der klassischen Geometrie radikal unterscheiden. Es sind die typischen Muster, die die Natur uns bietet in der Form von Wolkenbildung, Blüten und Blättern, Schneeflocken usw. Durch einfache Computeriterationen fand man Strukturen und Muster, deren Schönheit und Klarheit bisher nie gesehen wurde, die man als künstlerisch und auch als phantastisch bezeichnen kann.

Die fraktale Geometrie

Die Elemente der Euklidischen Geometrie als der Geometrie der klassischen Denkweise sind Geraden, Kreise, Ellipsen, Strecken, Ebenen. Wenn wir uns in der Natur umschauen, sehen wir weder Kreise noch Geraden noch gradlinige Strecken. Die Geometrie der Natur besteht aus krummen Linien, gewundenen Flächen, Körpern mit unregelmäßigen Oberflächen. Nirgends entdecken wir Kreise und selbst die angebliche Ellipsenbahn der Erde um die Sonne ist bei genauem Hinsehen keine Ellipse, wenn man die Störungen durch andere Planeten berücksichtigt. Doch halt, meinen Sie, es gibt die Gerade, nämlich in der Bahn eines Lichtstrahls. Falsch, auch der Lichtstrahl ist durch die Wirkung der Gravitation benachbarter Massen gekrümmt.

Die Elemente der Euklidischen Geometrie sind also reine Denkkonstrukte, sie entbehren jeglicher Legitimation durch die Realität. Was sind dann aber die geometrischen Grundelemente der Natur?

Schauen wir uns ein Bergmassiv an. Am Horizont erscheinen die Linien der Silhouette wie ein unregelmäßiges Auf und Ab. Bergspitzen wechseln mit Taleinschnitten, unregelmäßig steigen und fallen die Linien. Nunmehr gehen wir auf die Berglandschaft zu. Die Berge werden größer, schließlich landen wir in der Nähe eines Berges. Jetzt betrachten wir die Steilhänge, die zur Bergspitze führen. Auch sie sind von einer ähnlichen Unregelmäßigkeit. Ein Bergsteiger wandert zwar bergauf, aber mal geht es besonders steil hoch, dann wieder weniger steil. Gehen wir jetzt weiter ins Detail und schauen uns die Erdoberfläche unter uns an, erblicken wir wiederum ähnliche Unregelmäßigkeiten.

Ähnliches erfahren wir bei einer Küstenlinie. Auf der Landkarte erblicken wir unregelmäßig gezackte Linien. Vergrößern wir lupenähnlich einen Ausschnitt, bleibt diese Unregelmäßigkeit erhalten. Stehen wir schließlich am Strand und verfolgen den genauen Verlauf der Küste, erkennen wir das gleiche Bild. Dies bis in den atomaren Bereich hinein.

Damit können wir ein erstes Charakteristikum der Naturgeometrie formulieren: Geometrische Strukturen wiederholen sich in ähnlicher Weise, wenn wir wie mit der Lupe Teile des geometrischen Objekts untersuchen. Die Chaosforscher bezeichnen diese Eigenschaft als „Selbstähnlichkeit". Selbstähnlichkeit finden wir bei Wolken, Flußverläufen, Bäumen, Blutkreisläufen, Nervensystemen, Schneeflocken, Blumen, Galaxien. All diese Formen sind selbstähnlich und haben mit der klassischen Geometrie wenig gemein.

Ein bekanntes Beispiel einer selbstähnlichen Figur ist das Sierpinski-Dreieck (Waclaw Sierpinski, polnischer Mathematiker, 1882 – 1969). Es ist praktisch in jedem seiner Ausschnitte sich selbst ähnlich (siehe Abb. 27). Würde man eine Lupe nehmen und einen Teil herausgreifend vergrößern, erhielte man dieselbe Strukturierung, und dies bei beliebiger Vergrößerung bis ins Unendliche. Die Konstruktion dieser merkwürdigen Figur ist denkbar einfach: Man zeichne die drei Eckpunkte des Dreiecks sowie einen beliebigen Punkt P außerhalb des Dreiecks. Nunmehr betrachten wir die Verbindungsstrecke von P zu einem beliebigen Eckpunkt des Dreiecks und suchen auf dieser den Mittelpunkt M. Diesen zeichnen wir. Sodann wiederholen wir dasselbe für den Punkt M: Wir suchen einen zufälligen Eckpunkt des Dreiecks aus, betrachten die Verbindungsstrecke und halbieren diese. Der neue Punkt wird gezeichnet. Dies wiederholen wir immer wieder neu, es entstehen viele Punkte, die genau das Sierpinski-Dreieck definieren.

Abb. 27: *Sierpinski-Dreieck*

Können wir Begriffe wie Länge, Flächeninhalt, Dimension, die in der Euklidischen Geometrie eine wichtige Rolle spielen, auf selbstähnliche Strukturen übertragen? Die Untersuchungen in diese Richtung ergaben seltsame Ergebnisse. So gibt es selbstähnliche Linien, die man auf einer DIN-A4-Seite bequem unterbringen kann, aber gleichzeitig eine unendliche Länge besitzen. Es wurden geometrische Strukturen gefunden, die nicht ein-, zwei- oder dreidimensional sind, sondern eine gebrochene Dimension besitzen, also zum Beispiel ein 1,5673-dimensionales Gebilde.

Eine selbstähnliche Kurve mit unendlicher Länge fand 1904 der schwedische Mathematiker Helge Koch. Koch wollte eine Kurve konstruieren, die in keinem Punkt differenzierbar ist. Man nehme eine gerade Linie (Abb. 28). Sodann unterteile man sie in drei Teile und buchtet den mittleren Teil so aus, wie es die Abb. 28 zeigt. Dieses wiederhole man für die nun existierenden vier Teillinien usw. Es entsteht eine Kurve, die sich immer weiter zerteilt. Offenbar ist es eine selbstähnliche Kurve. Die eigentliche Kochkurve ist die Grenzkurve, die entsteht, wenn man diesen Prozeß der Teilung und Ausbuchtung unendlich oft wiederholt. Sie ist eine Grenzkurve. Für diese Kurve kann man nun leicht zeigen, daß sie unendlich lang ist Man sieht nämlich leicht ein, daß sie bei jedem Zwischenschritt um ein Drittel länger wird, also die Gesamtlänge um den Faktor 4/3 wächst. Wäre die Ausgangslinie in Abb. 28 ein Zentimeter lang, hätte die Kochkurve nach 50 Zwischenschritten die Länge von 177 Kilometern, nach 100 Zwischenschritten die Länge von etwa 31 Millionen Kilometern.

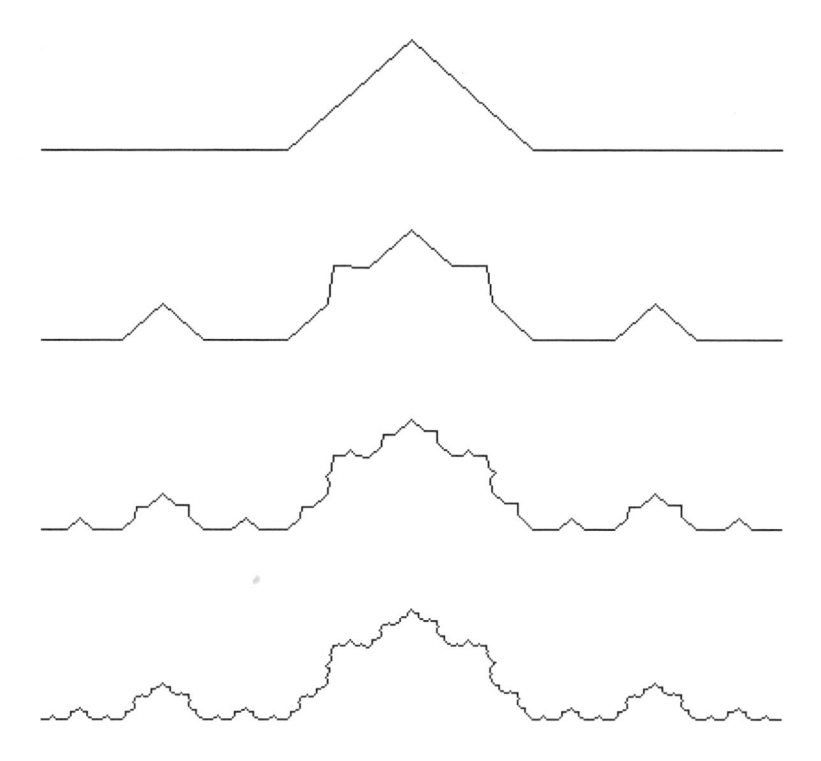

Abb. 28: Die Koch-Kurve vom ersten bis 3-ten Zwischenschritt

Man kann bei der Konstruktion der Koch-Kurve auch mit einem Dreieck beginnen (vgl. Abb. 29). Bei jedem Schritt erweitert sich der Umfang um 4/3. Wenn wir annehmen, daß eine Seite des Ausgangsdreieck ein Zentimeter lang ist, haben wir nach 80 Erweiterungsschritten einen Umfang, der länger ist als der Erdradius, gleichzeitig umfaßt die zugehörige geschlossene Linie einen Flächeninhalt, der kleiner als zwei Quadratzentimeter ist.

Wir haben also hier Linien, deren Längen keinen endlichen Wert ergeben. Dies können wir auf andere Kurven unserer neuen Geometrie übertragen. Wir betrachten eine Küstenlinie, etwa die der Insel Norderney. Messen wir sie auf der Landkarte aus, erhalten wir einen festen Wert. Messen wir sie an Ort und Stelle mit einem Metermaß, wird dieses Maß möglicherweise länger ausfallen, da die Landkarte viele kleinere Einbuchtungen vernachlässigt. Gehen wir daran, die Küstenlinie noch genauer zu vermessen, indem wir exakt der augenblicklichen Wasserlinie folgen, werden wir weitere Ausbuchtungen erfassen, die Küste wird noch länger. Wenn wir schließlich mikroskopisch auch die kleinsten Rundungen mit berücksichtigen, erhalten wir einen riesigen Wert. Im Grenzwert gilt möglicherweise das gleiche wie für die Koch-Kurve, die Küstenlinie ist unendlich lang. Wenn wir also einen Längenwert für die Küstenlinie angeben, so ist dieser Wert abhängig von unserem Meßverfahren, da wir stets irgendwelche Details vernachlässigen und ausschmieren müssen. Der Meßwert hängt demnach ab von der messenden Person.

Daß Meßwerte vom Beobachter abhängen, kommt uns bekannt vor. In der Quantenmechanik haben wir exakt diese Abhängigkeiten gefunden. Könnte es sein, daß wir beim Messen für zu erfassenden Naturerscheinungen quantifizierbare Begriffe kreieren, die es uns erlauben, diese Erscheinungen in ein beherrschbares Weltbild einzuordnen, wobei diesen Begriffen keine Objektivität zukommt, sondern lediglich die Subjektivität des Beobachters? Eine der Grundlagen der Naturwissenschaften, das quantitative Messen, wird damit in Frage gestellt.

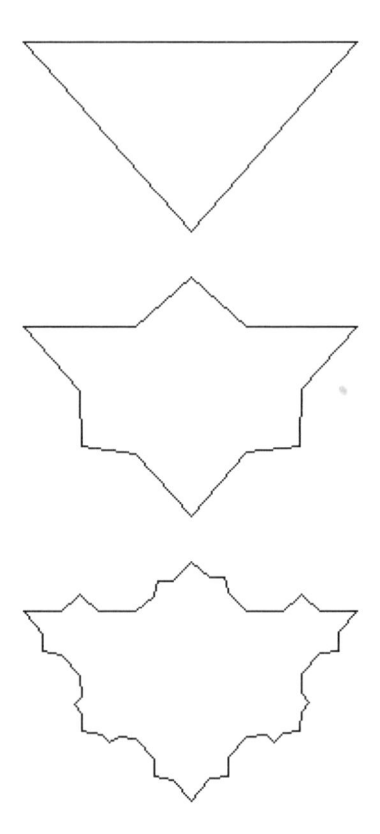

Abb. 29: Geschlossene Koch-Kurve bis zum dritten Zwischenschritt

Gebrochene Dimensionen

Wenn wir uns die Menge der Punkte der Koch-Kurve (also der Grenzkurve) anschauen, müssen wir feststellen, daß es eigentlich keine richtige Linie mehr ist, denn die Punkte liegen nicht mehr linear hintereinander, sie liegen teilweise nebeneinander, als wenn sie einen Teil einer Fläche ausfüllen würden. Andererseits ist die Punktmenge nicht zweidimensional, d.h. sie füllt nicht ein Flächenstück voll aus. Die Menge liegt in ihrer Struktur irgendwie zwischen Linie und Fläche, sie hat eine Dimension zwischen 1 und 2.

Diese Merkwürdigkeit werden wir uns genauer anschauen. Eine Linie oder Gerade ist bekanntlich eindimensional. Die Papierfläche dieser Seite ist zweidimensional und der uns umgebende Raum ist dreidimensional. Vier-, fünf- und höherdimensionale Räume können

die Mathematiker zwar mühelos beschreiben, jedoch können wir sie uns nicht vorstellen, weil wir als Lebewesen eines dreidimensionalen Raumes höchstens dreidimensionale Vorstellungen entwickeln können.
Die Dimension ist also stets ganzzahlig. Nun behaupten die Chaosforscher, daß es gebrochendimensionale Punktmengen gebe, also zum Beispiel eine 1,5-dimensionale Struktur.
Ein Seidenfaden hat die Dimension 1. Verweben wir ihn zu einem Seidenstoff, entsteht eine Fläche der Dimension 2. Falten wir diesen Stoff, indem wir viele Schichten übereinanderlegen, entsteht eine räumliche Ausdehnung mit der Dimension 3.
Läßt sich dieser Gedankengang auf mathematische Kurven übertragen? Kann man eine Kurve faltenartig so nebeneinanderlegen, daß sie alle Punkte der Fläche erfaßt? 1890 fand Guiseppe Peano tatsächlich eine solche Kurve. Sie windet sich in einem Rechteck so hin und her, daß sie durch sämtliche Punkte des Rechtecks geht. Kein Punkt der Fläche wird ausgelassen und nirgends schneidet die Kurve sich selbst. Die Entdeckung dieser Kurve bewirkte einen Schock in der mathematischen Welt, denn das Rechteck ist zweidimensional, eine Kurve aber eindimensional. Ist also die Peano-Kurve ein- oder zweidimensional? Später fand man noch weitere Kurven ähnlicher Art und der Mathematiker H. Poincaré sprach von einer „Galerie der Ungeheuer".
Die Koch-Kurve hat ähnliche Eigenschaften. Untersucht man nämlich, wieviele Punkte eines kleinen Flächenbereiches, durch den die Kurve sich windet, zur Kurve selbst gehören, so stellt man fest, daß sie wie die Peano-Kurve Flächenbereiche überdeckt. Im Gegensatz zur Peano-Kurve gehören aber nicht alle Punkte des Flächenbereiches dazu. Die Dimension der Koch-Kurve muß daher größer als eins, aber kleiner als zwei sein. Wir haben eine gebrochene Dimension.
Benoit Mandelbrot führte 1977 derartige Dimensionen für die von ihm entdeckten Fraktale ein. Auf die über Grenzwertprozesse eingeführte Definition für gebrochene Dimensionen soll hier nicht näher eingegangen werden, jedoch läßt sich der Grundgedanke – wenn auch etwas unmathematisch – folgendermaßen beschreiben: Wir umschließen die zu untersuchende Punktmenge durch viele dreidimensionale winzige Boxen, so daß alle Punkte sich in den Boxen befinden. Wenn nun in einem würfelförmigen Volumen mit der Kantenlänge d die Zahl der (höchstens) benötigten Boxen proportional d^α ist, ist α die Dimension der umschlossenen Punktmenge.
Für die Kochsche Kurve erhält man mit dieser Definition die Dimension 1,26285... Die Dimension der Küstenlinie von Großbritannien wurde zu 1,26 ermittelt.
Den Begriff der gebrochenen Dimension können wir uns auch an einem ähnlichen Gedankenexperiment klarmachen: Wir betrachten einen Seidenfaden. Auf diesen Faden markieren wir gleichabständig Punkte (zum Beispiel jeden Millimeter einen). Wenn wir den Faden ganz ausziehen und spannen, erhalten wir die Form einer Geraden. Die Dimension dieser Geraden ist eins. Würden wir ihn dagegen falten und Falte an Falte ganz dicht nebeneinander legen, würde er eine Fläche ausfüllen mit der Dimension 2. Schließlich könnten wir ihn auch zusammenknüllen und erhalten ein dreidimensionales Knäuel.
Die Dimension dessen, was der Faden ausfüllt, könnten wir so definieren: Wir legen um einen der markierten Punkte eine Kugel mit dem Radius r. Wenn die Zahl der markierten Punkte, die innerhalb dieser Kugel liegen, proportional r ist, hat das Gebilde die Dimension 1 (der gespannte Faden). Ist diese Zahl aber proportional r^2, geben wir dem Gebilde die Dimension 2 (der gefaltete Faden). Ist die Zahl der Punkte innerhalb der Kugel schließlich proportional r^3, hat die Struktur die Dimension 3.

Der Exponent von r ist also gleich der Dimension. Ist nun der Faden zwar gefaltet, aber die einzelnen Fadenteile liegen nicht ganz dicht beieinander, erhalten wir einen gebrochene Dimension (also r^α, α gebrochen).

Fraktale

Wie wir sahen, sind die Strukturen, die die Natur erschafft, von selbstähnlicher Struktur. Dabei können sie von höchster Komplexität sein wie Blutkreisläufe oder Schneeflocken. Man könnte vermuten, daß komplexe derartige Strukturen durch komplizierte Generierungsprozesse entstehen.

Benoit Mandelbrot konnte in den von ihm beschriebenen Fraktalen nachweisen, daß man hochkomplexe, beeindruckend ästhetische Strukturen mit einer Selbstähnlichkeit, die unendlich tief gestaffelt ist, durch simple und einfache Generierungsvorschriften erzeugen kann. Wir wollen uns diesen Fraktalen im folgenden zuwenden.

Benoit Mandelbrot, eine der markanten Figuren der Chaostheorie, wurde 1924 in Warschau geboren und floh 1936 mit seinen Eltern vor den Nazis nach Paris. Sein Leben verlief unkonventionell, unregelmäßig, fast – wie es zu einem Chaosforscher paßt – ein wenig chaotisch. So ging er an die École Polytechnique in Frankreich und dann in die USA. Er studierte Luftfahrttechnik, Linguistik, beschäftigte sich mit Wirtschaftswissenschaften und kam mit den berühmten Mathematiker John von Neumann zusammen, als er sich der Informatik zuwandte. Allerdings lernte er nie programmieren, wie er selber schreibt. 1958 fand er eine Anstellung beim Thomas K. Watson Research Center der IBM in Yorktown Heights im Staate New York, im Jahre 1974 wurde er dessen Mitglied. Viele Projekte bearbeitete er, nur wenige schloß er ab. Er selbst schreibt: *„Immer wieder packte mich plötzlich der Drang, ein Gebiet gerade dann zu verlassen, wenn ich mitten im Schreiben einer Arbeit war, und ein neues Forschungsinteresse in einem Gebiet aufzugreifen, über das ich gar nichts wußte."* Mandelbrot besitzt ein untrügliches Gespür für geometrische Strukturen und Gesetzmäßigkeiten, insbesondere für Unregelmäßigkeiten in bildlichen Darstellungen. Nach seinen Angaben kann er selbst Programme, die er gar nicht lesen kann, auf Fehler analysieren, indem er die falschen Bilder analysiert, die diese Programme erzeugen. Diagramme, die wirtschaftliche Entwicklungstendenzen widerspiegeln, analysierte er auf Grund ihres geometrischen Verlaufes und kam zu Ergebnissen, deren Richtigkeit von Fachleuten bestätigt wurde. Dabei faszinierten ihn am meisten jene Figuren, die die Natur vorgibt und die man wegen ihrer Selbstähnlichkeit Fraktale nennt.

1980 fand er eine Vorschrift, wie man durch einfache Iterationen in einem Computer geometrische Gebilde generieren kann, die von überwältigender Schönheit sind und genau die von der Natur vorgegebene Eigenschaft der Selbstähnlichkeit in höchster Vollendung widerspiegeln. Es handelt sich um farbige Punktmengen in der Ebene, die man heute als Julia-Mengen bezeichnet. Mandelbrot schreibt: *„Diese Menge ist eine erstaunliche Kombination aus äußerster Einfachheit und schwindelerregender Kompliziertheit."*

Der eigentliche Entdecker dieser geometrischen Strukturen ist der französische Mathematiker Gaston Julia (1893 – 1978), der sich 1918 als Kriegsverletzter in einem Lazarett mit Grenzmengen in der komplexen Zahlenebene beschäftigte und seine Ergebnisse veröffentlichte. Doch seine Arbeiten sowie des Franzosen Pierre Fatou (1878 – 1929), der zeitparallel, aber unabhängig von Julia dieses Thema bearbeitete, gerieten bald in Vergessenheit, denn es gab noch keine Computer, mit denen man die vorausgesagten

Strukturen hätte visualisieren können. Erst Mandelbrot entdeckte diese merkwürdig anmutenden geometrischen Strukturen neu und konnte sie auf dem Computer sichtbar werden lassen. Seitdem nennt man diese Punktmengen in der komplexen Zahlenebene Julia-Mengen. Mandelbrot selbst fügte den Julia-Mengen noch eine weitere hinzu, die die Julia-Mengen an Komplexität, Attraktivität und Harmonie in ihrer Darstellung übertrifft, die Mandelbrot-Menge.

Die Bremer Mathematiker Hartmut Jürgens, Heinz-Otto Peitgen und Dietmar Saupe machten diese Fraktale berühmt, als sie Julia-Mengen sowie die Mandelbrot-Menge in ihrem Computer mit Hochleistungsgrafik produzierten, vergrößerten und in einem Buch veröffentlichten. Eine Ausstellung, die das Goethe-Institut in zwei Kopien weltweit um die Welt schickte, brach alle Besucherrekorde. Der „Guardian" schrieb: *„Wenn Sie bislang nicht glauben wollten, daß in Mathematik Schönheit stecken könnte, dann gehen Sie in diese Ausstellung."* Filmemacher bedienen sich inzwischen dieser Objekte als künstlerischem Hintergrund, der Komponist György Ligeti wurde zu neuen Klavier-Etüden inspiriert und dänische Architekten wollen nach fraktalem Vorbild Bahnhöfe gestalten.

Zahlreiche Hobby-Programmierer in aller Welt schaffen immer wieder neue Varianten dieser Mengen, denn die Kreierung ist durch eine einfache Programmierschleife möglich, wie wir im nächsten Abschnitt sehen werde.

Wie entstehen Julia-Mengen?

Wenn Sie einen Computer besitzen, können Sie leicht selbst die oben beschriebenen Fraktale produzieren, denn diese äußerst komplexen Gebilde sind trotz ihrer komplizierten Struktur so einfach generierbar, daß man auch ohne große mathematische Kenntnisse entsprechende Programme erstellen kann. Das einzige, was man braucht, sind Grundkenntnisse über die komplexen Zahlen. Im folgenden Unterabschnitt sind diese Kenntnisse zusammengestellt. Falls Sie die Grundlagen der komplexen Zahlen wie Addition, Multiplikation und Gaußsche Zahlenebenen kennen, können Sie diesen Abschnitt problemlos überspringen und im nächsten Abschnitt „Die Erstellung von Julia-Mengen" weiterlesen.

Die komplexen Zahlen

Bekanntlich ist es unmöglich, die Wurzel aus einer negativen Zahl zu ziehen – oder anders formuliert, es gibt keine (reelle) Zahl, die, mit sich selbst multipliziert, eine negative Zahl ergibt. Der Ausdruck $\sqrt{-1}$ (Wurzel aus -1) erscheint daher als sinnlos. So dachte man zumindest im 17. Jahrhundert und bezeichnete derartige Zahlen als „imaginär", also eingebildet. Descartes erwähnte sie 1637, indem er diese imaginären Zahlen den reellen Zahlen gegenüberstellte. In der nachfolgenden Zeit behielten diese Zahlen stets etwas Geheimnisvolles und Rätselhaftes.

Im 18. Jahrhundert begann man zu erkennen, daß die Wurzeln aus negativen Zahlen, wenn man sie als Zahlen behandelte, bei Berechnungen zu durchaus sinnvollen und tragfähigen Ergebnissen führen können. Man begann mit diesen „Zahlen" zu rechnen, als wenn es wirkliche Zahlen wären. C. Wessel und J.R. Argand veröffentlichten um 1800 unabhängig voneinander Aussagen in diese Richtung. Beide Arbeiten wurden kaum beachtet, und so mußte C.F. Gauß etwa 1830 die von Wessel und Argand angestellten Betrachtungen

wiederentdecken. Heute wissen wir, daß diese Zahlen den reellen Zahlen in nichts nachstehen im Umgang und in ihrer Bedeutung.
Eine komplexe Zahl ist in der modernen Mathematik ein Ausdruck der Form

$$z = a + b \cdot \sqrt{-1}$$

wobei a und b reelle Zahlen sind. Gauß verwandte für die Wurzel aus -1 das Symbol i, so daß wir auch schreiben können:

$$z = a + b \cdot i$$

Offenbar gilt $i^2 = -1$. So sind die folgenden Ausdrücke komplexe Zahlen:

$$z_1 = 3 + 4i \; ; \; z_2 = -6 + 2i \; ; \; z_3 = 2{,}657 + 2{,}143 \cdot i \; ; \; z_4 = 0 + 1i = i$$

In der Darstellung $z = a + bi$ bezeichnet man die reelle Zahl a als Realteil von z und die reelle Zahl b als Imaginärteil von z. In der Abkürzung schreibt man für den Realteil Re(z), für den Imaginärteil Im(z). Demnach gilt: $z = Re(z) + Im(z) \cdot i$.
Komplexe Zahlen kann man addieren, subtrahieren, multiplizieren und dividieren. Für die Herstellung von Fraktalen benötigen wir nur Addition und die Multiplikation, so daß wir uns nur diesen beiden Operationen zuwenden.
Zur Addition: Wenn wir die beiden komplexen Zahlen $3 + 4i$ und $6 + 2 + i$ addieren wollen, schreiben wir:

$$(3 + 4i) + (6 + 2i) = (3 + 6) + (4 + 2)i = 9 + 6i$$

Wie man sieht, werden Realteile und Imaginärteile gesondert addiert, man erhält wieder eine komplexe Zahl.

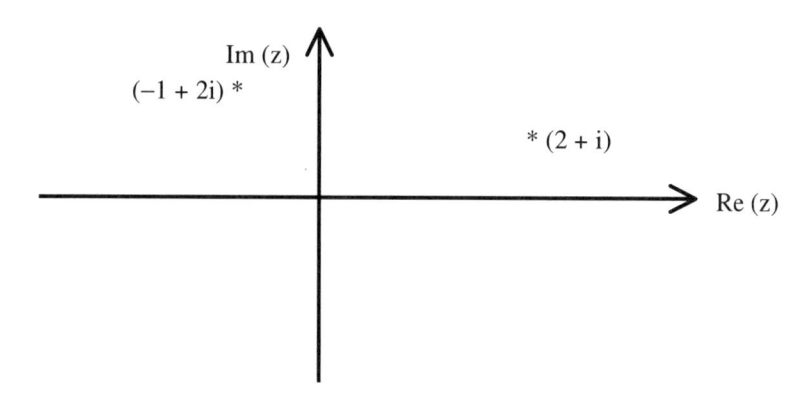

Die Gaußsche Zahlenebene

Die Multiplikation ist ebenso einfach. Wir multiplizieren einfach Klammern miteinander aus:
$(3 + 4i) \cdot (6 + 2i) = 3 \cdot 6 + 4 \cdot 2i^2 + 3 \cdot 2i + 4i \cdot 6 = 18 + 8 \cdot (-1) + 6i + 24i = 10 + 30i$
Hierbei benutzen wir, daß $i \cdot i = i^2 = -1$ ist.
Ein weiters Beispiel: Sei $z_1 = 2 + 5i$; $z_2 = 3 - 2i$. Die Multiplikation ergibt:

Die Geometrie der Natur

$$z_1 \cdot z_2 = (2 + 5i) \cdot (3 - 2i) = 6 - 10i^2 - 4i + 15i = 16 + 11i = w$$

wegen $i^2 = -1$. Mit $z_1 \cdot z_2 = w$ ergibt das Produkt beider Zahlen wieder eine komplexe Zahl. Natürlich können wir jetzt auch zwei gleiche Zahlen miteinander multiplizieren, also $z \cdot z = w$. Wie bei reellen Zahlen schreiben wir: $w = z^2$. Wir werden noch sehen, daß gerade diese Quadrierung für die Erstellung von Mandelbrotmengen eine zentrale Rolle spielt.

Reelle Zahlen kann man bekanntlich auf der Zahlengeraden darstellen. Komplexe Zahlen lassen sich ebenfalls geometrisch darstellen, dazu benutzt man eine von Gauß eingeführte Ebene, die Gaußsche Zahlenebene. Diese Ebene wird die Grundlage für die zu schaffenden Fraktale sein.

Wir benutzen ein übliches Koordinatensystem mit x-Achse und y-Achse. Allerdings sprechen wir hier nicht von x- und y-Achse, sondern von der reellen Achse und der imaginären Achse. Auf der reellen Achse (x-Achse) tragen wir den Realteil der einzutragenden komplexen Zahl ab, auf der imaginären Achse (y-Achse) den Imaginärteil und erhalten einen Punkt in der Ebene. In der obigen Abbildung sind einige Zahlen eingetragen.

Offenbar gilt folgendes: Die Zahlen $a + 0 \cdot i = a$ sind die reellen Zahlen, diese liegen auf der reellen Achse. Die Zahl $i = 0 + 1 \cdot i$ ist die Einheit auf der imaginären Achse. Jeder komplexen Zahl $z = a + bi$ entspricht eindeutig ein Punkt in der Ebene mit den Koordinaten (a,b) und umgekehrt entspricht jedem Punkt der Ebene mit den Koordinaten (a,b) eindeutig eine komplexe Zahl $z = a + bi$.

Die Erstellung von Julia-Mengen

Nunmehr können wir uns dem Verfahren zur Erstellung von Julia-Mengen zuwenden. Die selbstähnlichen Bilder, die Mandelbrot als „von schwindelerregender Kompliziertheit" beschrieb, konnte er durch ziemlich einfache iterative Methoden in der komplexen Gauß-Ebene erzeugen. Die Generierungsmethode ist leicht verständlich, so daß jeder Hobby-Programmierer sie selber programmieren kann.

Wir betrachten einen Teilbereich der Gauß-Ebene, den wir mit der Bildschirmfläche unseres Computers identifizieren (zum Beispiel alle komplexen Zahlen z der Gauß-Ebene, deren Realteil und Imaginärteil je zwischen -2 und $+2$ liegen). In diesem Bereich färben wir all die Punkte z, die eine bestimmte Bedingung erfüllen. Da nicht alle Punkte die Bedingung erfüllen, entsteht eine abstrakte Figur.

Wie sieht nun diese ominöse Bedingung aus, die eine komplexe Zahl z erfüllen muß, damit sie in der Gauß-Ebene eine Farbe erhält und damit unsere Figur zu einem Fraktal wird? Sie läßt sich leicht beschreiben und im Rechner leicht nachprüfen:

Wir nehmen unsere Zahl z und setzen sie rechts in die Gleichung

$$z_1 = z^2 + c$$

ein. Dabei ist $c = c_1 + c_2 i$ eine komplexwertige konstante beliebige Zahl. (c steht für den Ausdruck control-parameter, also Kontroll-Parameter). Danach setzen wir z_1 wiederum in diese Gleichung ein und erhalten z_2:

$$z_2 = z_1^2 + c$$

Wenn wir dieses weiter fortsetzen, ergibt sich für $j = 1, 2, 3, ...$ usw. eine Iteration:

$$z_{j+1} = z_j^2 + c$$

Wir erhalten also eine Folge komplexer Zahlen, und diese Folge kann sich folgendermaßen verhalten:
- Fall 1: Die Zahlen z_j werden über alle Grenzen groß.
- Fall 2: Die Zahlen z_j bleiben endlich oder konvergieren sogar gegen eine bestimmte komplexe Zahl.

Die Bedingung zur Einfärbung des Punktes ist erfüllt, wenn der Fall 2 eintritt.

Die Untersuchung auf Konvergenz der Folge geschieht, indem man (in einer Laufanweisung) einige hundert Werte der Folge z_j berechnet und dann prüft, ob der letzte Wert über eine bestimmte Grenze gewachsen ist.

Offenbar bekommt man für jede gewählte komplexe Zahl c eine Punktmenge und damit ein Fraktal. (Genau genommen liefern nicht alle komplexen Zahlen c Fraktale, aber darauf kommen wir noch zurück.) Bei der Programmierung müssen Sie daher im Programm nur c auswechseln und erhalten – wenn Sie Glück haben – ein völlig neues anders geartetes Fraktal. Besonders ergiebig sind die Zahlen c, bei denen Realteil und Imaginärteil je zwischen -1 und 1 liegt.

Zusätzliche Farben lassen sich in die fraktale Darstellung einmischen, wenn man das Konvergenzverhalten der Folge z_j differenziert betrachtet. Wenn die Folge einen eindeutigen Grenzwert hat, charakterisiere man dies mit einer anderen Farbe als wenn zwei Häufungspunkte existieren. Eine andere Möglichkeit: Man wähle die Farben in Abhängigkeit von der Größe der Grenzwerte.

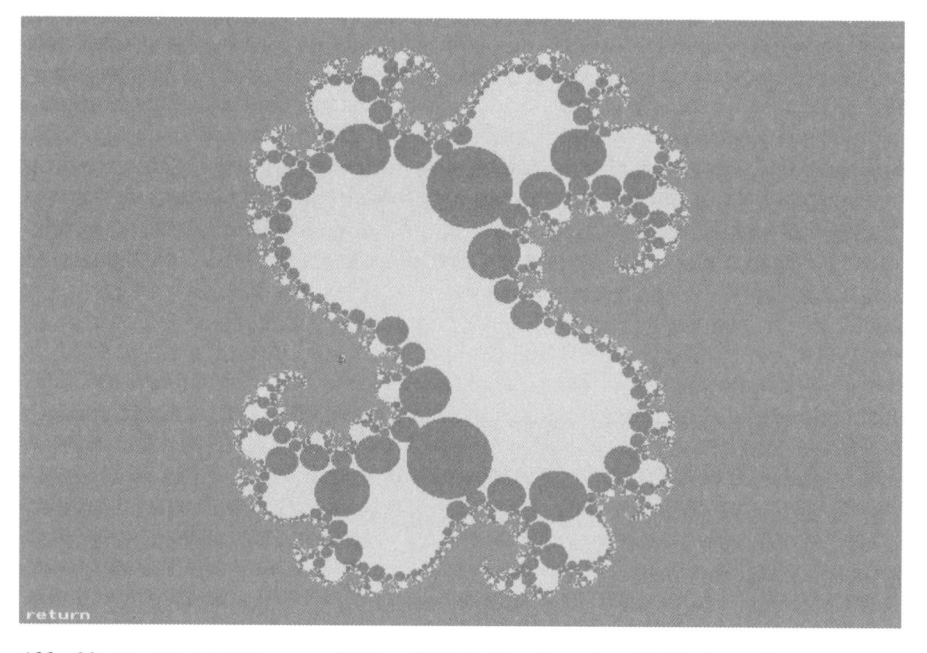

Abb. 30: *Ein Fraktal für c = –0,78 + 0,121i. Der komplexe Zahlenbereich ist die Menge aller komplexen Zahlen, die ein Quadrat um z = 0 bilden mit der Kantenlänge 4.*

Die Geometrie der Natur 147

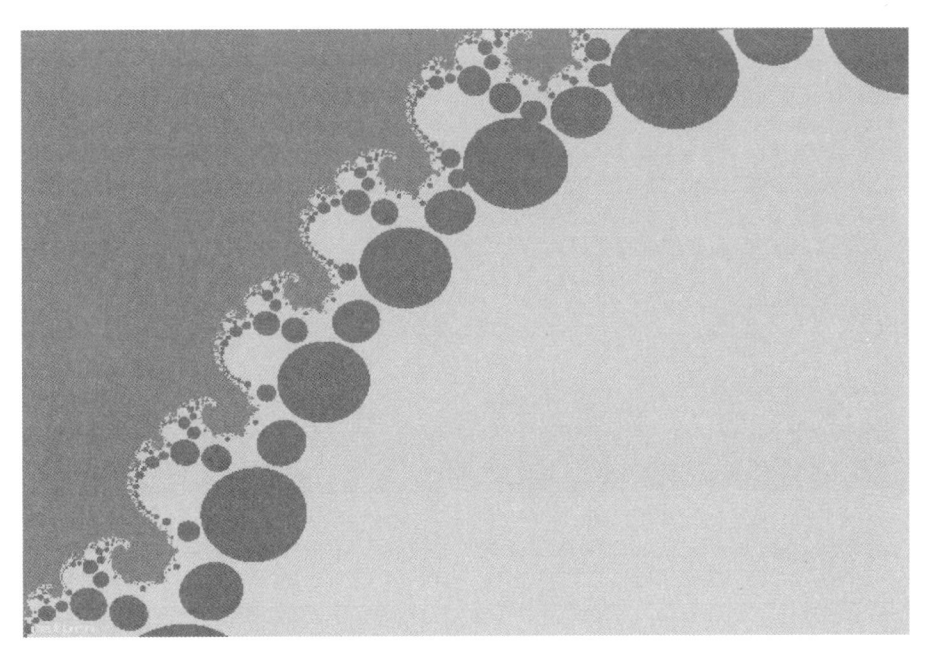

Abb. 31: *Aus dem Fraktal der Abb. 30 wurde ein Teil ausgeschnitten und dieser mit 225-facher Vergrößerung dargestellt.*

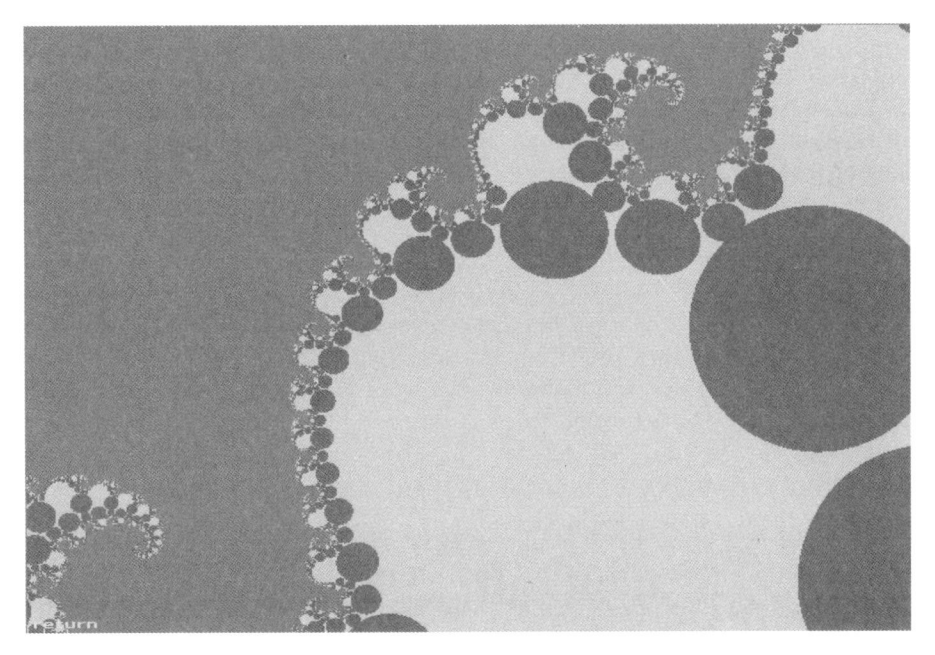

Abb. 32: *Nunmehr haben wir eine 60 000-fache Vergrößerung eines Bildausschnitts von Abb. 31.*

Abb. 33: *Dieses Bild zeigt einen Ausschnitt von Abb. 30 mit 6 Millionen facher Vergrößerung. In dieser Vergrößerung entspräche das Originalbild der Abb. 30 einem Quadrat in der komplexen Zahlenebene um z = 0 mit der Kantenlänge 10 000.*

Die ursprünglich von Julia betrachteten Punktmengen in der komplexen Zahlenebene waren nicht die Punkte, für die Konvergenz herrscht, sondern die Menge der Punkte, die die Grenze darstellen zwischen Konvergenz und Nichtkonvergenz. Insofern versteht man unter Julia-Mengen eigentlich diese Grenzmengen.

Julia-Mengen repräsentieren in geradezu idealer Weise die Selbstähnlichkeit, wie die vorstehenden vier Abbildungen (Abb. 30 bis Abb. 33) zeigen. Aus der Abbildung 30 wurde ein Ausschnitt ausgewählt und 15-fach vergrößert. Man erhält (siehe Abb. 31) eine ähnliche Randstruktur wie in Abb. 30. Diese Eigenschaft bleibt erhalten, wenn wir mit 250-facher Vergrößerung wie in Abb. 32 oder gar mit 2500-facher Vergrößerung wie in Abb. 33 die Bilder anschauen. Stets tauchen dieselben Strukturen auf. Man könnte wie mit einem Raumschiff in eine irreale Galaxie einfahren. Wie lange man auch fliegt, stets tauchen dieselben Strukturen auf, bis ins Unendliche.

Die Mandelbrot-Menge

Die Mandelbrot-Menge übertrifft die Julia-Mengen an Vielfalt; Formenreichtum und Kompliziertheit. Ihre Einzelteile umfassen bei Vergrößerung praktisch alle möglichen Strukturen, die man mit Julia-Mengen generieren kann. Die Mandelbrot-Menge bringt in die unendliche Vielfalt der Julia-Mengen ein Ordnungsprinzip und wurde als eine der schönsten Entdeckungen der Mathematik bezeichnet.

Die Geometrie der Natur

Der Ansatz liegt in einer im Prinzip schon Julia und Fatou bekannten Tatsache, daß jede Julia-Menge entweder zusammenhängend ist oder nur aus einzelnen isolierten Punkten besteht. Im letzteren Fall ist die Menge eine Art Staubwolke. Daraus kann man die Frage ableiten, für welche Kontrollparameter c die zugehörige Julia-Menge zusammenhängend ist und für welche sie es nicht ist. Mandelbrot untersuchte alle Zahlen c der komplexen Ebene und setzte in der Gauß-Ebene einen Punkt, wenn die zum Kontrollparameter c gehörende Julia-Menge zusammenhängend ist. Die Menge all dieser Punkte bildet die Mandelbrot-Menge.

Wie kann man nun feststellen, ob c zu einer zusammenhängenden Menge gehört? Die Antwort gibt Julia in seiner grundlegenden Arbeit: Man setze den zu untersuchenden Punkt c in die uns von den Julia-Mengen bereits bekannte Iterationsgleichung

$$z_{j+1} = z_j^2 + c$$

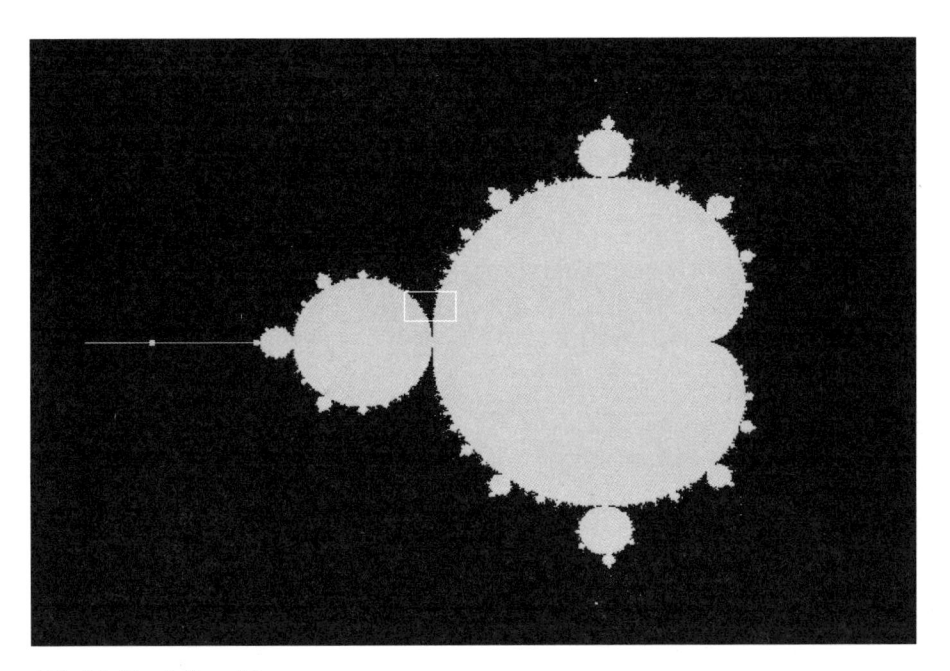

Abb. 34: Mandelbrot-Menge

ein. Sodann iteriere man, indem man mit $z_0 = 0 + 0i$ beginnt. Wenn die so errechnete Folge $z_1, z_2, z_3, \ldots$ nicht über alle Schranken wächst, ist die zu c gehörende Julia-Menge zusammenhängend.

Mit dieser Vorschrift generieren wir nun die Mandelbrot-Menge. Jeden Punkt c der komplexen Zahlenebene untersuchen wir, ob die Folge $z_{j+1} = z_j^2 + c$ für $z_0 = 0$ konvergent ist und tragen im Fall der Konvergenz einen Punkt in die komplexe Ebene ein. Wir erhalten das Bild der Abb. 34. Diese Menge wird oft auch als „Apfelmännchen" bezeichnet.

Der erste Eindruck könnte sein, daß diese Menge nichts an sich hat, was sie besonders auszeichnen würde. Man muß sie im Detail inspizieren. Jeder Punkt der Mandelbrot-Menge repräsentiert eine Julia-Menge (genauer: den Kontrollparameter der Julia–Menge). Die Punkte im Inneren stellen Julia-Mengen dar, die aussehen wie leicht deformierte Kreise. Interessant wird es, wenn wir Punkte des Randes untersuchen. Die zugehörigen Julia-Mengen sind komplex strukturiert und von großer Ästhetik. Wenn wir den Rand vergrößern, erhält man Bilder mit filigraner Verästelung, unwirklichen Formen und außerordentlicher Schönheit. Die folgenden Seiten zeigen sechs Bilder, von denen das erste die Mandelbrot-Menge ist. Ein Teil des Randes wird ausgeschnitten und vergrößert. Dies wird mehrmals fortgesetzt und in jedem Bild finden Sie angezeigt, welcher Ausschnitt vergrößert wird.

Die Bilder zeigen eine Reise in das Seepferdchen-Tal. So wird das „Tal" zwischen den beiden kugelförmigen Hauptteilen der Mandelbrot-Menge bezeichnet, da bei Vergrößerungen immer wieder die Form des Seepferdchens auftaucht. Die Bilder zeigen Vergrößerungen bis zum 1700 Milliarden-fachen. Würde man diese Vergrößerungsreise fortsetzen, würde sie kein Ende finden. Stets würden neue bizarre und phantastische neue Bilder vor unseren Augen auftauchen. Ein Ende ist höchstens durch die Leistungsfähigkeit des Computers vorgegeben.

Ein Fraktal ist dadurch charakterisiert, daß es bei beliebig starker Vergrößerung Details zeigt, die dem ganzen ähnlich sind. Derartige Selbstähnlichkeiten treten in der Natur nur unvollkommen auf. In vielen Veröffentlichungen werden heute Strukturen wie Polymercluster, poröse Materialien, Anhäufungen von Kolloidteilchen usw. als von fraktaler Gestalt bezeichnet. An Beispielen aus der Physik zeigten Wissenschaftler der Hebrew-Universität (Israel) 1998, daß dieses oft nicht gerechtfertigt ist.

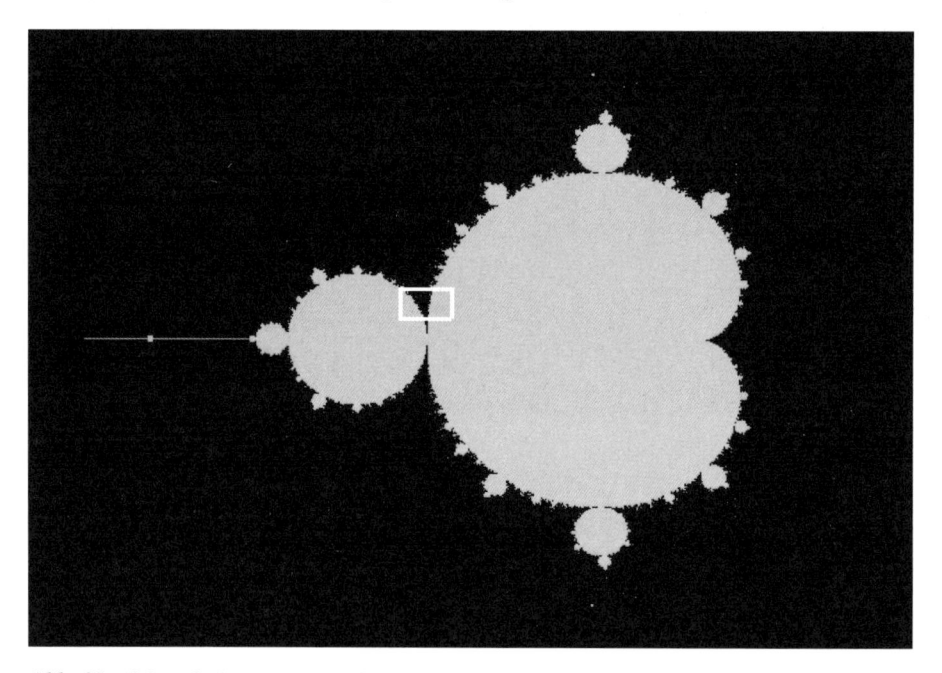

Abb. 35*: (folgende Seiten) Ein Teil der Mandelbrotmenge (Bild 1) wird ausgeschnitten und vergrößert. Dies wird mehrmals wiederholt. Die zu vergrößernden Bildteile sind jeweils im Vorgängerbild angezeigt. Das letzte Bild ist 700 Milliarden-fach vergrößert. Hätte das Originalbild eine Kantenlänge von 10 Zentimeter, hätte Bild 6 die Kantenlänge von 13 Kilometern.*

Die Geometrie der Natur 151

280-fache Vergrößerung

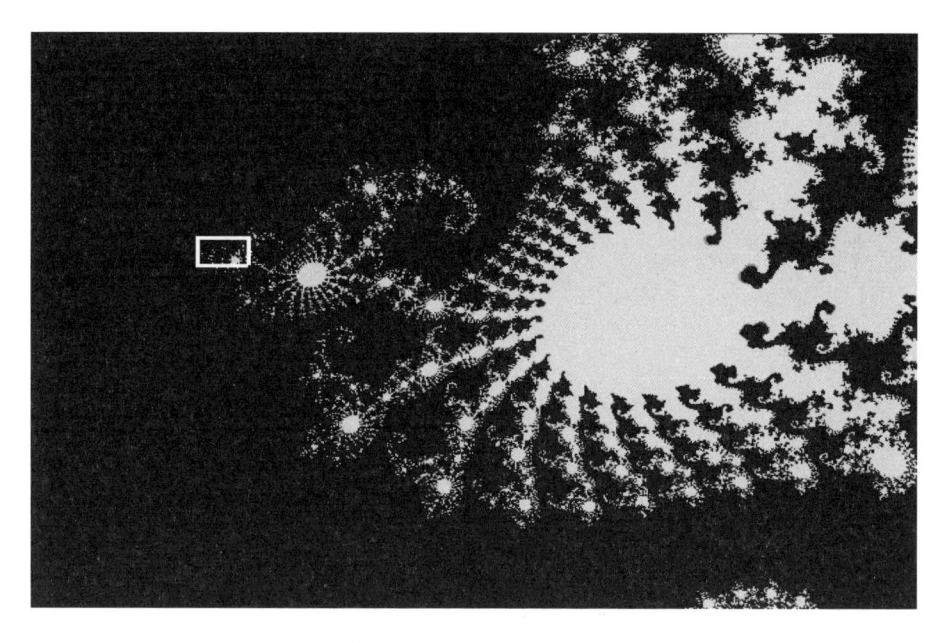

80 000-fache Vergrößerung und (unten)

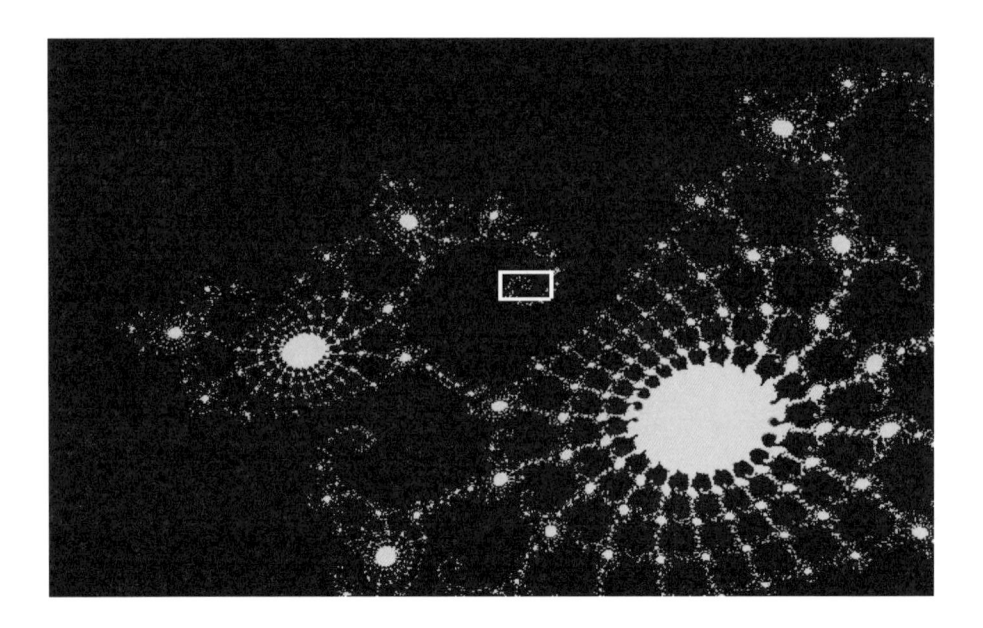

22 Millionenfache Vergrößerung

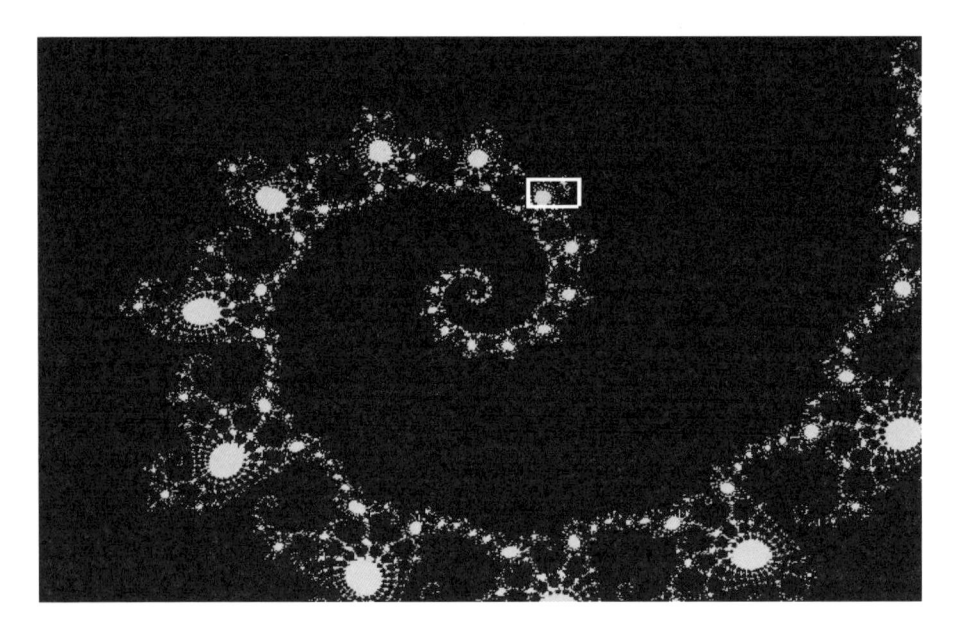

6 Milliardenfache Vergrößerung

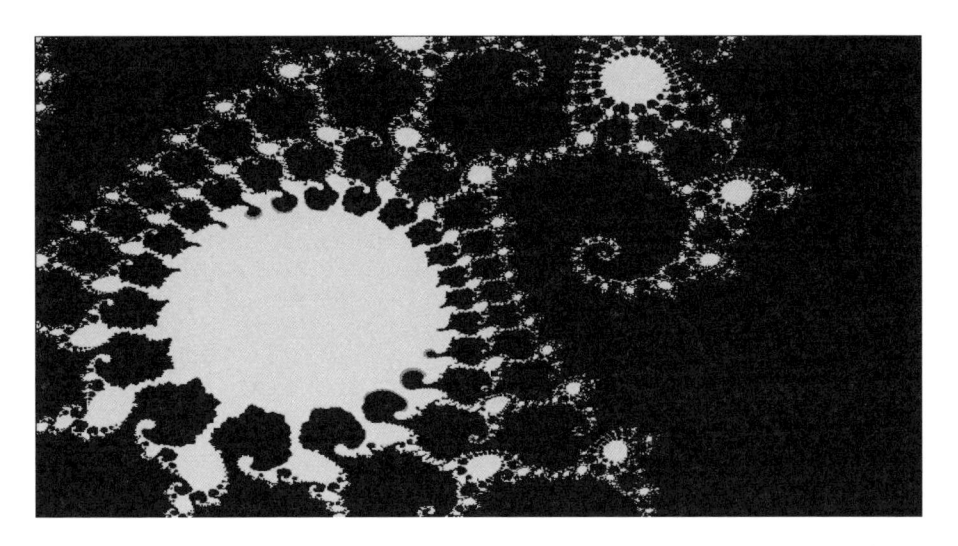

Die Geometrie der Natur 153

1700 Milliarden-fache Vergrößerung

In über 1800 Veröffentlichungen von 1990 bis 1996 taucht der begriff „Fraktal" in Überschriften oder in der Zusammenfassung auf. Die Wissenschaftler zeigten, daß für die meisten beschriebenen Strukturen der Ausdruck „Fraktal" nicht gerechtfertigt ist. In diesem Sinne erleben wir zur Zeit eine inflationäre Verwendung des Begriffes der fraktalen Struktur.

Fraktale und Chaos

Gibt es einen Zusammenhang zwischen dem, was wir bisher als Chaos bezeichnet haben und den Mandelbrot-Mengen? Die Mandelbrot-Menge unterteilt den komplexen Zahlenraum, also die Gauß-Ebene, in Punkte, die bei Anwendung der Iterationen in die Unendlichkeit abwandern und die, die endlich bleiben oder sogar gegen eine Zahl konvergieren. Letztere bilden die Mandelbrot-Menge. Wenn wir den Punkten der Gauß-Ebene, die Konvergenz oder Endlichkeit erzeugen, so etwas wie Ordnung zuordnen und den Punkten, die ins Unendliche abwandern und damit nicht zur Mandelbrot-Menge gehören, als zum Bereich Chaos gehörig betrachten, dann ist die Grenze einer Mandelbrot-Menge gleichzeitig die Grenze zwischen Chaos und Ordnung.
Im Kapitel über das deterministische Chaos fanden wir den Begriff des seltsamen Attraktors. Seltsame Attraktoren besitzen alle Eigenschaften eines Fraktals wie zum Beispiel die Selbstähnlichkeit und der gebrochenen Dimension.
Wir hatten beim Übergang von Ordnung zum Chaos gewisse Eigentümlichkeiten und Charakteristika entdeckt wie die Periodenverdopplung und die Feigenbaum-Konstanten. Untersuchungen an Mandelbrot-Mengen ergaben, daß es Fraktale gibt, bei denen tatsächlich so etwas wie Periodenverdopplung auftritt. Befinden wir uns in der Mandelbrot-Menge, so sind wir von Punkten umgeben, die bei Iteration zu einem eindeutigen Grenzwert führen. Nähern wir uns aber der Grenze, finden wir plötzlich Punkte, die zwei Häufungspunkte besitzen, dann, bei weiterer Annäherung, vier, acht usw. Wir erleben das Phänomen der

Verdopplung. Das Verhalten der Folge wird immer dramatischer, bis die Zahlen plötzlich über alle Grenzen wachsen, wir haben das Chaos erreicht.

Fraktale und die Formen der Natur

Viele natürliche Formen sind fraktal strukturiert. So wie die Koch-Kurve eine unendliche Länge auf einer endlichen Fläche unterbringt, so gibt es biologische Systeme, deren Effektivität dadurch gegeben ist, daß sie den Raum optimal ausnutzen. Als Beispiel sei die Lunge genannt. Die Fähigkeit, Sauerstoff aufzunehmen und zu verarbeiten, ist um so besser, je größer die Fläche der Lunge ist. Würde man die Lungenfläche eines Menschen ausbreiten, würde sie einen halben Tennisplatz ausfüllen. Diese relativ riesige Fläche findet nur deshalb auf kleinem Raum Platz, weil eine fraktale Struktur vorliegt. Das Harnsammelsystem und der Gallengang in der Leber sind weitere Beispiele einer fraktalen Strukturierung.

Mandelbrot-Mengen zeichnen sich dadurch aus, daß in jedem Teil gewissermaßen ein Bild des Ganzen enthalten ist. Diese Wiederholung bzw. Selbstspiegelung setzt sich fort bis ins unendlich Kleine.

Wie wir sahen, entstehen Fraktale durch lokale wiederholte Anwendung derselben Aktion, also durch Iterationen. Diese Iterationsvorschriften können geradezu von simpler Einfachheit sein, trotzdem generieren sie Strukturen, Formen und Formationen von höchster Komplexität und künstlerischer Schönheit. Mandelbrot sagt hierzu: „Fraktale Gestalten hoher Komplexität lassen sich allein durch Wiederholung einer einfachen geometrischen Transformation gewinnen, und geringfügige Änderungen dieser Transformation bewirken globale Änderungen".

In der Tat, ändert man die Konstante c bei der Kreierung von Fraktalen leicht, erhält man eine neue Figur, wie wir oben gesehen haben. Übertragen wir dieses auf biologische Systeme, so könnte man die genetische Information als Transformation betrachten, die sich in den Generationen wiederholt und eine geringfügige Änderung der genetischen Information bewirkt einen Änderung des globalen Systems.

Ist die Aussage, daß hohe Komplexität sich auf einfache Iterationen reduzieren läßt, ein neuer Reduktionismus? Wenn ja, dann sicherlich von einer ganz anderen Substanz als der, den wir von der historischen Wissenschaft gewohnt sind. Dort nämlich ist Reduktion die konstruktive Beschreibung des Globalsystems, hier ist es die Beschreibung lokaler Eigenschaften, die Globalität hervorrufen. Statt eines Bauplans haben wir nur den Ansatz für eine evolutionäre Entwicklung.

Vergleichen wir Mandelbrot-Mengen mit geometrischen Gebilden, wie sie die Natur hervorbringt, so bemerken wir, daß natürliche Formen nicht so ordentlich und regelmäßig sind wie die Fraktale. Trotz ihrer hohen Komplexität und ihres Formenreichtums der künstlich erzeugten Fraktale sind natürliche förmliche Gebilde zwar auch hochkomplex, aber unregelmäßiger, abwechslungsreicher, eben natürlicher. Der Grund liegt darin, daß bei der Kreierung natürlicher fraktaler Formen zwar auch das iterative Element das wesentliche ist, daß aber das Zufallselement ebenfalls hineinwirkt. Würden wir eine Mandelbrot-Menge schaffen und gleichzeitig bei jedem Punkt über Zufallszahlen leichte Veränderungen und Schwankungen zulassen, würden wir Bilder erhalten, die den natürlichen Formen wesensverwandter sind. Die Natur bedient sich also zum einen iterativer Generierungsformen, zum anderen wirkt das Element Zufall in den Generierungsprozeß hinein.

Es wurden Experimente durchgeführt, auf einem Computer die Form eines Baumes entstehen zu lassen, etwa von dem britischen Wissenschaftler Michael Batty und anderen. Es handelt sich hier letztlich um eine Simulation des Wachstumsprozesses. Man kann solche „Bäume" graphisch produzieren, indem man mit einem einfachen graphischen Grundelement, einer Art Gabel, beginnt. Sodann wendet man eine Operation auf das Bild an, welche das Bild zum einen leicht vergrößert und gleichzeitig dasselbe Element an die Spitzen der Gabel anfügt. Dieser Iterationsprozeß schafft, wenn man ihn lange genug ausführt, eine Kreation, die einem Baum ähnlich sieht. Dies entspricht den Iterationen von Mandelbrot, das entstehende Bild ist selbstähnlich, allerdings auch recht künstlich und viel zu regelmäßig. Läßt man nun das Element Zufall hineinspielen und setzt weitere Randbedingungen, etwa daß der Baumstamm im Laufe des „Wachstumsprozesses" dicker werden muß, wird das entstehende Bild einem Baum immer ähnlicher.

7.4   Folgerungen aus der Chaostheorie

In dem Feld der physikalisch-technischen System haben wir die Gesetze des Chaos untersucht und viele Aussagen über das Verhalten dynamische Systeme an der Grenze des Chaos erhalten. Wie weit lassen sich diese Gesetze und Aussagen auf nichttechnische Systeme wie in der Medizin, der Wirtschaft, der Psychologie und der Politik übertragen? Die Grenze zwischen Chaos und Ordnung existiert in all diesen Systemen, wobei Ordnung und Chaos jeweils fachspezifisch zu verstehen sind. Im folgenden werden wir uns diesen Fragen zuwenden.

Ordnung und Chaos

Die Auswirkung des Elementes Zufall läßt sich in der biologischen Evolution studieren. Der Formenreichtum innerhalb einer genetischen Rasse entsteht durch die Kreuzung zweier Individuen (die Genetiker sprechen von Rekombination). Allerdings läßt es die Rekombination nicht zu, daß ein neues Individuum so verändert ist, daß es der Rasse nicht mehr angehört. Eine Veränderung in diese Richtung bewirkt nur eine Zufallsänderung der Gene, genannt Mutation. Wir können die Rekombination, also die Neuvermischung genetischer Eigenschaften, für Ordnung setzen und die Mutation für Zufall oder Chaos. Ordnung und Chaos sind beide notwendig, wenn die Evolution funktionieren soll.
Die Mathematiker generieren neuerdings mathematische Konstrukte durch ein der Evolution abgeschautes Verfahren, den genetischen Algorithmen. Sie arbeiten mit Hunderten von Einzelobjekten, den Individuen, die in ihrer Gesamtheit eine Population bilden. Der Computer verändert die Individuen durch Rekombination und Mutation solange, bis das gewünschte Element entstanden ist. Bei Experimenten wurde festgestellt, daß, wenn man das Element Zufall ausschaltet, also nur mit Rekombination arbeitet, man zwar gute Individuen erhält, aber nie die besten. Erst wenn man den Zufall in Form von Mutation einschaltet, erhält man optimale Konfigurationen. Demnach ist der Zufall lebensnotwendig für natürliche Generierungsprozesse. Die Experimente zeigen darüber hinaus, daß der Rekombination, also dem Prinzip Ordnung, die höchste Priorität zukommt und daß der Einfluß des Zufalls nur gering sein sollte.

Daß biologische Systeme im Grenzbereich zwischen Ordnung und Chaos existieren, zeigen Erkenntnisse der Kardiologie. Das Herz verhält sich in der Zeitskala fraktal, d.h. selbstähnlich. Ist diese Selbstähnlichkeit allzu regelmäßig und ohne zeitliche Störungen, kann dieses zu Herzversagen durch Stauung führen. Ist dagegen die Schlagfolge allzu chaotisch, also aperiodisch, kann Herzflimmern auftreten mit einem eventuellen tödlichen Ende. Das gesunde Herz arbeitet daher im Grenzbereich zwischen Ordnung und Chaos, wobei das Ordnungselement gegenüber dem Chaos dominierend ist.

Die Erkenntnis der Chaostheorie, daß Chaos und Zufall wesentliche Konstituenten jedes natürlichen Ablaufes sind, bildet neben der Quantentheorie und der Relativitätstheorie einen weiteren Angriff auf den Determinismus und die Kausalität in dem Sinne, daß natürliche dynamische Prozesse sich in letzter Konsequenz nicht kausal verfolgen lassen.

Irreguläre Formen, aperiodische Bewegungsabläufe, Systeme zwischen Ordnung und Chaos, das alles scheint die Sprache der Natur zu sein. Vergleichen wir die kausal angelegten Konzepte der historischen Wissenschaften, die Regelmäßigkeiten und glatten Konstruktionen, wie wir sie in der Baukunst finden, die Konstrukte menschlichen Denkens, mögen uns diese wie Verirrungen erscheinen. Zumindest müssen wir sie als künstlich und damit als unnatürlich einstufen.

Wir haben gesehen, daß sich hochkomplexe geometrische Strukturen durch Wiederholungen einfacher Iterationsvorschriften generieren lassen. Komplexität ist demnach nicht unbedingt an komplexe Generierungsalgorithmen gebunden. Auch dieses ist eine neue Sichtweise, die uns die Chaostheorie beschert hat. Früher – vor der Chaostheorie – war man der Ansicht, daß komplexe Systeme sich nur durch komplexe Verfahren beschreiben lassen. Dieses waren meistens nichtlineare Differentialgleichungen, deren Lösungen in der Tat meist äußerst schwierig zu berechnen sind. Heute wissen wir, daß Komplexität nicht unbedingt an komplexe Beschreibungsalgorithmen gebunden ist.

Chaos in der Medizin

Wir haben gesehen, daß Ordnung und Chaos beides wichtige Konstituenten sein können. Dies gilt auch für biologische Systeme. Wenn mit Ihrer Gesundheit „alles in Ordnung" ist, dann sind Sie nicht unbedingt gesund, denn ein Teil Chaos ist für die Aufrechterhaltung der Gesundheit lebenswichtig.

1989 erklärte zum Beispiel der Mediziner A.J. Mandell von der Universität Kalifornien in San Franzisko, daß der Herzschlag eines Gesunden in der Schlagfolge chaotische Elemente in sich trägt. Bei zuviel Ordnung in der Schlagfolge ist das Herz nicht mehr in der Lage, flexibel auf spontane Anforderungen zu reagieren. Ein Herzversagen ist die Folge. Ein Zuviel an Chaos ist ebenfalls negativ und kann zum Herzflimmern führen, bei dem in Sekunden der Tod eintritt.

Auch beim Nervensystems scheinen chaotische Elemente lebenswichtig zu sein. So zeigt zum Beispiel des Elektroenzephalogramm (EEG, Messung der Gehirnströme) beim gesunden Menschen ein gewisses chaotisches Verhalten. Das EEG eines Epileptikers während eines Anfalls zeigt dagegen völlig geordnete und gleichmäßige Kurvenelemente.

Osteoporose ist eine Krankheit, bei der sich Knochen zurückbilden (Knochenschwund). Auch diese Krankheit scheint durch ein Zuviel an Ordnung hervorgerufen zu werden. Beim Knochenauf- und -abbau spielt ein Hormon, das Parathormon, eine wichtige Rolle. Untersuchungen ergaben, daß, wenn man alle zwei Minuten die Homonkonzentration mißt, bei

Folgerungen aus der Chaostheorie 157

Gesunden die Werte deterministisch chaotisch schwanken, bei Osteoporose-Kranken aber die Konzentrationen stabil sind, also das chaotische Element fehlt.

Zum Schluß sei noch über eine interessante statistische Auswertung von EKG-Daten berichtet, die vor einigen Jahren durchgeführt wurden. G. Morfill ist Wissenschaftler am Max Planck Institut für extraterristische Physik in Garching bei München. Durch Zufall kam er mit Medizinern der I. Medizinischen Klinik der Technischen Universität München zusammen, die ihm von statistischen Auswertungen von EKGs gesunder und kranker Patienten erzählten. Morfill, der sich in der Chaostheorie auskannte, zeigte Interesse und ließ sich meterweise EKGs schicken, die er zusammen mit seinem Mitarbeiter H. Scheingraber in seiner Freizeit auswertete. Ihnen kam dabei zugute, daß sie aus ihrer beruflichen Tätigkeit heraus Erfahrungen besaßen mit der Auswertung großer Zufalls – Datenmengen.

Würde man in einem EKG die Schlagfolge in Dreierblöcke einteilen, hätte man in jedem Block drei Pulsspitzen. Der zeitliche Abstand der ersten beiden Pulsspitzen in einem solchen Block sei x, der zeitliche Abstand von der zweiten zur dritten Pulsspitze sei y. Den Punkt (x,y) tragen wir in ein Koordinatensystem ein. Dies führen wir für alle Dreierblöcke aus, wir erhalten also beliebig viele Punkte in einem Koordinatensystem.

Wäre der Puls völlig regelmäßig, wären alle Punkte gleich, das Diagramm enthielte nur einen einzigen sichtbaren Punkt. Da aber eine gewisse Unregelmäßigkeit zu erwarten ist, sollten die Punkte im Bereich eines Quadrats liegen (Abb. 36). Anders ausgedrückt: Völlige Ordnung wäre durch einen Punkt oder vielleicht auch durch eine Linie charakterisiert, völliges Chaos durch eine quadratische Punktwolke. Die wirklichen Daten eines gesunden Herzens lagen aber einem länglichen Bereich, wie es die Abb. 37 zeigt. Dies läßt eine Mischung zwischen Ordnung und Chaos vermuten. Das Interessante an dieser Auswertung war, daß kranke Herzen eine eklatante Abweichung ihres Schlagfolgegebietes von der Abb. 37 aufwiesen. Möglicherweise bietet sich hier eine signifikantes und gleichzeitig preiswertes Hilfsmittel zur Herzdiagnostik für die Zukunft an.

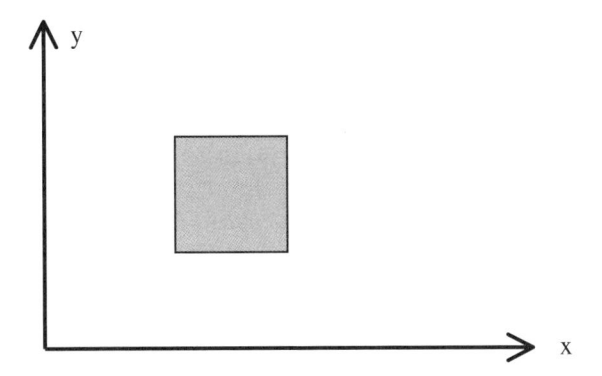

Abb. 36: Diagramm eines Herzens, bei dem die Schlagfolge rein zufällig ist. Alle Punkte liegen in dem Bereich eines Quadrates

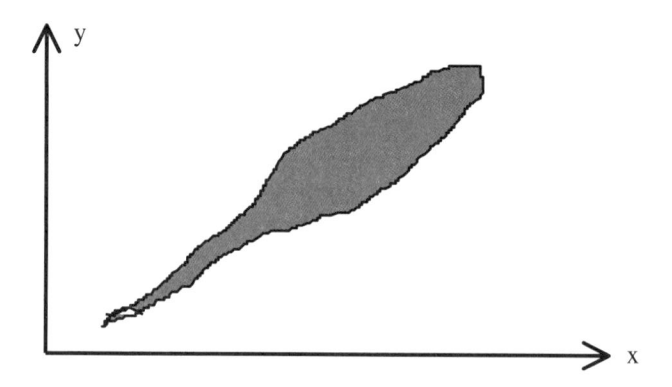

Abb. 37: Diagramm eines gesunden Herzens. Die zeitlichen Abstandspunkte liegen in dem schraffierten Bereich.

Morfill und Scheingraber arrangierten ihre statistische Auswertung ein wenig anders als hier beschrieben. Sie unterteilten das EKG in Viererblöcke, erhielten drei Werte für die Zeitdifferenzen zweier aufeinanderfolgender Pulsspitzen und trugen die Punkte in ein dreidimensionales Koordinatensystem ein. Das Ergebnis war aber in etwa das obige. Die Punkte eines gesunden Herzens lagen in einem Gebiet, das wie eine Zigarre länglich auseinandergezogen war. Kranke Herzen zeigten andersgeartete dreidimensionale Gebiete.

Der Reduktionismus

Die traditionelle Wissenschaft operiert mit Begriffen, die aus der Idealisierung realer Konstellationen und Erscheinungen entstanden. Diese Verfahrensweise ist zum Teil historisch bedingt und entspricht abendländischen Denktraditionen. Als einer der wichtigsten Begründer dieser Denkweise gilt Platon mit seiner Ideenlehre. Für Platon ist die Welt das Abbild und die Projektion von idealen Entitäten, den Urbildern. Diese Urbilder sind keine Schöpfungen menschlichen Geistes, der Mensch hat sie in einer Praeexistenz seiner Seele geschaut und beim Anblick der Dinge dieser Welt erinnert er sich der Urbilder dieser Dinge.
Solche Urbilder oder Ideen sind zum Beispiel auch mathematische Objekte wie Kreise, Geraden, Punkte. In der Natur finden wir diese Ideen nur unvollkommen realisiert. In der Folgezeit versuchten Philosophen und Denker immer wieder, Erscheinungen der Realität durch derartige Idealisierungen zu beschreiben. Diese idealen Bilder verwuchsen zu einem Gewebe, welches wir als „Ordnung" bezeichnen. Seit Aristoteles ging man davon aus, daß die Ordnung alles durchdringt. Der Mensch bemühte sich, die Gesetze der Ordnung zu erkennen und aus dieser Kenntnis heraus die Natur zu beherrschen.
Die Methode zur Erkenntnis der Ordnung ist der Reduktionismus, die Zerlegung der Ganzheit in Einzelteile. Kennt man das Verhalten aller Einzelteile, kann man auf das Verhalten der Ganzheit schließen. Wie eine Uhr aus Zahnrädern, Federn und Hebelchen besteht, besteht ein Körper, eine Flüssigkeit oder ein Gas aus Atomen, Molekülen und subatomaren

Teilchen. Um die Welt zu verstehen, müssen wir nur die atomaren Bausteine und deren Gesetze verstehen lernen.

Den Höhepunkt dieser Denkweise erreichte man im vorigen Jahrhundert. Damals vermutete man, daß fast alle dynamischen und stationären Vorgänge sich durch lineare Differentialgleichungen beschreiben lassen. Diese Gleichungen, die bis auf Newton zurückgehen, entsprechen genau der reduktionistischen Voraussetzung: Ihre Lösungen sind zerlegbar in „Einzelteile", also in Summen von einfachen Termen. Nach der Untersuchung dieser Terme braucht man sie nur zu addieren und erhält das Gesamtverhalten des Systems.

Freilich, es gab auch Systeme, die durch nichtlineare Differentialgleichungen beschreibbar waren und nichtlineare Differentialgleichungen sind leider nicht reduktionistisch zerlegbar. Aber hier fand man schnell eine günstige Lösung: Man linearisierte diese Differentialgleichungen, d.h. man überführte sie in lineare Differentialgleichungen, Der dabei entstehende Fehler – so glaubte man – ist vernachlässigbar. Dies ist in etwa so, als würde man an eine Kurve eine Tangente legen und statt der Kurve die Tangente betrachten.

Der Reduktionismus ist die Vorstellung, daß die Welt eine Ansammlung von Teilen ist und daß man nur die Teile und deren Wirkungen aufeinander kennen muß, um das Ganze beschreiben und verstehen zu können. Diese Anschauung war Basis für das Denken der vergangenen Jahrhunderte. Der Satz „das Ganze ist die Summe seiner Teile" war und ist die unumstößliche Kernwahrheit dieser Denkweise. Die Sprache der naturwissenschaftlichen Modelle auf dieser Basis war und ist die quantifizierende Mathematik: Addition und Subtraktion entsprechen dem Zusammenfügen von Teilen oder dem Zerlegen des Ganzen. Die unerhörten Erfolge in Wissenschaft und Technik führten dazu, daß die Denkstruktur der Zerlegbarkeit des Ganzen als eine Art Glaubenssatz in die Wissenschaft Eingang fand.

Spätestens seit der Chaostheorie wissen wir, daß das Ganze mehr ist als die Summe seiner Teile. Dies gilt zumindest bei den meisten Phänomenen, die die Natur vorgibt. Freilich existieren auch Erscheinungen, bei denen der alte Satz, daß die Summe der Teile gleich dem Ganzen ist, gültig bleibt, so bei linearen Systemen wie bei der Wellenbewegung. Will man aber übergeordnete Konstellationen erfassen, bei denen die Wechselwirkung der Teile untereinander eine Rolle spielt, ist es aus mit der klassischen Vorstellung.

Die Fragwürdigkeit des Reduktionismus wird besonders deutlich bei der Betrachtung des Sonnensystems. Vor hundert Jahren noch war man der Meinung, daß alle Planetenbahnen mit Hilfe der Newtonschen Gravitationgleichung berechenbar sind und man daraus das Gesamtverhalten des Sonnensystems determinieren kann. Das Gesamte ist die Summe aller Einzelverhalten. Störungen der Planeten untereinander lassen sich vernachlässigen.

Heute wissen wir, daß das nicht so ist. Dies ist das Ergebnis der Chaostheorie. Die neuere Entwicklung hat den Reduktionismus überholt und einige Reduktionisten haben es – wie es sich für echte Reduktionisten gehört – noch nicht einmal bemerkt.

Holismus und Reduktionismus

Der Holismus geht davon aus, daß ein System nicht nur aus seinen Teilen besteht, sondern daß die einzelnen Teile untereinander in Bezug stehen. Sie verhalten sich kohärent und kooperativ. Dies sehen wir zum Beispiel bei lebenden Organismen, wo die einzelnen Körperteile wie Augen, Leber, Magen usw. funktionelle Aufgaben besitzen und diese Aufgabe im Dienst des Ganzen stehen.

Man kann sagen, daß ein Plan existiert, nach dem sich die Einzelteile verhalten.

Es ist falsch, zu sagen, daß der Reduktionismus recht, der Holismus unrecht hat. Es ist genauso falsch, den Holismus als alleingültig und den Reduktionismus als veraltet zu erklären. Wenn ich eine Maschine baue, kann ich das nicht durch holistische Ansätze und die Ganzheitsmedizin der Chinesen hat genauso ihre Daseinsberechtigung. Wenn ich den Kosmos in seinem Aufbau und in seiner Sinngebung erklären will, greift der Reduktionismus zu kurz. Es kommt also stets auf die Situation, auf die Randbedingungen an, welche Betrachtungsweise richtig ist.

Chaos, überall Chaos

Warum lassen sich Aktienkursverläufe nicht voraussagen? Warum schaffen so viele politische Programme, die ordnen und dirigieren sollen, neue chaotische Elemente? Welche Gesetze lassen die Wirtschaftsdaten auf- und absteigen, ohne daß sie prognostizierbar sind? Warum ist die Psyche des Menschen so schwer faßbar bzw. unberechenbar?

Es handelt sich bei all diesen Szenarien um Systeme mit Rückkopplungen, also Systeme mit einem hohen Grad von Nichtlinearität. Zudem sind all diese Systeme nach außen offen, d.h. sie exportieren Information und sie erhalten stets von außen neue Informationen und werden von diesen Informationen beeinflußt. Zudem sind sie i.A. in steter Veränderung. Ein dirigistisches und alles determinierendes übergeordnetes Ordnungsprinzip, welches eine Art Gleichgewicht herbeiführen würde, ist nicht erkennbar.

Früher sahen wir, daß physikalische Systeme, die nichtlinear, offen und nicht im Gleichgewicht sind, leicht neue Strukturen entstehen lassen. Sie sind daher an der Grenze zum Chaos. Möglicherweise kann man diese Aussagen auf unsere Szenarien übertragen.

Für chaotische Systeme erkannten wir ferner, daß sie in ihrer Dynamik oft sensitiv abhängig von den Anfangswerten sind. Winzige Veränderungen in den beschreibenden Daten können riesige Veränderungen nach sich ziehen. Prognosen werden daher äußerst schwierig, wenn nicht sogar unmöglich. Das System ist nicht vollständig analysierbar, es bleiben immer Unwägbarkeiten.

Wir müssen davon ausgehen, daß viele Szenarien des täglichen Lebens genau diese Eigenschaften besitzen. Wenn dem so ist, können wir sie nicht beschreiben. Und dieses nicht nur, weil wir wissenschaftlich in der Forschung noch nicht so weit sind, daß wir ihre Kenndaten hinreichend genau kennen, sondern grundsätzlich und prinzipiell. Auch in zukünftigen Generationen werden diese Unwägbarkeiten bleiben. Die Chaostheorie setzt eine Erkenntnisgrenze, die nicht überschreitbar ist.

Natürlich gibt es keinen allgemeinen Beweis für diese Aussage, aber derartige Beweise existieren in dem Feld der physikalisch-technischen Systeme. Denken Sie nur an die Wetterprognose und an die Lorenzschen Gleichungen, deren Lösungen wegen ihrer Instabilität nicht berechenbar sind. Ein anderes Beispiel ist die Frage nach der Stabilität des Sonnensystems, eine Frage, die nie gelöst werden wird.

So lehrt uns die Chaostheorie, daß grundsätzliche und prinzipielle Grenzen in der Berechenbarkeit, der Vorhersage und in der Analysierbarkeit dynamischer Systeme bestehen. Es gibt keinen Grund zu der Aussage, daß diese Grenzen nicht auch existieren bei ökonomischen, politischen, psychologischen und sozialen Systemen und Szenarien.

7.5 Bilder

Julia-Mengen

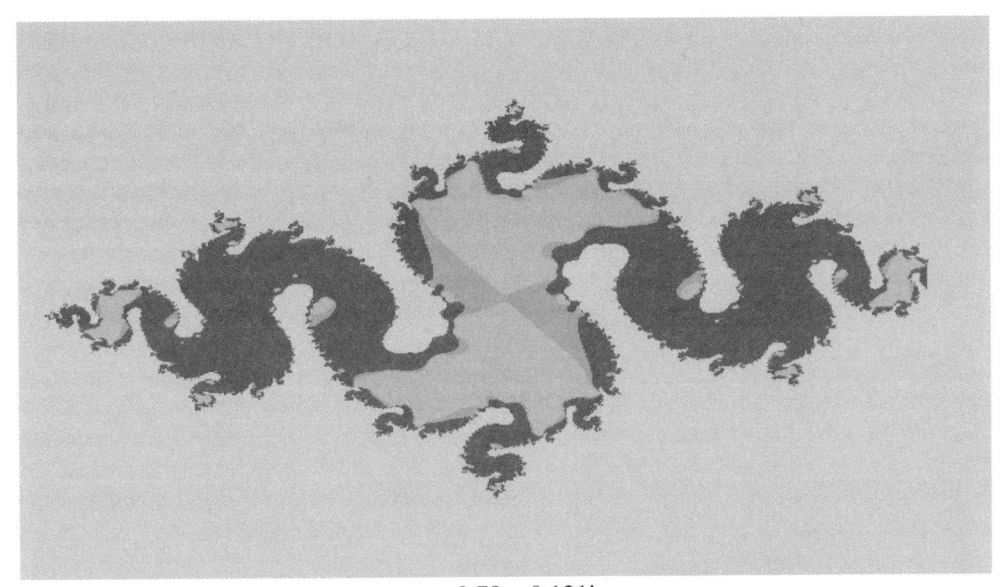

c = −0,78 + 0,121i

c = 0,394 − 0,201i

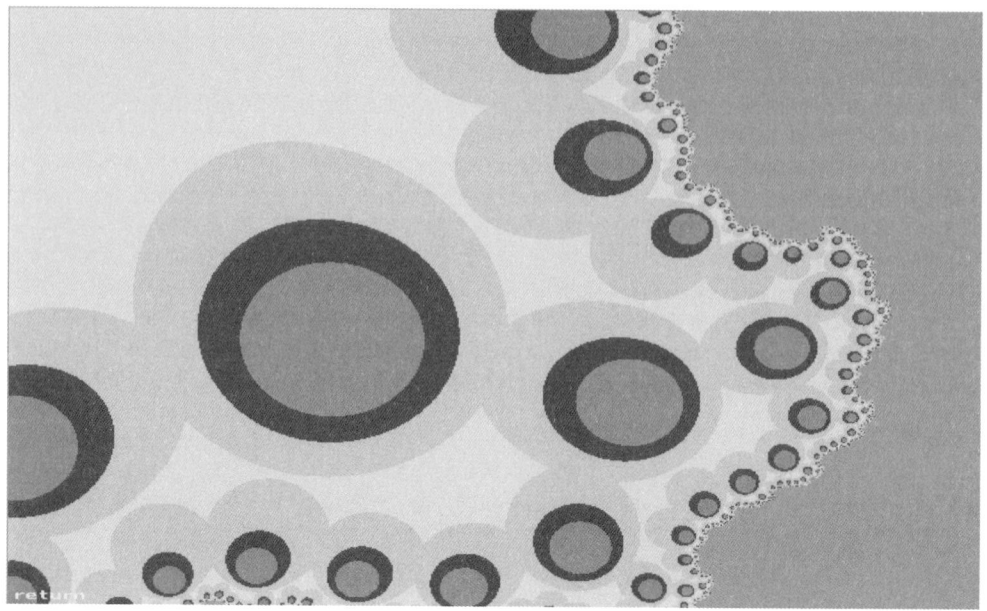

c = 0,230 − 0,250i

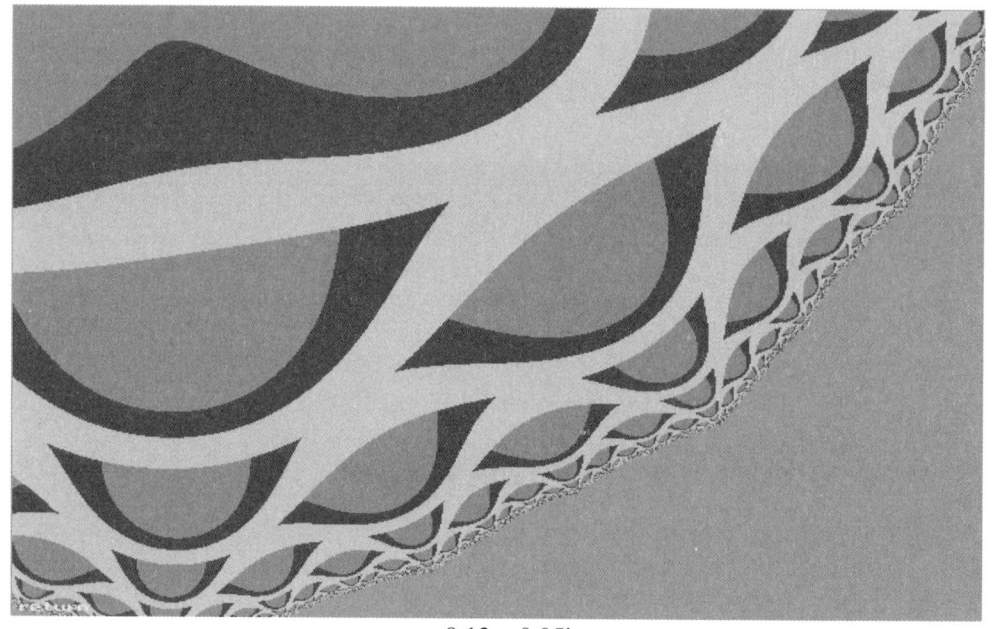

c = −0,13 + 0,05i

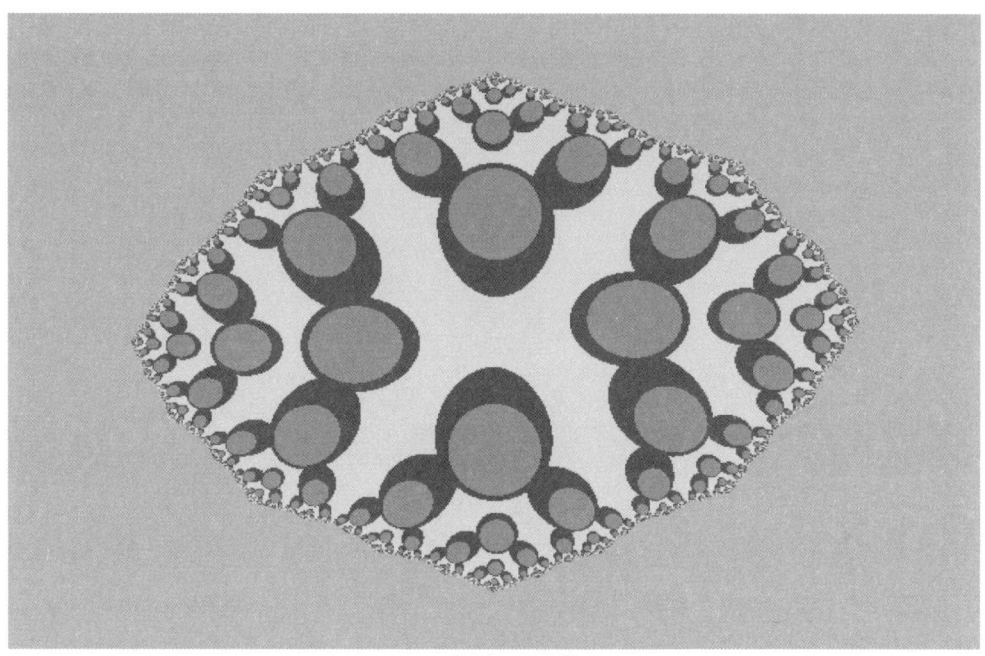

c = −0,23 + 0,05i

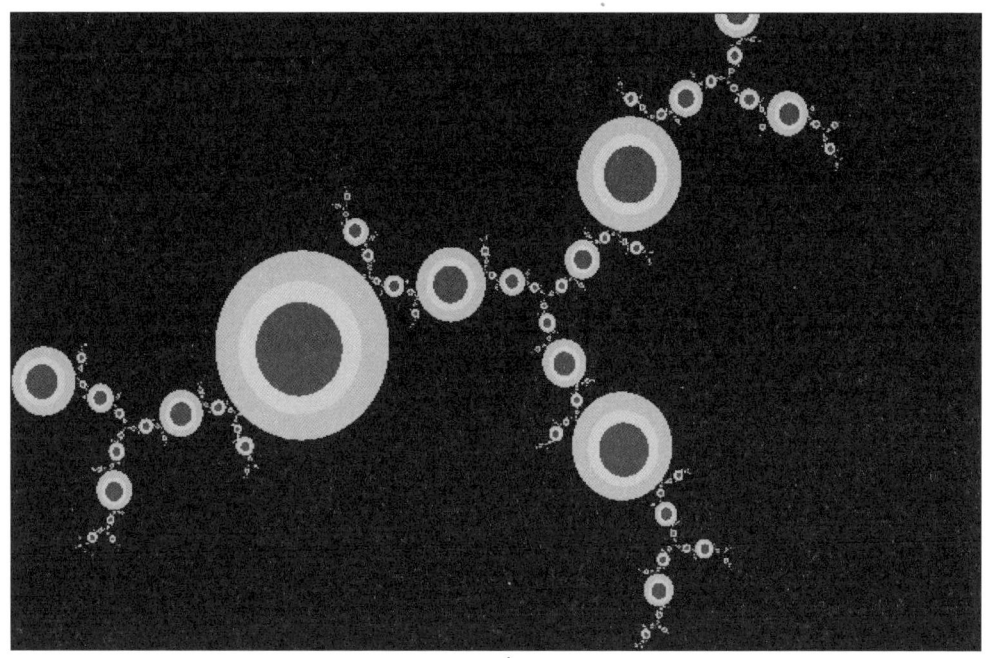

c = i

c = 0,4 − 0,1i

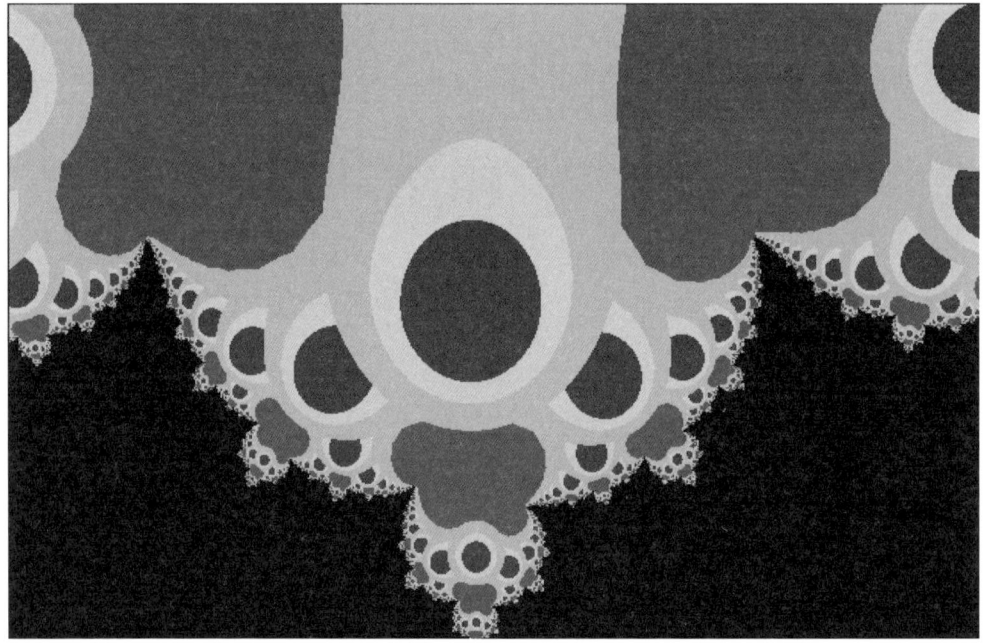

c = 0,69 + 0,03i

Ausschnitte aus der Mandelbrot-Menge

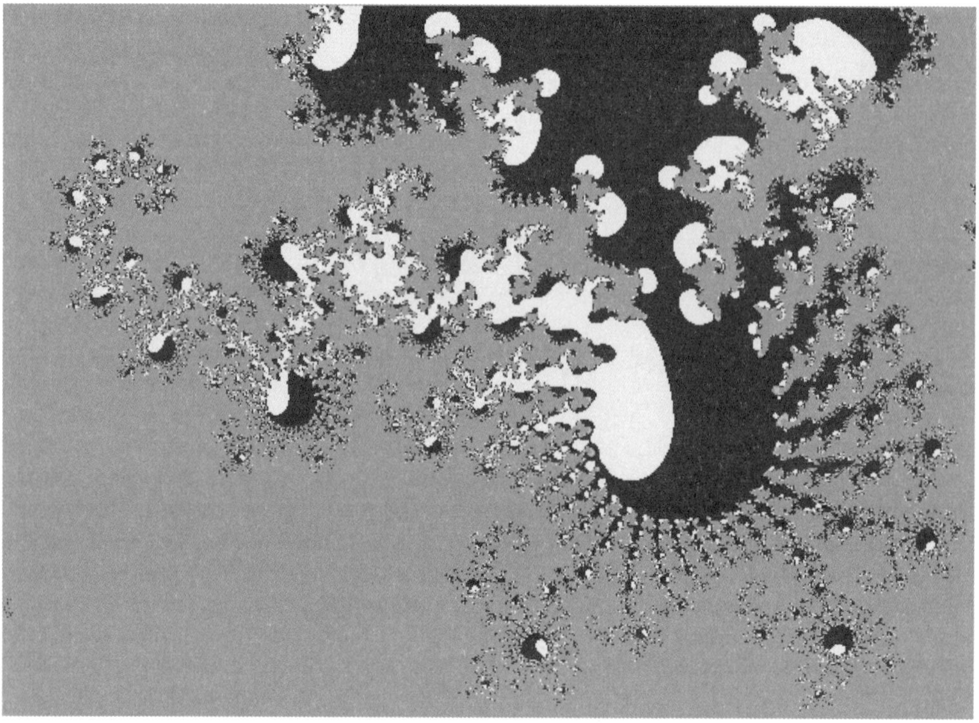

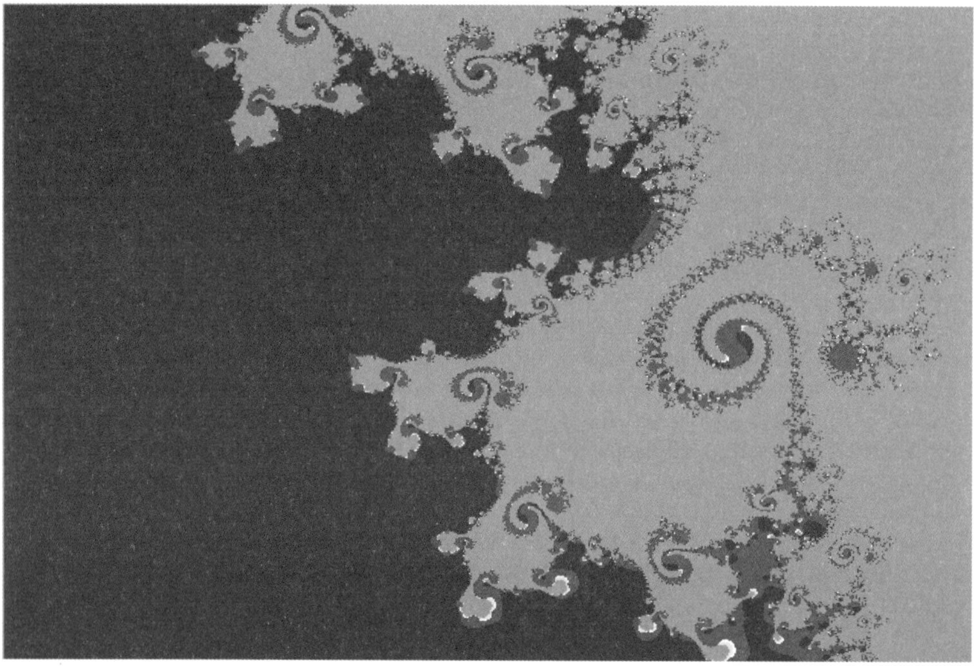

Bilder 167

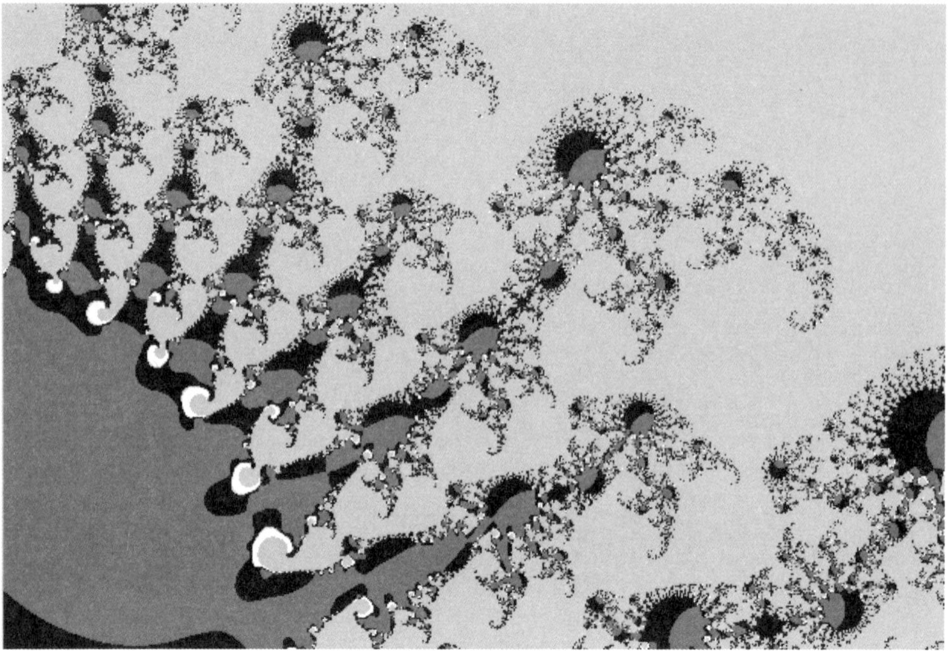

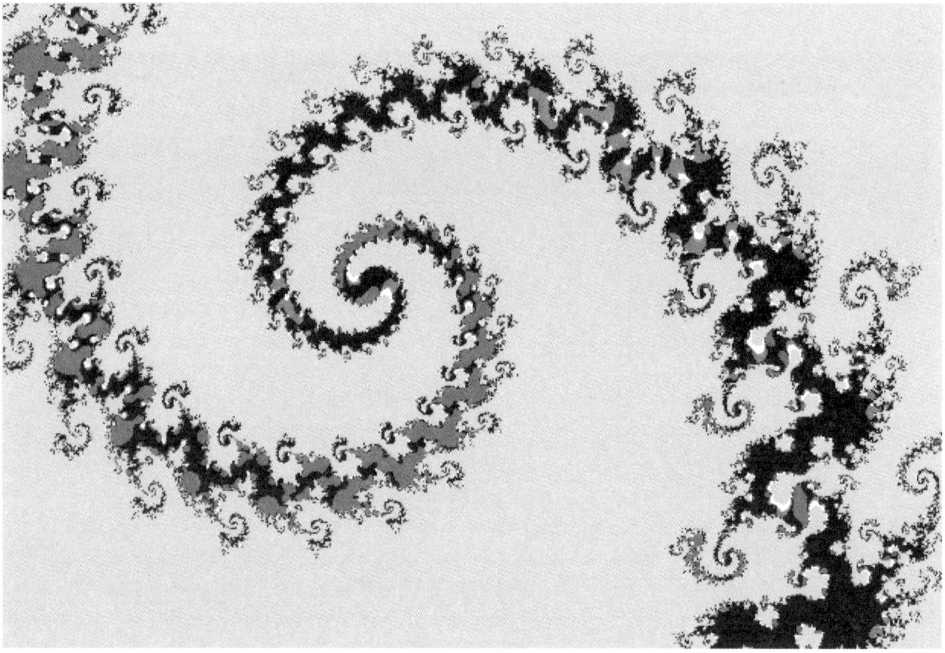

8 Ordnung aus dem Chaos oder die Frage nach dem Leben

> *Unsere wissenschaftliche Erkenntnis hat kaum die Oberfläche ihrer komplexen Ganzheit angekratzt, unser Wissen steht zu unserem Unwissen in einer Relation, deren Ausdruck astronomische Ziffern erfordern würde.*
> Konrad Lorenz

Das Chaos ist nicht analysierbar, nicht rational beschreibbar, denn andernfalls enthielte es Strukturen und Gesetze und damit auch Teile von Ordnung. Chaos ist daher nur beschreibbar an der Schnittstelle zwischen Ordnung und Chaos, also beim Übergang von Ordnung zum Chaos oder umgekehrt. Im letzten Abschnitt beschäftigten wir uns mit dem Entstehen von Chaos aus Ordnung und stellten fest, daß dieser Übergang an allgemeingültige Gesetzmäßigkeiten gebunden ist. In diesem Abschnitt geht es um die umgekehrte Frage, nämlich die Entstehung von Ordnung aus dem Chaos.
Ordnung aus Chaos, das erleben wir bei der Entstehung von Kristallen aus der flüssigen Schmelze, bei dem Wachsen der Arbeitsteilung in einem Ameisenstaat und natürlich bei der Entstehung des Lebens auf der Erde.

8.1 Ordnung aus dem Chaos

Chaos und Ordnung

In den Mythologien der Völker ist Chaos der Urzustand des Kosmos, ein Raum ohne Ordnung, angefüllt mit gestaltloser Materie, dem Urstoff. Das Wort „Chaos" stammt aus dem Griechischen und bedeutet „gestaltlose Urmasse". In der Genesis, dem ersten Kapitel der Bibel, heißt es: *„Und die Erde war wüst und leer, Finsternis lag über der Urflut und der Geist Gottes schwebte über den Wassern"*. Gott, der jüdische Elohim, brachte aus dem Urchaos, dem Tobu-wa-bohu, durch sein Wort Ordnung hervor. Bei Ovid lesen wir in seinem Werk *Metamorphosen*, daß der Schöpfer des Kosmos aus dem Chaos, der originären formlosen Urmasse, Formen und Harmonien schuf.
Heute verstehen wir unter „Chaos" das Fehlen jedweder erkennbaren Ordnung. Dabei besteht Ordnung aus gemeinsamen erkennbaren Eigenschaften und Zuordnungen der Einzel-

teile. Dies kann sich in räumlichen regelmäßigen Mustern ausprägen wie bei einem Kristall, in einem zeitlich periodischen Verhalten wie bei den Planeten oder in einer Funktionalität des gesamten Systems wie bei lebenden Individuen. Mathematisch könnte man sagen, es besteht eine Korrelation zwischen den Einzelteilen, die evtl. über geeignete Formeln berechenbar ist. Es sind die Naturgesetze, deren Auswirkungen sich in geordneten Systemen wiederfinden. Geordnete Systeme besitzen die Eigenschaft, daß logische Zusammenhänge bestehen zwischen den Einzelteilen des Systems, welche Vorhersagen über das Verhalten bis zu einem gewissen Grad ermöglichen oder einfach Aussagen über geometrische Gegebenheiten.

Ordnung hat stets eine subjektive Komponente. Eine verschlüsselte Nachricht erscheint dem, der den Schlüssel nicht kennt, völlig ungeordnet, für den Codierer wie für den Empfänger dagegen hochgradig geordnet. Das heißt, daß die innere Logik des geordneten Systems erkennbar sein muß.

Ein System ist organisiert, wenn es geordnet ist, „Organisation" ist dann der Prozeß, der die Ordnung herstellt. In diesem Sinne ist sowohl ein lebender Organismus wie auch eine betriebliche Verwaltungseinheit organisiert. Es gibt keine allgemeinverbindliche Definition des Begriffes „Organisation". So werden zum Beispiel das Geräusch eines Autos, Wolkenbildungen oder Luftturbulenzen als organisiert bezeichnet.

Von Selbstorganisation sprechen wir, wenn ein System eine dynamische Entwicklung durchmacht, in deren Verlauf es sich ordnet. Jeder Evolutionsprozeß ist demnach eine Selbstorganisation.

In diesem Abschnitt soll der Frage nachgegangen werden, wie sich aus Chaos Ordnung, Organisation und schließlich Selbstorganisation entwickeln kann.

Die Entropie

Wir betrachten eine Vogel–Volière, welche durch eine Trennwand in zwei Hälften geteilt ist. In der linken Hälfte befinden sich sechs Schwalben. Nunmehr beseitigen wir die Trennwand und schauen nach genau einer Minute nach, wo sich die Vögel befinden. Eine leichte Rechnung zeigt, daß die Wahrscheinlichkeit, daß sich alle sechs Vögel noch immer in der linken Hälfte befinden, 0,015 ist, also eine äußerst unwahrscheinliche Konstellation. Dagegen ist die Wahrscheinlichkeit, daß sich in jeder Hälfte des Käfigs mindestens zwei Vögel befinden, etwa 0,8. Dies ist der wahrscheinlichste Zustand. Erhöhen wir die Anzahl der Vögel, wird die Wahrscheinlichkeit, daß alle Vögel sich in der linken Hälfte befinden, immer kleiner.

Der Wiener Professor L. Boltzmann stellte ähnliche Wahrscheinlichkeitsberechnungen für die Moleküle von Gasen in einem Behälter an, der durch eine Trennwand zweigeteilt ist. Im linken Teil befinde sich ein Gas A und im rechten Teil ein Gas B. Entfernt man die Trennwand, bewegen sich die Moleküle in alle Richtungen und es kann Vermischung der Gase eintreten. Boltzmann berechnete die Wahrscheinlichkeiten und erhielt wie bei unserem obigen Beispiel, daß der Zustand „keine Vermischung" äußerst unwahrscheinlich ist, die Vermischung dagegen eine hohe Wahrscheinlichkeit besitzt. Daher können wir davon ausgehen, daß eine vollständige Vermischung stattfindet.

Die Wahrscheinlichkeiten verschiedener Zustände bezeichnen die Physiker als Entropie (in genauer Formulierung ist der natürliche Logarithmus der Wahrscheinlichkeit, multipliziert

mit einer Konstanten, die Entropie, aber das soll uns hier nicht kümmern). Das System der beiden Gase strebt also den Zustand an, der die höchste Entropie besitzt.
Betrachten wir bei den Gasen den zeitlichen Ablauf der Vermischung, so folgt wie in einem Film eine Konstellation der Moleküle nach der anderen und jede folgende Konstellation besitzt eine höhere Wahrscheinlichkeit, also eine höhere Entropie, als die vorhergehende. Die Entropie nimmt demnach ständig zu. Sie wächst solange, bis der Zustand der höchsten Entropie erreicht ist, das thermodynamische Gleichgewicht.
Dies ist der zweite Hauptsatz der Wärmelehre und bezieht sich auf abgeschlossene Systeme. Ein abgeschlossenes System ist dadurch definiert, daß es in keinem Wärmeaustausch mit der Umwelt steht. Der Hauptsatz ist ein Erfahrungssatz und lautet:
Alle in einem abgeschlossenen System auftretenden Zustandsänderungen verlaufen so, daß die Entropie zunimmt. Ein abgeschlossenes System wird daher so lange Zustandsänderungen unterworfen sein, bis die Entropie ein Maximum erreicht hat.
In unserem obigen Beispiel der beiden Gase hatte der Zustand, bei dem die Gase getrennt sind, die niedrigste Wahrscheinlichkeit und damit die niedrigste Entropie. Gleichzeitig kann man diesen Zustand der Trennung auch als einen geordneten Zustand auffassen. Der völlig gemischte Zustand repräsentiert dagegen so etwas wie Unordnung. Demnach entspricht ein Zustand mit niedriger Entropie einem Zustand der Ordnung, dagegen steht eine hohe Entropie für Unordnung. Nach dem zweiten Hauptsatz geht damit in einem abgeschlossenen System stets Ordnung in Unordnung über.
Bereits vor Boltzmann hatte im Jahre 1865 R.J. Clausius, Physikprofessor in Würzburg und später in Bonn, den Begriff der Entropie eingeführt, allerdings aus einer völlig anderen Ausgangslage heraus. Clausius war Thermodynamiker und studierte Wärmekraftmaschinen, die eine wichtige Rolle in der damaligen industriellen Fertigung spielten. Clausius erkannte, daß bei diesen Maschinen neben den Energieströmen eine zweite Größe charakterisierend ist. Diese Größe war gekennzeichnet durch die Änderung der Wärmemenge und der Temperatur T. Zu jedem Zeitpunkt nämlich nimmt eine Wärmekraftmaschine Wärme auf und gibt Wärme ab. Entscheidend dabei ist, daß die Aufnahme bei einer hohen Temperatur und die Abgabe einer niedrigen Temperatur erfolgt. Dividieren wir nun die aufgenommene (abgegebene) Wärmemenge Q_{12} durch die Temperatur T, wobei Q_{12} die aufgenommen (abgegebene) Wärmemenge ist, wenn das System (die Maschine) sich von Zustand 1 in den Zustand 2 verändert, ändert sich die von Clausius entdeckte Größe S um

$$S_2 - S_1 = Q_{12} / T$$

Die so definierte Größe nannte Clausius Entropie. Später konnte Boltzmann zeigen, daß diese Form der Entropie exakt den von ihm definierten Wahrscheinlichkeiten (siehe oben) entspricht.
Der zweite Hauptsatz der Wärmelehre machte unter dem Aspekt der Wärmeumwandlung eine für die klassische Physik ungeheure Aussage: Das Universum wurde von den klassischen Physikern als ewig existierend gedacht. Die Newtonsche Mechanik zeigte darüber hinaus in ihren Gleichungen, daß die Zeit umkehrbar ist, daß also, wenn man die Zeit rückwärts laufen ließe, dieselben Naturgesetze gelten, dieselben Bewegungsvorgänge sich abspielen würden (Reversibilität). Der zweite Hauptsatz dagegen erklärte, daß die Zeit so abläuft, daß die Entropie zunimmt. Dies mußte unweigerlich zum Wärmetod des Universums führen. Die Zeit erhielt erstmals einen Pfeil, der ihre Richtung anzeigt. Eine Zeitum-

kehrung würde Abnehmen der Entropie bedeuten und ist unmöglich. Alle Prozesse im All sind damit irreversibel, das Universum wird nicht ewig in der jetzigen Form existieren.
Jede Wärmekraftmaschine arbeitet nach dem folgenden Prinzip: Bei hoher Temperatur T_h wird eine Wärmemenge Q aufgenommen, die bei niedriger Temperatur T_n abgegeben wird. Wenn aber T_h größer als T_n ist, ist logischerweise Q/T_h kleiner als Q/T_n, also die aufgenommene Entropie ist kleiner als die abgegebene. Die Maschine gibt daher stets Entropie an die Umgebung ab.
Oben sahen wir, daß ein Naturprozeß in einem abgeschlossenen System stets so verläuft, daß die Entropie zunimmt und damit die Ordnung abnimmt. Hier nun haben wir den umgekehrten Fall: Die Entropie nimmt ab. Dies kann nur bedeuten, daß die Ordnung zunimmt. In der Tat kann eine Maschine Ordnung schaffen (Denken Sie nur an einen Staubsauger).

Evolution und Entropie

Oben sahen wir, daß Naturvorgänge in einer bestimmten Zeitrichtung ablaufen, nämlich so, daß die Entropie zunimmt. Wenn aber die Entropie zunimmt, muß jede Ordnung abnehmen. Nun setzt aber Leben Ordnung voraus. Wie konnte gleichzeitig die Entropie steigen und Leben entstehen? Liegt hier ein Widerspruch vor? Wie war unter diesen Bedingungen Evolution, also Selbstorganisation möglich?
Der belgische Chemiker I. Prigogine, Nobelpreisträger für Chemie 1977, zeigte, daß Selbstorganisation nur mit der Abgabe von Entropie verbunden sein kann. Demnach muß unsere Erde ununterbrochen Entropie in den Weltraum exportieren.
Daß dies tatsächlich so ist, läßt sich leicht nachrechnen. Die Erde nimmt von der Sonne einen Wärmestrom von 10^{17} Watt auf und strahlt die gleiche Menge wieder in den Weltraum ab. Die Aufnahme des Wärmestromes erfolgt bei einer hohen Temperatur T_h, die Abgabe bei einer niedrigen Temperatur T_n. Ist $Q = 10^{17}$ Watt, gilt daher :

Entropieänderung pro Zeiteinheit = $Q / T_h - Q / T_n$

Wegen $T_h > T_n$ ist dieser Wert negativ, wir haben also einen Entropie-Export. Eine genaue Rechnung ergibt: Pro Quadratmeter und pro Sekunde exportiert unser Planet im Mittel etwa eine Entropieeinheit (= W / K).
Die Abnahme der Entropie auf unserem Planeten schafft also die Voraussetzung für Selbstorganisation. Ohne diese Eigenschaft wäre eine Evolution des Lebens nicht möglich gewesen.
Die Abnahme der Entropie schafft Ordnung, verringert die Unordnung. Wie diese Ordnung aussieht, ist offen. Aus der Abnahme der Entropie folgt nicht, daß Selbstorganisation in Form von Evolution einsetzen muß. Die Abnahme ist lediglich eine notwendige Voraussetzung für Selbstorganisation und Evolution.

Konservative und dissipative Systeme

Betrachten wir ein reibungsfreies Pendel. Es schwingt ohne Energieverlust und ohne, daß es seine periodischen Bewegungen beendet. Wie wir früher sahen, ist sein Attraktor eine Ellipse. Das gleiche gilt für einen Planeten auf seiner Bahn um die Sonne, wenn wir Störungen durch andere Planeten vernachlässigen. In beiden Fällen werden die Systeme durch Kräfte im Gleichgewicht gehalten, wobei bei Pendel und Planet die Kräfte je durch die

Gravitation vorgegeben sind. Die beschreibenden Differentialgleichungen sind so strukturiert, daß man problemlos die Zeit rückwärts laufen lassen könnte, ohne daß sich die Gleichungen ändern. Man sagt, die Prozesse sind reversibel.
Das statische Gebilde eines Hochhauses, die in sich ruhende Silhouette eines Bergmassivs, die Lage der Sterne am Firmament, aber auch die Verteilung der Moleküle in einem ruhenden Körper oder in der DNS, all dieses wird durch statische Kräfte gehalten, die, in verschiedene Richtungen wirkend, dem Ganzen Gestalt und Stabilität verleihen. Derartige Kräfte sind fast immer mathematisch faßbar und heißen „konservative Kräfte".
Die mathematische Fixierung konservativer Kräfte erfolgt über Gleichgewichtsbedingungen, die aus einer einfachen Forderung ableitbar sind: Die Energie des Gesamtsystems muß ein Minimum sein. Dieses Minimum kann absolut, aber auch relativ sein (siehe Abb. 38). Bei der Herstellung eines Kristalls aus einer Schmelze, die abgekühlt wird, erhält man zum Beispiel bei schnellem Abkühlen einen Kristall, dessen Lage durch ein relatives Minimum

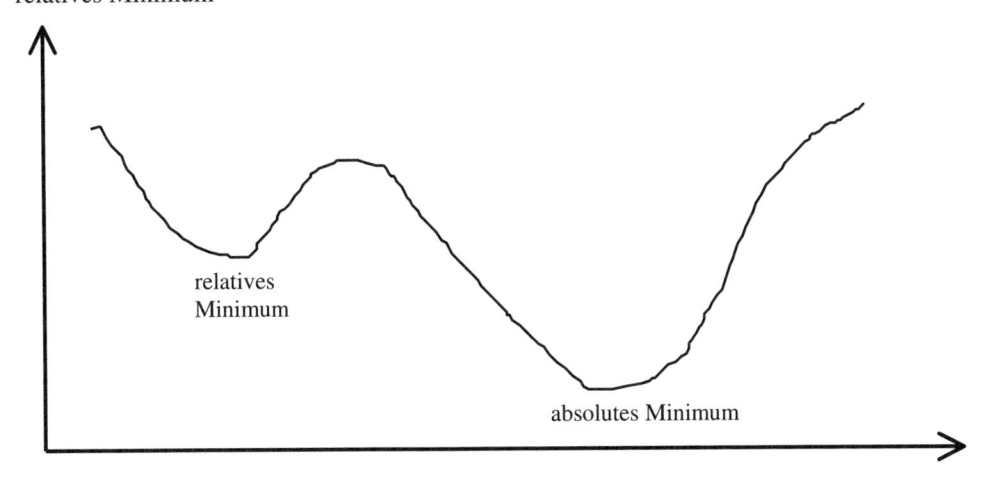

Abb. 38: Die Energie konservativer Strukturen ist ein Minimum. Dieses kann relativ oder absolut sein.

seiner Gesamtenergie E gegeben ist. Kühlt man dagegen die Schmelze sehr langsam ab, erhält man das absolute Minimum. Beide Endzustände sind als Kristalle durch konservative Kräfte gehalten, jedoch ist im ersten Fall bei der schnellen Abkühlung der Kristall verunreinigt, da die Moleküle nicht genügend Zeit fanden, sich in das Kristallgitter einzuordnen. Die langsame Abkühlung dagegen lieferte den reinen Kristall, dessen Energieminimum den absolut kleinsten Wert annimmt.
Konservative Strukturen sind in sich träge und kaum veränderungsfähig. Die Energie strebt nach Minimierung und ist das Minimum erreicht, kann das Energietal nicht mehr verlassen werden. Bestünde die Welt nur aus konservativen Strukturen, wäre jede wesentliche Veränderung und damit auch eine Evolution des Lebens unmöglich.
Wirkliche konservative Systeme sind eine Idealisierung, man findet sie in der Natur kaum. Felsen verwittern, Sterne vergehen, Lebewesen sterben, nichts ist beständig. Bei konservativen Systemen ist die Zeit umkehrbar, sie sind reversibel. Die Systeme der Natur aber sind zeitgerichtet, das heißt, daß die Zeit nicht umkehrbar ist. Hätte man einen Felsen eine

Millionen Jahre lang gefilmt und würde man den Film rückwärts laufen lassen, würde dieser Felsen, anstatt zu verwittern, wachsen. Niemand hat aber einen Felsen je wachsen sehen. Reale physikalische Systeme sind daher irreversibel, d.h. zeitlich nicht umkehrbar. Der Grund ist die beständige Abgabe von Energie an die Umwelt. Das Pendel verliert seinen Schwung und bleibt irgendwann stehen, denn es gibt Energie in Form von Reibung ab. Der Felsen verwittert und sogar die Umlaufbahn der Erde verlangsamt sich, so daß wir in regelmäßigen Abständen eine Zusatzsekunde in unsere Zeitzählung einbauen müssen (zuletzt am 1. Juli 1997). Systeme, die Energie an die Umwelt abgeben, heißen dissipative Systeme. Sie „dissipieren" Energie (lateinisch: dissipare = verteilen) und sind das, was uns die Natur vorsetzt. Die durch dissipative Systeme definierten Strukturen sind irreversibel, d.h. die Zeit hat eine eindeutige Richtung, sie ist nicht umkehrbar.

Ordnung aus dem Chaos

Befindet sich ein System im (thermodynamischen) Gleichgewicht, ist also die Energie im Minimum, sind auch Bewegungen minimal. Es handelt sich um jene laue Suppe, auf die sich unser Universum zubewegt und kann bei chaotischen Systemen als Chaos des thermischen Gleichgewichts bezeichnet werden. Veränderungen sind an Bewegungen gebunden, demnach sind kaum größere Veränderungen zu erwarten. Eine Evolution würde auf Sparflamme verlaufen. Trotzdem ist auch bei konservativen Systemen eine Selbstorganisation möglich, denn das thermodynamische Gleichgewicht ist durch ein Minimum der Energie charakterisiert, was darauf hinausläuft, daß alle Stoffe bei niedrigen Temperaturen mehr oder weniger geordnete Strukturen bilden. Als Beispiel sei hier die Kristallbildung genannt.
Die Selbstorganisation von Systemen, die weit von Gleichgewicht entfernt sind, ist essentiell anders. Sie ist dadurch charakterisiert, daß hier völlig neue Strukturen entstehen können. Daher taucht hier eine gewisse kreative Komponente auf. Solche Systeme bewegen sich auf das Gleichgewicht zu, im allgemeinen um so schneller, je weiter sie von Gleichgewicht entfernt sind. Befinden sich zum Beispiel in einem Behälter, der durch eine Trennwand geteilt ist, in dem einen Teil ein heißes und in dem anderen ein kaltes Gas, so herrscht thermodynamisches Gleichgewicht. Entfernen wir die Trennwand, so vermischen sich die Gase. Der Bruchteil einer Sekunde, in der die Gase aufeinander losstürzen, ist der Zustand, der vom Gleichgewicht entfernt ist. Sturm und Gewitter können derartige Ungleichgewichtszustände sein, die, indem sie sich entladen, ihre Bewegungen finden. Prigogine war einer der ersten, der sich mit diesen Systemen beschäftigte. Er vermutete, daß in diesen Szenarien Systeme nicht nur untergehen, sondern auch neu geboren werden.
Ein bekanntes Beispiel für die Selbstorganisation außerhalb des Gleichgewichtes ist der Laser. Im thermodynamischen Gleichgewicht sendet ein heißer Körper oder ein heißes Gas Licht aus, indem die Atome unabhängig voneinander Lichtquanten emittieren. Das entstehende Licht besteht aus unkorrelierten Wellenzügen. Dies ändert sich, wenn wir die Atome von ihrem Gleichgewicht weit wegbringen, indem wir Energie induzieren, zum Beispiel durch Bestrahlen von Licht mit hoher Leistung. Die Atome werden angeregt und von einem Grundzustand auf einen energiereichen gleichgewichtsfernen Zustand gebracht. Die Laserfachleute bezeichnen dieses energetische Aufladen als „Pumpen". Erreichen die Energieniveaus der Atome eine kritische Schwelle, beginnen sie sich zu organisieren und zeigen

ein hochgradiges kooperatives Verhalten. Milliarden von Atomen verhalten sich wie abgesprochen und senden gleichzeitig und phasengleich scharfgebündelte Lichtwellen aus.

Ein anderes bekanntes Beispiel der Selbstorganisation fern vom Gleichgewicht sind die Bénard-Zellen, die bei der Erhitzung von Flüssigkeiten auftreten. Stellt man einen Topf mit Wasser auf den Herd und erhitzt ihn, tritt nach einiger Zeit Konvektion ein. Das Wasser sprudelt ungeordnet, die am Boden erhitzte Flüssigkeit drängt nach oben. Erhitzt man den Topf weiter, gerät das System aus dem Gleichgewicht. Wie verabredet, bilden plötzlich Milliarden von Wassermoleküle ein Strömungsmuster, welches aus sechseckigen Zellen besteht, den Bénard-Zellen. Dieses Muster ist hochgradig geordnet und stabil. Bei weiterer Erhitzung verschwinden die Zellen, und das System wird chaotisch.

Es ist nicht uninteressant, das spontane Entstehen von Strukturen fern vom Gleichgewicht auf soziologische Strukturen zu übertragen. Wird eine Bevölkerungsgruppe durch Gleichgewichtszustände gehalten, so besagt dies, daß diese Gruppe sich in einer Lebenssituation befindet, die sie nicht verlassen möchte. Es bedeutet im allgemeinen hoher Lebensstandard, abwechslungsreiches Unterhaltungspotential, kurz das, was die Römer als „panem et circenses" (Brot und Spiele) nannten. Eine Veränderung ist nicht gewünscht, das „Energieminimum" wird nicht verlassen. Änderungen sind demnach nur zu erwarten, wenn die politisch tragenden Gruppen weit von der Gleichgewichtslage sich befinden. Revolutionen finden daher immer nur statt, wenn Hunger, Ungerechtigkeiten, Unterdrückung usw. die Menschen bewegen. Daß Chaos radikal Neues hervorbringen kann, ahnte schon Friedrich Nietzsche, als er in seinem Werk *Also sprach Zarathustra* schrieb: „*Ich sage euch, man muß Chaos in sich haben, um einen tanzenden Stern gebären zu können. Ich sage euch: ihr habt noch Chaos in euch.*" Daß Revolutionen dann oft dahin umschlagen, daß die Revolutionäre selber „in ein Energieminimum", also in eine Gleichgewichtslage geraten und die revolutionäre Situation einfrieren möchten, ist eine andere Geschichte.

Aber kehren wir zurück zu den physikalisch-chemischen Systemen. Wesentliche Veränderungen mit der Genese von neuen Formen und Strukturen ergeben sich, wie wir sahen, in Systemen, die weit vom Gleichgewicht entfernt sind. Heute wissen wir, daß neue Strukturen entstehen und damit Selbstorganisation ermöglicht wird, wenn die folgenden Voraussetzungen erfüllt sind:

1. Das System ist weit vom Gleichgewicht entfernt
2. Das System wirkt nichtlinear
3. Das System exportiert Entropie.

Die Entfernung vom Gleichgewicht erwirkt die nötige Beweglichkeit, sie importiert Energie in das System. Dabei muß der Abstand des Systems vom Gleichgewicht gewisse kritische Werte überschreiten. Das Auftreten von Selbstorganisation ist mit diskreten Übergängen verknüpft. Oft treten kohärente Bewegungen auf.

Die Nichtlinearität besagt, daß das Ganze mehr als die Summe der Teile ist und bewirkt eine Verstärkung der Teilkomponenten. Sie wird meist durch Rückkopplungen realisiert. Derartige Rückkopplungen können Sie direkt erleben, wenn Sie in einen Doppelspiegel schauen, also in einen Spiegel, wobei das Spiegelbild von einem zweiten parallel aufgestellten Spielgel aufgefangen wird. Man sieht das Spiegelbild immer wieder neu, theoretisch unendlich oft. Denselben Effekt erhält man, wenn man mit einer Fernsehkamera das von der Kamera an den Bildschirm gesendete Bild filmt. Die Abbildung 39 zeigt das Prinzip der Rückkopplung.

```
Ursache ──→ │ System │ ──────── Wirkung ──→
         ↑_____│
                ←
```

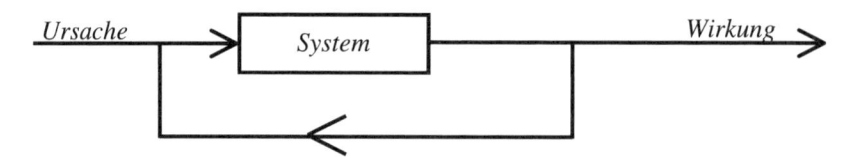

Abb. 39: *Rückkopplung als wesentliches Elemente zur Selbstorganisation*

Bei chemischen Systemen ergeben sich Rückkopplungen zum Beispiel durch Autokatalyse. Bei einer Autokatalyse kommt es, wenn zwei oder mehrere chemische Substanzen zusammenkommen, zu einer chemischen Reaktion genau dann, wenn der entstehende Molekültyp sich schon zu Beginn der Reaktion als Zusatzmolekül in der Nachbarschaft befindet. Ist das System mit Rückkopplung durch Differentialgleichungen beschreibbar, sind diese nichtlinear.

Der Export von Entropie vollzieht sich dadurch, daß hochwertige Energie wie Wärme hoher Temperatur oder mechanische Arbeit zugeführt und minderwertige Energie wie Wärme geringer Temperatur oder chemische Bindungsenergie abgeführt wird. Die Abnahme der Entropie ist, wie wir früher sahen, stets mit der Zunahmen der Ordnung verbunden, also mit Selbstorganisation.

Wenn selbstorganisierte Teile entstehen, sind diese meist relativ stabil und erhalten ihre Struktur bei kleinen Störungen. Ihre Stabilität beziehen sie aus eine Balance zwischen Nichtlinearität und Dissipation. Die Nichtlinearität wirkt aktiv, indem sie die Strukturbildung verstärkt, die Dissipation wirkt passiv, indem sie Überaktivitäten bremst.

Dissipative nichtlineare Systeme, die nicht im Gleichgewicht sind, könnten also die Startrampe gebildet haben für die einsetzende Evolution, für die Entwicklung des Lebens auf unserem Planeten.

8.2 Vom Ursprung des Lebens

Die DNS – Baustein des Lebens

Organisation aus dem Chaos ist möglich, wie wir sahen. Leben ist hochgradige Organisation, wir kennen keine komplexeren Organisationsformen als die Strukturen des Lebens. Können derartige Struktur aus Chaos erstehen und – falls ja – auf welche Weise?

Zunächst sei geklärt, was Leben im Eigentlichen ist. Sodann werden wir uns in diesem Abschnitt mit dem Aufbau von lebenden Organismen beschäftigen. Erst dann können wir uns der Frage der Genese von Leben zuwenden.

Eine allgemein akzeptierte Definition über das, was Leben ist, gibt es nicht. Dies zeigt, daß das Phänomen „Leben" im letzten noch nicht verstanden ist.

Eine der Möglichkeiten, sich einem Begriff zu nähern, besteht darin, seine charakterisierenden Eigenschaften aufzuzählen. Die grundlegenden Eigenschaften des Lebens sind:

- Leben unterliegt einer ständigen Energieaufnahme
- Leben reagiert auf die Umwelt

Vom Ursprung des Lebens 177

- Leben ist selbsterhaltend
- Leben pflanzt sich fort
- Leben ist in der Lage, zu wachsen

Würden wir Leben mit Hilfe dieser Eigenschaften definieren, würden wir die eingangs gestellte Frage, ob Leben aus Chaos durch Selbstorganisation entstehen kann, kaum beantworten können, denn dazu sind die Aussagen zu phänomenologisch, zu allgemein.

Versuchen wir es mit einem reduktionistischen Ansatz, also durch Zerlegen des Organismus in seine Bestandteile. Vielleicht gibt ja die Struktur, soweit wir sie erkennen können, Aufschluß über die Entstehungsgeschichte des Lebens.

Lebende Organismen bestehen bekanntlich aus Zellen. Diese Zellen wirken als chemische Funktionseinheiten und haben – je nach Lage – verschiedene Aufgaben. Leberzellen verrichten andere Aufgaben als Gehirnzellen, diese wiederum andere als Muskelzellen. Zellen können auch als Einzeller isoliert existieren. Neben ihrer Spezialaufgabe besitzt jede Zelle den Auftrag der Selbstregulierung, der Einleitung der Zellteilung usw.

Die Bausteine einer Zelle sind hochkomplexe Eiweißmoleküle (Proteine). Jede Zelle benötigt ihren eigenen Proteintyp, je nach Spezialisierung. Der menschliche Körper benötigt etwa 200 000 verschiedene Proteintypen, damit er lebensfähig ist.

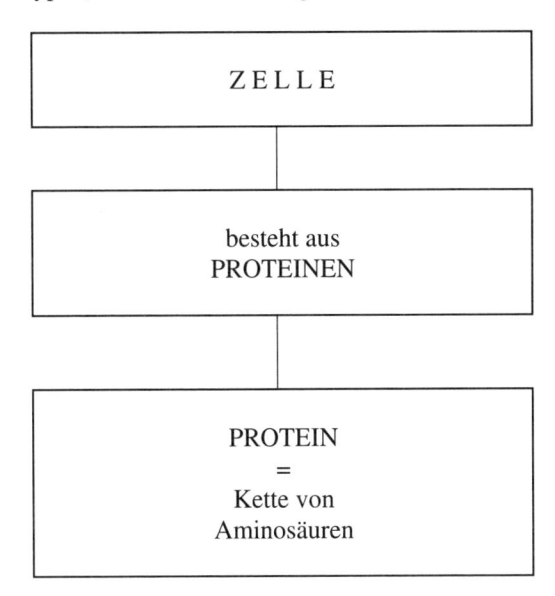

```
┌─────────────────────────┐
│         ZELLE           │
└─────────────────────────┘
            │
┌─────────────────────────┐
│      besteht aus        │
│       PROTEINEN         │
└─────────────────────────┘
            │
┌─────────────────────────┐
│        PROTEIN          │
│           =             │
│       Kette von         │
│      Aminosäuren        │
└─────────────────────────┘
```

Abb. 40: Der Aufbau einer Zelle.

Aus welchen Subteilchen besteht ein Proteinmolekül? Jedes Protein ist zusammengesetzt aus einfacheren Molekülen, den Aminosäuren. Die Natur kennt 20 Aminosäuren, die Bestandteile des Proteins sind. Diese Aminosäuren sind wie auf einer Kette hintereinander angeordnet und definieren so das Protein. Dies ist vergleichbar mit den 26 Buchstaben, aus denen wir praktisch unbegrenzt viel Text zusammenstellen können. Die Reihenfolge der Buchstaben legt den Text fest. Die Reihenfolge der Aminosäuren in einer Kette legt fest, um welches Protein es sich handelt. So besteht zum Beispiel das Insulin aus einer Sequenz von 51 Aminosäuren, das Enzym Ribonuclease aus 124 Aminosäuren. Die Länge der Kette kann bis zu Tausenden von Aminosäuren lang sein.

Jede Zelle produziert die für sie typischen Proteine. Woher weiß die Zelle, in welcher Reihenfolge sie Aminosäuren aufreihen muß, damit gerade das zellspezifische Protein entsteht?

Jede einzelne Zelle enthält in ihrem Zellkern den Bauplan des gesamten Organismus, also beim Menschen u.a. für alle 200 000 Proteine, die den menschlichen Organismus am Leben erhalten. Stellen Sie sich diesen Bauplan als eine Glasperlenkette von ungeheurer Länge mit blauen, roten, gelben und grünen Perlen vor. Allein die Reihenfolge dieser vier Farben bestimmt eindeutig den Bauplan des gesamten Individuums. Die vier „Farben" sind in der Natur die vier Moleküle Adenin, Guanin, Cytosin und Thymin, die Genetiker bezeichnen sie kurz mit A, G, C und T. Beim Menschen wäre diese Kette, wäre sie tatsächlich aus Glasperlen, mehrere tausend Kilometer lang (etwa 2,8 Milliarden Moleküle, vgl. Abb. 42).

Diese Molekülkette trägt den Namen Desoxyribonukleinsäure, kurz: DNS (im Englischen spricht man von DNA = Desoxyribonuclein-Acid), die einzelnen Moleküle der Sequenz heißen Nukleotide. Selbst einfache Organismen wie Bakterien besitzen etwa zehn Millionen Nukleotide in ihrer DNS.

1/2	U	C	A	G	3
U	Phenylalanin	Serin	Tyrosin	Cystein	U
	Phenylalanin	Serin	Tyrosin	Cystein	C
	Leucin	Serin	-	-	A
	Leucin	Serin	-	Thryptophan	G
C	Leucin	Prolin	Histidin	Arginin	U
	Leucin	Prolin	Histidin	Arginin	C
	Leucin	Prolin	Glutamin	Arginin	A
	Leucin	Prolin	Glutamin	Arginin	G
A	Isoleucin	Threonin	Asparagin	Serin	U
	Isoleucin	Threonin	Asparagin	Serin	C
	Isoleucin	Threonin	Lysin	Arginin	A
	-	Threonin	Lysin	Arginin	G
G	Valin	Alanin	Aspartic Acid	Glycin	U
	Valin	Alanin	Aspartic Acid	Glycin	C
	Valin	Alanin	Glutamid Acid.	Glycin	A
	Valin	Alanin	Glutamid Acid.	Glycin	G

Abb. 41: *Die Verschlüsselung der Aminosäuren in der RNS (Beispiel: GUC = Valin; CAU = Histidin)*

Die DNS trägt unter anderem die Verschlüsselung aller Proteine in sich. Wie kann man aus einer Sequenz von nur vier Farben (den Molekülen A, G, C, T) die Struktur eines Proteins ablesen, welches aus 20 Aminosäuren zusammengesetzt ist? Das Prinzip ist verblüffend einfach: Je drei Nukleotiden (Farben) stellen die Verschlüsselung für eine Aminosäure dar.

Vom Ursprung des Lebens 179

So steht zum Beispiel die Folge CUG für die Aminosäure Leucin und die Folge GAG für Glutamid Acid. Die Abb. 41 zeigt die Verschlüsselung aller 20 Aminosäuren. Mit vier Farben kann man in einem Tripel $4^3 = 64$ verschiedene Informationseinheiten darstellen. Da aber nur 20 Aminosäuren zur Verfügung stehen, zeigen manche Tripel auf das gleiche Molekül. Jedes Triplett von drei derartigen Molekülen wird als Codon bezeichnet.

```
AACGTTACGTATGGTGTCATTGTACCAAATGTCCTGATGCGTTAGTCGTACGGTGTGC
GCGAAACGTACGTGTGCAATGCGTAGTCATGGCGCGTAATGCGTATATGCAATTTGC
GTTGCATGCATGCCTACCTHCATTC
```

Abb. 42: *Ausschnitt aus der DNS. Beim Menschen wäre diese Kette in der Größe der Abbildung 7000 km lang.*

Nehmen wir an, eine Leberzelle habe ein für sie spezifisches Protein zu synthetisieren. Dies könnte ein Enzym sein, also ein spezielles Protein, welches chemische Reaktionen in der Zelle beschleunigt. Da der gesamte Bauplan in der DNS, welche sich im Zellkern befindet, verschlüsselt ist, gilt dies auch für das spezielle Protein, dessen Verschlüsselung irgendwo auf der DNS-Kette lokalisiert ist. Jede Proteinverschlüsselung auf der DNS beginnt mit dem Anfangscodon ATG und endet mit einem Stoppsignal, welches entweder TGA oder TAA oder TAG ist. Die Zelle ist nun in der Lage, genau ihren Teilstring auf der DNS ausfindig zu machen und zu kopieren. Dabei wird eine exakte Kopie des Teilstrings angefertigt (wobei das Nukleotid Thymin durch das Molekül Uracil ersetzt wird). Diese als RNS (Ribonucleinsäure) bezeichnete Kopie – sie kann viele Tausende von Nukleotiden lang sein – wird in einen Teil der Zelle transportiert (dem Ribosom), der die RNS in eine Kette von Aminosäuren entsprechend der Verschlüsselung umsetzen kann. Das Enzym ist synthetisiert.

Ein DNS-Abschnitt, der ein bestimmtes Merkmal des Individuums charakterisiert, heißt „Gen". 1993 erhielten R.J. Roberts und P.A. Sharp den Nobelpreis für ihre Entdeckung, daß die Information eines Gens nicht unbedingt zusammenhängend wie ein Kapitel eines Buches in der DNS aufgezeichnet sein muß, sondern daß sie verstreut in verschiedenen „Kapiteln" der DNS gespeichert sein kann.

Die DNS-Kette befindet sich in jeder einzelnen Zelle des Organismus in zweifacher Ausfertigung. Zwei identische DNS-Sequenzen liegen parallel zueinander und verteilen sich wie eine Faschingsluftschlange schraubenförmig im Zellkern. Das ganze Gebilde bezeichnet man als Doppelhelix und hat einen Durchmesser von weniger als 20 Milliardstel Millimeter. Bei der Zellteilung spaltet sich die Doppelhelix der Länge nach in die beiden DNS-Stränge und jeder DNS-Strang bildet um sich herum eine neue Zelle mit je einer neuen Doppelhelix.

Aus einer befruchteten Eizelle bildet sich ein neues Individuum durch fortwährende Zellteilung. Wie ist es möglich, daß zunächst völlig gleichartige Zellen irgendwann im Wachstumsprozeß anfangen, sich zu spezialisieren, daß also die eine Zelle Gehirnzelle und die andere Nierenzelle wird, beide mit völlig verschiedenen Aufgaben?

Beim Wachstum können gewisse Gene an- und ausgeschaltet werden und es werden stets die Gene eingeschaltet, deren Informationen gerade gebraucht werden. Dieses Ein- und Ausschalten geschieht durch die pure Anwesenheit von Kontrollsubstanzen (welche ebenfalls Proteine sind) in der Zelle. Bereits in der befruchteten Eizelle befinden sich derartige Kontrollsubstanzen an verschiedenen Stellen der Zelle, wo sie die gerade benötigten Gene einschalten.

Die Anfänge

Leben basiert auf organischen Verbindungen wie Eiweiße, Zucker, Fette und Nukleinsäuren. Diese Moleküle werden ausschließlich von Lebewesen produziert. Wie konnten sie entstehen, als es noch kein Leben auf der Erde gab, also im Urzustand des Lebens? Dies scheint die Frage nach der Henne und dem Ei zu sein: Wer war zuerst da, die Henne oder das Ei?

Damit überhaupt Leben entstehen kann, ist die Existenz der Aminosäuren Voraussetzung, denn sie bilden, wie wir sahen, die Bausteine der Proteine. Wie konnten sich aus dem Urchaos der Erde derartige Moleküle bilden?

Vor mehreren Milliarden Jahren herrschten auf der Erde andere Bedingungen als heute. Damals bestand die Atmosphäre im wesentlichen aus Wasserstoff, Methan, Ammoniak und Wasserdampf, den für das Leben so wichtigen Sauerstoff gab es noch nicht. Der russische Biochemiker A.I. Oparin sowie der englische Biologe J.B.S. Haldane vertraten bereits in den dreißiger Jahren die Hypothese, daß in diesem Gemisch sich unter dem Einfluß der Sonne organische Moleküle bilden konnten. Diese fielen in die Ozeane, wo sie eine Art Nährsuppe bildeten, in der sich im Laufe einer langen Zeit organische Moleküle wie die Aminosäuren bildeten.

Eine experimentelle Nachprüfung dieser Hypothese war äußerst schwierig, denn würde man in einem Gefäß die Stoffe der Uratmosphäre simulierten Bedingungen wie Sonneneinstrahlung und Gewitter unterwerfen, wer wäre in der Lage, all die chemischen Verbindungen zu analysieren, die dabei entstehen? Man ging davon aus, daß viele tausend chemische Substanzen entstehen würden, so daß eine Analyse zu schwierig, vielleicht sogar unmöglich sein würde.

Der Student Stanley S. Miller, der zu Beginn der fünfziger Jahre in einem Labor des Nobelpreisträgers und Chemikers H.C. Urey an der Universität Chicago arbeitete, wagte das Experiment. Da niemand seiner Kollegen an einen Erfolg glaubte, führte er sein Experiment heimlich durch und hielt seine Versuchsanordnung versteckt. Er wollte „sehen", was dabei herauskommt.

Miller evakuierte miteinander verbundene Glaskolben und gab Methan, Ammoniak und Wasserstoff sowie Wasser hinein. Das Gemisch setzte er Bedingungen aus, welche den Bedingungen der Uratmosphäre entsprachen. Er erhitzte das Gemisch (Sonneneinstrahlung), wobei Wasserdampf entstand. Eine Woche lang setzte er es elektrischen Entladungen von 60 000 Volt aus (Blitze). In einem weiteren Kolben wurde das Gemisch abgekühlt und kondensierte (Regen).

Nach einer Woche hatte die Flüssigkeit eine orange Farbe angenommen. Miller analysierte und fand zu seiner Überraschung unter den verschiedenen Reaktionsprodukten auch Aminosäuren. Der Beweis war erbracht: Aminosäuren können unter den Bedingungen der Uratmosphäre entstehen. 1953 veröffentlichte Miller seine Ergebnisse in der Zeitschrift „Revue" mit dem Titel: „Erzeugung von Aminosäuren unter den Bedingungen der Uratmosphäre".

Neuentdeckungen sind stets mit euphorischen Kommentaren verbunden und so war es nicht verwunderlich, daß manche Autoren in den fünfziger Jahren das Miller-Experiment dahingehend deuteten, daß sie sagten, Miller sei „fast" die Synthese des Lebens gelungen. Wie wenig die Synthese von Aminosäuren mit der Synthese von Leben zu tun hat, sieht man an folgendem: Aminosäuren sind die „Buchstaben", aus denen Proteine zusammengesetzt werden. Wenn man Buchstaben produziert und diese aneinanderreiht, entsteht noch lange kein sinnvoller Text. Aber selbst wenn Proteine entstehen würden, bilden sie noch keine Zelle, eine der Grundvoraussetzungen für das, was wir unter Leben verstehen.
Die Entwicklung komplexer organischer Moleküle wird als vorbiologische Evolution bezeichnet.

Die erste Zelle

Wie konnten sich aus Aminosäuren Proteine und aus diesen eine erste Zelle bilden?
Die biologische Zelle ist mit ihrer Fähigkeit zur Selbsterhaltung, Proteinsynthese, Energiebilanzierung und insbesondere zur Teilung und damit zur Fortpflanzung als eine kleine chemische Fabrik äußerst komplex. Ihr Komplexitätsunterschied zu den Aminosäuren, aus denen sie aufgebaut ist, ist vermutlich größer als der Komplexitätsunterschied eines Menschen in Bezug auf eine Zelle.
Die Erde entstand vor etwa 4,5 Milliarden Jahren, eine Milliarde Jahr später waren die ersten Mikroorganismen bereits vorhanden. Eine zufällige Genese der Zelle in „nur" einer Milliarde Jahren ist äußerst unwahrscheinlich. Die zufällige Entstehung ist zwar prinzipiell nicht unmöglich, jedoch ist die Wahrscheinlichkeit so gering, daß die meisten Wissenschaftler davon ausgehen, daß dieses seltene Ereignis nur einmal stattgefunden haben kann. Dies würde bedeuten, daß alles Leben der Erde aus einer einzigen Urzelle hervorgegangen ist.
Wenn einmal eine lebende Zelle vorhanden ist mit der Fähigkeit der Teilung, ist die Evolution zu höherwertigem Leben möglich. Für eine evolutionäre Lebensentwicklung ist eine gewisse Anfangskomplexität notwendig. Ist sie erreicht, ist Selbstorganisation möglich, der Komplexitätsgrad kann sich vergrößern.
Diese Aussage wurde vor einigen Jahren in einem Computerexperiment verdeutlicht, welches der Ökologe und Biowissenschaftler Thomas Ray von der Universität Delaware in einer faszinierenden Simulation durchführte. Die „Lebewesen", mit denen Ray in seinem Computer arbeitete, waren Computerprogramme, die nichts anderes bewirkten als sich selbst zu reproduzieren. In regelmäßigen Abständen wurden einige Programme gelöscht. Da alle Programme sich kopierten, entstanden immer wieder neue Programme. Die Programme stehen hier für die Individuen einer Population, das Löschen simuliert den Tod und das Kopieren die Geburt von Individuen.
Nun wäre ein solches System nicht besonders aufregend. Interessant wird es erst, wenn beim Kopieren Kopierfehler zugelassen sind. Dies entspricht der Mutation in der natürlichen Evolution. Das zufällige Verändern einiger Bits läßt neue Individuen entstehen, von denen die meisten nicht überlebensfähig sind, d.h. sie vermehren sich nicht. Die Änderungen werden so gesteuert. daß die neuen Programm zumindest lauffähig waren.
Hin und wieder entsteht bei dieser Operation ein Programm, welches sich schneller kopiert als die anderen, weil es vielleicht einen Befehl weniger hat. Dies führt dazu, daß die von diesem Programm ausgehenden „Nachkommen" diese Fähigkeit erben und ebenfalls

schneller Nachkommen produzieren. Letztlich bewirkt dieses, daß diese Nachkommen sich schneller vermehren als die anderen und sie sich in der Population mehr und mehr durchsetzen.

Ray brachte zu Beginn seines Experimentes in seine Ursuppe (wie er das System CPU-Betriebssystem-Speicher nannte), ein Programm ein mit 80 Befehlen. Irgendwann tauchten Programme auf, die das gleiche leisteten mit weniger als 80 Befehlen. Weitere Mutationen (Kopierfehler) sorgten dafür, daß noch leistungsfähigere Individuen entstanden mit 70, 60 oder noch weniger Befehlen. Die Population wurde immer effizienter.

Die Mindestzahl für das vollständige Kopieren betrug etwa 60 Befehle. Trotzdem tauchten Programme auf, die es in 45 Befehlen oder noch weniger schafften. Spitzenleistung war ein Individuum mit 22 Befehle.

Wie war das möglich? Ray erkannte bald, daß diese Superprogramme andere Programme für sich arbeiten ließen, indem sie einfach auf ein anderes Programm verzweigten. Wir haben hier ein ähnliches Verhalten wie bei Viren. Ray nannte diese Programme „Parasiten". Parasiten liehen sich ihren Code von Wirtsprogrammen.

Allerdings gab es bei Anwachsen der Parasiten immer weniger Wirte, so daß irgendwann die Zahl der Parasiten ebenfalls zurückging. Es dauerte nicht lange, bis andere Parasitenformen entstanden. Darüber hinaus entstanden „Hyperparasiten", die Parasiten benutzten, indem sie diese für sich arbeiten ließen. Schließlich registrierte Ray Organismen, die davon lebten, daß sie sich zusammenschlossen, indem sie in einer Art Arbeitsteilung Nachkommen produzierten.

Ray nannte seine virtuelle Welt „Tierra" (Tierra ist das spanische Wort für Erde). Offenbar entstanden in der Tierra–Welt hochkomplexe Individuen, wir haben eine Modell der Evolution.

Wie begann diese evolutionäre Verhalten? Ray mußte ein erstes Programm in die „Ursuppe" einbringen. Hätte er nämlich gewartet, bis über Mutationen aus völlig ungeordneten Bitstrings zufällig ein kopierfähiges Programm entstand, würde er wohl heute noch vor seinem Rechner sitzen. Eine Berechnung der Wahrscheinlichkeiten zeigt, daß man ein Vielfaches des Alters des Universums benötigen würde, bis durch Zufall ein kopierfähiges Programm entsteht. Dies entspricht der Aussage vieler Biologen, daß sie die zufällige Genese der ersten Zelle für äußerst unwahrscheinlich halten. Erst wenn diese Zelle existent ist, kann die Evolution beginnen.

Der bekannte Astronom, Physiker und Philosoph Fred Hoyle schreibt in seinem Buch *Das intelligente Universum* über die Entstehung der ersten Zelle: „*Eine Schutthalde enthalte alle Einzelteile einer Boeing 747, aber völlig zerstückelt und ungeordnet. Ein Wirbelsturm fegt über die Halde dahin. Wie groß ist nun die Wahrscheinlichkeit, daß man anschließend eine völlig montierte flugbereite Boeing 747 dort vorfindet? So gering, daß man sie nicht zu berücksichtigen braucht, selbst wenn ein Tornado über genügend Schutthalden hinwegwirbelte, um damit das ganze Universum auszufüllen.*" So gering schätzt Hoyle die Wahrscheinlichkeit der zufälligen Entstehung der ersten Zelle. Hoyles Argument wurde in der Literatur als „Einwand gegen die Schutthalden-Mentalität" bekannt.

Evolution als Selbstorganisation

Früher wurde die These über die zufällige Entstehung des Lebens oft durch das folgende Argument gestützt: Ein Affe hämmert auf einer Schreibmaschine herum. Wenn man lange genug wartet, wird er irgendwann einmal den gesamten Faust von Goethe – per Zufall natürlich – geschrieben haben. Also kann auch jede noch so komplizierte Zelle und darüber hinaus ein noch so kompliziertes Lebewesen durch Zufall entstehen, wenn die Zeit nur lang genug ist.

Die Aussage über den schreibenden Affen ist mathematisch beweisbar. Er wird tatsächlich irgendwann den Faust oder ein anderes Werk der Weltliteratur geschrieben haben (genauer: die Wahrscheinlichkeit nähert sich beliebig der Zahl 1 oder 100%). Der Haken ist nur, daß die Zeit, in der das geschieht, das Alter des Universums in astronomischer Höhe übersteigt. Nehmen wir einen kurzen Text von – sagen wir – 60 Buchstaben. Der Affe produziert zufällige Zeichen auf seiner Schreibmaschine. Damit in der Zeichenfolge 60 nacheinander stehende Zeichen mit hoher Wahrscheinlichkeit genau die vorgegebene Buchstabenfolge darstellen, muß der Text des Affen etwa 10^{80} Zeichen lang sein. Würden wir die Zeichenfolge durch einen Rechner kreieren und würde der Rechner 200 000 Zeichen pro Sekunde produzieren, benötigte dieser Rechner 10^{60} mal das Alter des Universums.

Wir können daraus den Schluß ziehen, daß der reine Zufall niemals komplexe Strukturen erstehen läßt, erst recht nicht das Leben.

Eine neue Situation entsteht, wenn wir den Zufall „lenken", das heißt, wenn wir Informationen über das bereits entstandene Teilsystem einbringen. Bei dem oben betrachteten Text von 60 Buchstaben könnten wir zum Beispiel eine 60-stellige Zeichenkette (String) per Zufall produzieren und abzählen, wieviel Buchstaben bereits an der richtigen Stelle stehen. Diese Zahl nennen wir (in Analogie zu den genetischen Algorithmen) „Fitneß". Danach ändern wir per Zufall in der Zeichenkette ein beliebiges Zeichen. Wenn nach dieser Änderung die Fitneß abgenommen hat, vernichten wir die neue Zeichenkette, andernfalls arbeiten wir mit ihr weiter und wiederholen das ganze. Unser Rechner, den wir oben für die 10^{80} Zeichen benötigten, wäre in weniger als einer Minute fertig und hätte den richtigen Text gefunden.

Die Natur arbeitet in der Evolution genau nach diesem Prinzip. Die Zeichenkette ist die DNS. Anstatt nur ein Individuum (Zeichenkette) wie in unserem Beispiel bearbeitet sie viele Individuen parallel (Population). Der zufälligen Änderung eines Zeichens entspricht die zufällige Änderung eines Moleküls in der DNS-Kette (Mutation). Die Fitneß ist die Überlebensfähigkeit.

Die Individuen einer Population werden also durch kleine zufällige Veränderungen, den Mutationen, in ihrer Erbanlage verändert. Hinzu kommt als zweite genetische Operation die Rekombination (Kreuzung) zweier Individuen, also der Austausch der Erbinformation. Während bei der Rekombination vorhandene Erbinformationen neu verteilt werden, können durch Mutation völlig neue Eigenschaften und Fähigkeiten in die Population eingebracht werden. Beide Operationen sind notwendig. Bei Computersimulationen zeigte sich, daß eine Evolution auf der Basis der Mutation, also ohne Rekombination, sehr instabil ist. Eine Evolution nur mit Rekombinationen ist zu stabil, d.h. es erfolgen keine Weiterentwicklungen. In diesem Sinne steht Rekombination für Ordnung und Mutation für Chaos. Ordnung und Chaos sind lebenswichtig für das Funktionieren der Evolution. Dabei darf die Komponente „Chaos" – wie die Computersimulationen zeigten – nur sehr schwach sein, die Rekombination ist die wesentliche Operation. Auf einen Nenner gebracht: Viel Ordnung und ein wenig Chaos ist die optimale Mischung für den Erfolg.

1859 formulierte Charles Darwin in seinem Werk *The Origin of Species* (Von der Entstehung der Arten) die Grundzüge der Evolution, indem er Darlegungen einiger Vorgänger wie Charles Lyell, Edward Blyth und Alfred Russel Wallace zusammenfaßte und eigene Erkenntnisse hinzufügte. Der Darwinismus geht von der Voraussetzung aus, daß jede Gattung mehr Nachkommen produziert als für die Erhaltung der Art notwendig ist. Von den Nachkommen sterben diejenigen aus, deren Fähigkeiten zum Überleben am wenigsten ausgebildet sind. Dies führt zur Auslese der Besten (the survival of the fittest). Hinzu kommt eine gewisse Variabilität der Erbanlagen, die durch Mutationen (Kopierfehler bei der Bildung der RNS) entsteht.

Darwin schreibt in seinem Buch: *„Die natürliche Auslese erforscht in der ganzen Welt täglich und stündlich die geringsten Veränderungen, sie verwirft die nachteiligen und bewahrt und summiert alle vorteilhaften, sie arbeitet still und unmerklich."* Darwin kannte noch nicht die Mechanismen der Mutation, er nahm Veränderungen in kleinem Maße an.

Der reine Darwinismus ist nicht unumstritten. Die Grundaussage, daß sich höheres Leben aus einfacheren Formen durch Auslese entwickelte, ist unstrittig. Bezweifelt wird, ob der Darwinsche Funktionalismus ausreicht, die Vielfalt des Lebens voll zu erklären.

Es gibt in der Entwicklung des Lebens Vorgänge, die nur schwer einzuordnen sind in die Darwinsche Vorstellung, daß Änderungen in kleinen Schritten stetig das Leben vorangebracht haben. Als Beispiel betrachten wir die Spinne. Sie baut ein Netz, welches zum Teil sehr kompliziert ist und welches sie zum Überleben benötigt. Wie soll hier eine Entwicklung in kleinen Schritten aussehen? Haben die ersten spinnenähnlichen Tiere vielleicht kleine Mininetze gebaut und haben sich diese Netze evolutiv vergrößert? In einem noch früheren Stadium hätten die Insekten möglicherweise nur einzelne Fäden gewebt. Wozu? Fäden und Mininetze sind ohne Sinn. Ein Netz zur Nahrungsbeschaffung muß eine Minimalgröße besitzen, wenn das Tier überleben soll. Die Fähigkeit der Spinne zum Netzbau muß demnach in einer Art Evolutionssprung entstanden sein.

Es gibt Schmetterlinge, die auf ihren Flügeln große Augen tragen, die potentiellen Feinden vortäuschen, daß es gefährlich sei, anzugreifen. Wie entstanden diese Augen? Haben sich zuerst Ansätze von Augen und dann halbe Augen entwickelt? Kaum vorstellbar. Auch diese Erscheinung spricht für einen Evolutionssprung.

Schließlich wird von Kritikern des reinen Darwinismus auf fehlende Fossilfunde hingewiesen, so zum Beispiel beim Übergang von den Reptilien zu den Säugetieren. Darwin selbst war das Problem bewußt, er behandelte es in dem Kapitel „Die Unvollständigkeit der Fossilfunde".

All diese Erscheinungen geben der Vermutung Raum, daß die Evolution nicht nur in stetig kleinen Veränderungen stattfand, es müssen Evolutionssprünge stattgefunden haben. Neil Eldridge und Stephen Jay Gould stellten 1972 eine These vor, die sie „unterbrochenes Gleichgewicht" nannten. Nach dieser These gibt es lange Perioden stetiger Veränderungen, die hin und wieder von dramatischen Veränderungen abgelöst werden. Diese Veränderungen bringen neue Komponenten hervor und sind als Evolutionssprünge zu betrachten.

Darwin war der Meinung, die Evolution erfolge in kleinen stetigen Sprüngen und die stetige und allmähliche Anhäufung von Mutationen führe schließlich zu neuen Arten. Diese Anschauung wird in der Tat nicht durch Beobachtungen gestützt. Über Jahrzehnte hinweg haben Wissenschaftler die Fruchtfliege Drosophila, deren Lebenserwartung nur einige Tage beträgt, mit Röntgenstrahlen beschossen und auch mit anderen Methoden Mutationen erzeugt. Mißbildungen und Abweichungen waren die Folge, aber eine neue Fliegenart entstand nicht. Die Biologen Augros und Stanciu schreiben: *„Das bedeutet, daß die in einem relativ stabilen genetischen Plan angesammelten Mutationen als solche nicht zur*

Entstehung neuer Arten führen. Neue Arten kommen durch einen anderen Prozeß zustande."

Das Bild des reinen Darwinismus ist ein reduktionistisches Bild, welches zu kurz greift, um die ungeheure Komplexität des Lebens umfassend beschreiben zu können.

Was sind die Ursachen der oben beschriebenen Entwicklungssprünge? Es ist – wie bereits dargelegt – zu unwahrscheinlich, daß sie durch Mutationen hervorgebracht werden, denn diese Mutationen müßten ganze Genketten auf einen Schlag verändern. Wenn man die Buchstaben eines Satzes durch Zufall durcheinanderwirbelt, kann man nicht erwarten, daß ein neuer sinnvoller Satz entsteht.

Es existieren nur spekulative Ansätze zur Lösung dieser Frage wie auch der Frage nach der Entstehung der ersten Zelle. Anhänger der klassischen Darwinschen Theorie glauben, daß durch Mutationen in der DNS plötzlich ganze Genketten aktiv werden können, die bisher zwar vorhanden, aber ungenutzt waren und damit einen Evolutionssprung verursachen. Diese Erklärung umgeht allerdings die Genese der Information, die ja irgendwann einmal stattgefunden haben muß.

Vertreter eines relativ jungen Wissenszweiges, welcher den Namen „Künstliches Leben" trägt, sehen in der Materie schöpferische Kräfte, die das Leben entwickeln können. Diese Kräfte sind Eigenschaften der Selbstorganisation, die den physikalischen Gesetzen übergeordnet sind und noch zu entdecken sind.

Andere – wie der Astronom Hoyle – glauben, daß DNS-Informationen von außerhalb der Erde, also aus dem Weltraum, zu uns kam (Panspermie-Hypothese). Religiös denkende Menschen schließlich sehen in der Evolution eine permanente Schöpfung. Henri Bergson, ein Philosoph, der sich mit der Evolution auseinandersetzte, schrieb hierzu: *„Das Leben ist ein dauernder schöpferische Prozeß, getragen vom Elan Vital (Lebensimpuls), der sich in immer neuen Formen entfaltet und differenziert."*

9 Grenzen mathematischer Logik oder unentscheidbare Sätze

In der Mathematik gibt es kein Ignorabimus.
David Hilbert, 1900

Die Mathematiker des 19. Jahrhunderts waren überzeugt, daß jede mathematisch sinnvolle Frage zumindest prinzipiell beantwortbar ist. Man mußte nur das geeignete Berechnungsverfahren finden oder die entsprechende Beweisidee. Charakteristisch ist die Aussage des bekannten Göttinger Mathematikers David Hilbert zu Beginn des 20. Jahrhunderts: *„In der Mathematik gibt es kein Ignorabimus"*, was soviel heißt wie: Jede sinnvolle mathematische Aussage ist beweisbar und falls sie noch nicht bewiesen wurde, wird man irgendwann den zugehörigen Beweis finden.

Zu Beginn dieses Jahrhunderts traten allerdings Probleme auf, die sich einer algorithmischen Lösung versperrten. Es entstand der Verdacht, daß es möglicherweise Aussagen gibt, die weder beweisbar noch widerlegbar sind. Paradoxien tauchten auf, die das so sicher geglaubte Fundament der Mathematik gefährdeten. Sätze, die in den dreißiger Jahren im Rahmen der Prädikatenlogik bewiesen wurden, zerschlugen das von Hilbert und anderen initiierte ehrgeizige Programm der Mathematik endgültig.

9.1 Kalkül und Beweise

Was ist Wahrheit?

Was bedeutet es, wenn wir sagen, eine Aussage sei wahr oder falsch? Wir betrachten ein Beispiel:
Nachts scheint die Sonne nicht.
Diese Aussage ist wahr. Andererseits scheint die Sonne auch nachts, wir können sie lediglich nicht wahrnehmen. Ist also diese Aussage falsch oder wahr?
Offenbar ist sie sowohl wahr als auch falsch. Es kommt auf den Standpunkt dessen an, der die Aussage macht. Dem Begriff Wahrheit scheint demnach eine relative Bewertung zugrunde zu liegen Was für den einen wahr ist, kann für den anderen falsch sein.
Ist Wahrheit stets relativ oder gibt es so etwas wie absolute Wahrheiten, also Wahrheiten unabhängig von Standpunkten oder Situationen. Wir betrachten den Satz:
Ein Dreieck hat die Winkelsumme von 180 Grad.

Jeder Schüler, der die Wahrheit dieses Satzes in einer Klassenarbeit bezweifeln würde, würde es nach der Rückgabe der Arbeit sicherlich bereuen. Eine absolute Wahrheit? Seit Einstein wissen wir, daß Dreiecke im Weltraum durchaus von dieser Regel abweichen können, indem sie mehr oder weniger als 180 Grad als Winkelsumme besitzen. Also wiederum eine relative Wahrheit.

Für zwei Zahlen a und b gilt stets: a + b = b + a

Wie ist es mit der Wahrheitsaussage dieses Satzes? Er besagt, daß wir stets Summanden vertauschen können. Wenn dieser Satz wahr ist, müßten wir ihn beweisen können. Die Mathematik bietet aber keinerlei Beweis für diese scheinbar elementare Aussage. Worauf gründet sich dann die Wahrheitsannahme dieses Satzes? Niemand hat bisher zwei Zahlen gefunden, die den Satz verletzen würden, für die also a + b nicht gleich b + a ist. Also, könnte man folgern, muß stets a + b = b + a sein. Aber Vorsicht: Eine solche Schlußfolgerung ist gefährlich. Sie besagt ja, daß wenn endlich viele Experimente (Rechnungen) den Satz bestätigt haben, der Satz richtig ist, obwohl unendlich viele Zahlen zur Verfügung stehen.

Mit dieser Art der „Beweisführung" kann man zum Beispiel die unsinnige Aussage „beweisen", daß a·b stets gleich 48 ist. Man mache endlich viele Versuche: 2·24 = 48; 3·16 = 48; 4·12 = 48; 6·8 = 48; usw. Also: a·b = 48. Wenn die Mathematiker dennoch das Gesetz a + b = b + a als „wahr" betrachten, so liegt das daran, daß diese Aussage einfach als Grundgesetz (Axiom) definiert wird, ohne es beweisen zu können. Die praktische Erfahrung hat gezeigt, daß die Aussage richtig zu sein scheint.

Mit ähnlichen Wahrheitsfindungen arbeiten die Physiker. Das Gesetz

Negative und positive elektrische Ladungen ziehen sich an

ist nicht beweisbar, es ist ein Erfahrungssatz. Niemals hat ein Experimentator je etwas anderes erfahren. Auch physikalische Wahrheiten entstehen demnach durch endlich viele Experimente.

An den Anfang wissenschaftlicher Argumentation stehen offenbar „Wahrheiten", die sich in der praktischen Erfahrung wie Experimente oder Rechenversuche bewährt haben. Wir sind geneigt, das als „wahr" anzuerkennen, was aus unserer Erfahrung heraus die Natur oder die Umwelt uns vorgibt. In der Mathematik nennen wir derartige Grundwahrheiten Axiome, in der Physik sind es die Naturgesetze.

Die Bewertung „wahr" und „falsch" hat etwas Absolutes an sich: Entweder ist eine Aussage wahr oder sie ist falsch. Eine weitere Bewertung existiert anscheinend nicht. Oder könnte etwas halb wahr oder fast falsch sein? In der Tat betrachtet man derartige mehrwertige logische Systeme sowohl in der Philosophie als auch in der Informatik, wo diese Denkweise als Fuzzy-Logik bekannt ist.

Der Kalkül am Beispiel der Geometrie

Die Gewißheit wissenschaftlicher Modelle ergibt sich nicht nur aus einem Konglomerat von Erfahrungssätzen oder Axiomen. Aus den Axiomen lassen sich neue Begriffe definieren und für diese Begriffe gelten Regeln, die man aus den Axiomen ableiten kann oder die einfach definiert werden. In der Mathematik bezeichnet man Aussagen zu diesen abgeleiteten Begriffen als „Sätze".

Mathematische Sätze lassen sich streng beweisen. Dabei führt man die zu beweisenden Sätze auf einfachere bereits früher bewiesene Aussagen zurück. Der Beweis dieser

Aussagen führt auf noch einfachere Sätze, und wenn man das Verfahren so fortsetzt, gelangt man schließlich zu mathematischen Grundaussagen, die nicht weiter reduzierbar sind und Grundbausteine der mathematischen Theorie darstellen. Diese Grundbausteine sind die „Axiome".
Die Axiome der Algebra sind zum Beispiel Aussagen wie

$$a + b = b + a$$

$$a \cdot b = b \cdot a$$

$$a \cdot (b + a) = a \cdot b + a \cdot c$$

Umgekehrt kann man sagen, daß eine mathematische Theorie aus all den Erklärungen und Sätzen besteht, die sich aus den Axiomen durch logische Schlußfolgerungen herleiten lassen.
Es gibt eine mathematische Disziplin, welche die Charakteristiken und Merkmale logischen Denkens untersucht und formuliert. Es handelt sich um die Aussagenlogik oder – in einer etwas komplexeren Form – die Prädikatenlogik. Nach dieser Theorie besteht ein logisches System aus den Grundgesetzen (den Axiomen oder Atomen) und den Deduktionsregeln, welche die Ableitungsregeln für weitere Aussagen (Sätze) aus den Axiomen beschreiben. Ein solches System, bestehend aus Axiomen und Deduktionsregeln, bezeichnet man als Kodifikat oder Kalkül.
Im folgenden sei als Beispiel für ein Kalkül die Geometrie genannt, wo man alle Gesetze (Sätze) aus einer kleinen Anzahl von Axiomen ableitet. Dieses wurde zum ersten Mal um 300 v.Chr. von dem griechischen Mathematiker Euklid in Ansätzen durchgeführt und später weiterentwickelt. Das dabei entstandene Gedankengebäude ist die *Euklidische Geometrie* und diente jahrhundertelang wegen seines exakten und logischen Aufbaus als Vorbild für andere Wissenschaften. Einige der Axiome, auf denen die Euklidische Geometrie basiert, seien im folgenden angegeben:
1. Durch einen Punkt außerhalb einer Geraden kann man genau eine Parallele zur Geraden ziehen (Parallenaxiom).
2. Zu zwei verschiedenen Punkten P und Q gibt es genau eine Gerade, auf der beide Punkte liegen.
3. Zu jeder Geraden gibt es mindestens einen Punkt, der außerhalb der Geraden liegt.

Aus diesen und weiteren von der Anschauung her selbstverständlichen Aussagen lassen sich nun logische Folgerungen ziehen, die zu geometrischen Sätzen führen, welche uns allen bekannt sind. Drei dieser Sätze seien herausgegriffen:
1. In einem rechtwinkligen Dreieck ist die Summe der Kathetenquadrate gleich dem Hypothenusenquadrat (Satz des Pythagoras).
2. Die Winkelsumme in einem Dreieck ist 180 Grad.
3. Der Winkel in einem Halbkreis ist rechtwinklig (Satz des Thales).

Diese und viele weitere Sätze bilden die Euklidische Geometrie. Wenn man bedenkt, daß man zur Zeit Euklids die Kugelgestalt der Erde noch nicht kannte und die Erdoberfläche als eine Ebene betrachtete, ist es verständlich, daß es sich hier um eine Geometrie der Ebene und des sich über der Ebene erstreckenden Raumes handelt.

Die Unabhängigkeit der Axiome und die Nichteuklidische Geometrie

Die Axiome einer mathematischen Theorie haben die Eigenschaft, daß sie nicht aus anderen Axiomen ableitbar sind und damit sind sie nicht beweisbar. Wäre nämlich ein Axiom beweisbar, wäre es kein Axiom mehr, sondern ein beweisbarer mathematischer Satz. Die Grundeigenschaft der Axiome wäre verletzt.

Beim Aufbau einer mathematischen Theorie ist es daher notwendig, den Nachweis zu führen, daß keines der verwendeten Axiome aus den anderen herleitbar ist. Gelingt der Nachweis, bezeichnet man die Axiome als unabhängig.

Seitdem Euklid sein geometrisches System entwickelt hatte, wurde von den Mathematikern immer wieder die Vermutung geäußert, daß die Axiome der Euklidischen Geometrie nicht unabhängig seien. Speziell glaubte man, daß das Parallelenaxiom (das erste Axiom im letzten Abschnitt) aus anderen Axiomen ableitbar ist. Sowohl in der Antike als auch im Mittelalter befaßten sich Mathematiker im griechischen wie im arabischen Raum mit diesem Problem, jedoch ohne Erfolg. Der bekannte Mathematiker Carl Friedrich Gauß (1777–1855) bezeichnete dieses auch zu seiner Zeit noch ungelöste Problem als einen fortdauernden Skandal der Mathematik.

Um 1830 fanden unabhängig voneinander der ungarische Offizier Johann Bolyai (1802–1860) und der Russe Nikolai Lobatschewski (1792–1856) eine vorläufige Lösung des Problems, auf die übrigens – wie sich später aus Aufzeichnungen ergab – auch Gauß gekommen war.

Ihre Vorgehensweise beruhte auf den folgenden Überlegungen: Verfälscht man einen mathematischen Satz und benutzt ihn dann zum Beweis weiterer Sätze, wird man sehr bald auf Widersprüche stoßen, die letztlich Widersprüche zu den Axiomen sind. Wenn daher das Parallelenaxiom unabhängig und damit im strengen Sinne kein Axiom, sondern ein beweisbarer Satz ist, würde seine Verfälschung sehr bald zu Widersprüchen führen. Bolyai und Lobatschewski verkehrten daher das Parallelenaxiom in sein logisches Gegenstück: „Durch einen Punkt außerhalb einer Geraden kann man mehr als eine Parallele ziehen". Den erhofften Widerspruch fanden sie nicht, jedoch merkten sie sehr bald, daß sie eine völlig neue Geometrie gefunden hatten, die sich von der Euklidischen Geometrie unterschied. In dieser Geometrie hatten die üblichen Grundbegriffe wie Gerade, Winkel, Strecke usw. mit den entsprechenden Begriffen der Anschauung nichts mehr zu tun, sie waren rein abstrakt definierte Größen. Dazu gab es merkwürdige Eigenschaften: Die Winkelsumme im Dreieck war kleiner als 180 Grad, zu jeder Geraden gab es zu einem vorgegebenen Punkt unendlich viele Parallelen usw. Heute bezeichnet man diese Geometrie als hyperbolische Geometrie.

Später ersetzte der Göttinger Mathematiker G. Riemann das Parallelenaxiom durch die Forderung: „Durch einen Punkt außerhalb einer Geraden gibt es keine Parallele". Die Euklidischen Axiome zusammen mit dem so veränderten Parallelenaxiom lieferten nunmehr eine Geometrie, in der die Winkelsumme im Dreieck größer als 180 Grad war. Diese Geometrie bezeichnet man als elliptische Geometrie.

Zunächst waren die neu gefundene Geometrien reine Gedankengebilde ohne jeden Bezug zu unserer räumlichen Umgebung, von der man ja wußte, daß sie durch die Euklidische Geometrie exakt erfaßt wurde. Dann allerdings kamen erste Fragen auf, ob der uns umgebende Weltraum wirklich euklidisch ist. Wer zum Beispiel garantiert, daß es möglich ist, zwei Lichtstrahlen so zu richten, daß sie stets und für alle Zeiten parallel verlaufen? Vielleicht gibt es also im Weltraum gar keine Parallelen. Gauß ging diesen Fragen nach, indem er ein von drei Bergspitzen gebildetes Dreieck auf seine Winkelsumme überprüfte. Er erhielt 180 Grad, was auf die Euklidische Geometrie hinwies. Heute wissen wir, daß sein Dreieck viel zu klein war, um tatsächlich existierende Winkelabweichungen feststellen zu können. Hätte sein Dreieck kosmische Ausmaße gehabt, hätte er sehr wohl meßbare Unterschiede feststellen können,

Kann ein Computer denken?

Wie bereits erwähnt, ist die Prädikatenlogik eine Disziplin, welche die logischen Strukturen eines Kalküls untersucht. Zum Beispiel formuliert sie die Regeln, welche dem Schlußfolgern zugrunde liegen, also dem Folgern einer Aussage B aus einer Aussage A (B folgt aus A). Dabei stellt sich heraus, daß diese Regeln teilweise so formal sind, daß man sie programmieren kann, um es dann dem Rechner zu überlassen, Schlußfolgerungen aus vorgegebenen Aussagen zu ziehen.
Anfang der siebziger Jahre versuchten Wissenschaftler der Universität Marseille, eine Programmiersprache zu schaffen, mit der man direkt obige Regeln als Programmelemente formulieren kann. Mit Programmen in dieser Sprache sollte es möglich sein, Axiome (hier genannt Atome) und Regeln (Deduktionsregeln) einzugeben und dann dem Rechner es zu überlassen, alle möglichen Schlußfolgerungen aus den Axiomen ziehen. Die so geschaffene Sprache nannten sie PROLOG (als Abkürzung für PROgrammieren in LOGik) und PROLOG sorgte für erhebliches Aufsehen in der Fachwelt. Die Japaner erwogen zeitweise ernsthaft, in Zukunft nur noch PROLOG-Maschinen zu bauen, weil sie von der Leistungsfähigkeit dieses neuen Konzeptes überzeugt waren. Heute ist diese sicherlich als Euphorie zu bezeichnende Einstellung abgeklungen, aber PROLOG ist nach wie vor als Programmiersprache der „Künstlichen Intelligenz" für logische Probleme interessant.
Im folgenden soll an einem einfachen und überschaubaren Beispiel die Wirkungsweise von PROLOG demonstriert werden. Als Axiome (Atome) wählen wir die folgenden Aussagen:
Hans ist Vater von Peter.
Konrad ist Vater von Udo.
Peter ist Vater von Karsten.
Udo ist Vater von Lars.
Zu diesen Axiomen fügen wir Deduktionsregeln, mit denen wir aus den Axiomen neue Aussagen ableiten können. Eine dieser Deduktionsregeln soll lauten:
X ist Großvater von Y, falls X Vater von Z und Z Vater von Y ist.
Hier fungieren X, Y, Z als Variablen, in die man im konkreten Fall Namen wie Hans, Peter oder Konrad einsetzen muß. Eine weitere Regel ist:
X ist Enkel von Y, falls Y Großvater von X ist.
Wenden wir diese Regeln auf die Axiome an, ergeben sich, wie man leicht nachprüft, die neuen Aussagen:
Hans ist Großvater von Karsten.
Konrad ist Großvater von Lars.
In der Abb. 43 finden Sie ein PROLOG-Programm für ein ähnliches Problem. Die Axiome (Atome) haben Formen wie zum Beispiel *vater(hans,udo)*, was heißen soll, daß Hans Vater

von Udo ist. Genauso bedeutet *mutter(birgit,udo)*, daß Birgit Mutter von Udo ist. Die daran nachfolgenden Ableitungsregeln sind selbsterklärend. So bedeutet die erste Regel
eltern(X,Y) if vater(X,P) and mutter(Y,P),
daß die Personen X und Y Eltern sind, wenn X Vater einer Person P ist und Y Mutter eben derselben Person P ist. Startet man den Rechner, kann man Anfragen an das Programm richten wie zum Beispiel die Frage: Welche Personen im Programm sind Eltern? – oder – Welche Personen sind Onkel oder Tante? usw. (vgl. Abb. 44).

```
/·AXIOME·/
mutter(birgit,udo).       vater(hans,udo).
mutter(birgit,susanne).   vater(hans,susanne).
mutter(sabine,karsten).   vater(udo,karsten).
mutter(sabine,marko).     vater(udo,marko).
muter(susanne,anna).      vater(otto,hans).
mutter(susanne,stephan).  vater(otto,stephan).
/·ABLEITUNGSREGELN·/
eltern(X,Y)      if vater(X,P)       and mutter(Y,K).
geschwister(X,Y) if vater(P,X)       and vater(P,Y)  and X<>Y.
enkel_nichte(X,Y) if vater(Y,P)      and vater(P,X).
enkel_nichte(X,Y) if mutter(Y,P)     and mutter(P,X) .
enkel_nichte(X,Y) if vater(Y,P)      and mutter(P,X).
enkel_nichte(X,Y) if mutter(Y,P)     and vater(P,X).
grosselter(X,Y)  if enkel_nicht(Y,X).
onkel_tante(X,Y) if geschwister(X,P) and vater(P,Y).
onkel_tante(X,Y) if geschwister(P,X) and vater(P,Y).
onkel_tante(X,Y) if geschwister(X,P) and mutter(P,Y).
onkel_tante(X,Y) if geschwister(P,X) and mutter(P,Y).
```

Abb. 43: *PROLOG-Programm zur Darstellung von Verwandtschaftsverhältnissen.*

```
Goal: enkel_nichte(Enkel_Nichte,Grosselter)
Enkel_Nichte=karsten, Grosselter=hans
Enkel_Nichte=marko, Grosselter=hans
Enkel_Nichte=anna, Grosselter=birgit
Enkel_Nichte=stephan, Grosselter=birgit
Enkel_Nichte=anna, Grosselter=hans
Enkel_Nichte=stephan, Grosselter=hans
Enkel_Nichte=karsten, Grosselter=birgit
Enkel_Nichte=marko, Grosselter=birgit
8 Solutions
```

Abb. 44: *Will man wissen, welche Verwandtschaftsverhältnisse das PROLOG-Programm der Abb. 43 beinhaltet, starte man das Programm und richte Anfragen an das System. Die Anfrage der Abb. 44 fragt nach allen Enkel und Nichten, das System findet sieben Personen und gibt zu jeder Person einen der Großeltern aus.*

Als den Wissenschaftlern bereits in den fünfziger Jahren klar wurde, daß man über Symbolmanipulationen die Gesetze des logischen Denkens einem Rechner nahe bringen kann und diesen Rechner dann zum „Denken" bringt, indem er aus Axiomen durch Ableitungsregeln selbständige Schlußfolgerungen ziehen kann, entstand eine große Euphorie. Die Disziplin „Künstliche Intelligenz" entstand und zwei der ersten Wissenschaftler dieser Disziplin, Simon und Newell, schrieben *„that there are now in the world machines that think, learn and create"*.
Simon und Newell machten die folgenden Vorhersagen:
1. Bis 1966 wird ein Computer Schachweltmeister.
2. Bis 1966 wird ein Computer einen wichtigen mathematischen Satz entdecken und beweisen.
3. Bis 1966 werden Computer qualitativ hochwertige Musik komponieren.

Wie man weiß, ist nichts von dem eingetroffen. Computer stellen zwar über neuronale Netze inzwischen Musik her, aber nach einhelliger Meinung der Experten ist diese Musik alles andere als hochwertig. Und auf den mathematischen Satz warten wir noch heute, nach 30 Jahren.
Offenbar ist kreatives Denken mehr als nur ein Aneinanderreihen von Schlußfolgerungen. Die eingangs gestellte Frage „Kann ein Computer denken?" müssen wir differenzieren. Wenn Denken darin besteht, aus Grundannahmen über eindeutig definierte Regeln neue Aussagen zu gewinnen, ist Denken so weit formalisierbar, daß man Maschinen einsetzen kann.
Das Abarbeiten von Regeln ist letztlich eine geistlose und stumpfsinnige Manipulation von Zeichenketten, diese Arbeit kann man daher ohne Schwierigkeiten Computern übertragen. Wenn man aber unter Denken die Zerlegung der Wirklichkeit in Begriffe und Denkobjekte versteht sowie deren Codierung, dann ist es höchst zweifelhaft, ob diese Art des Denkens formalisierbar ist.

Begreifbarkeit und Erkennbarkeit

Lösen wir uns von der Mathematik und betrachten wir Denk- und Beweisvorgänge im täglichen Leben oder auch in anderen wissenschaftlichen Disziplinen. Meist liegt nicht ein Axiomensystem vor, aus dem man ein logisches System wie einen Kalkül entwickelt, sondern wir werden mit einer komplexen Gegebenheit oder einem komplizierten Phänomen konfrontiert. Dieses Phänomen wollen wir verstehen, einordnen, begreifen. Wie gehen wir vor?
Wir werden versuchen, den komplexen bis komplizierten Tatbestand zu analysieren, also in überschaubare Bestandteile aufzulösen. Die Analyse besteht darin, daß wir die Konstituenten des zu verstehenden Sachverhaltes herausfiltern und zu erkennen versuchen, wobei diese Konstituenten überschaubare und damit aus der Anschauung heraus zu verstehende Fakten sein müssen.
Im Prinzip gehen wir hier den umgekehrten Weg wie in der Mathematik. Während die Mathematik von begreifbaren Aussagen, den Axiomen ausgeht und dann auf komplexe Aussagen stößt, gehen wir von der komplexen Aussage aus und suchen so etwas wie Axiome, also leicht einsehbare und verständliche Wahrheiten, die die komplexe Aussage konstituieren.

Die Frage, ob jede noch so komplexe Aussage auf überschaubare Erfahrungssätze zumindest prinzipiell zurückführbar ist, ist sicherlich für weltanschauliche und philosophische Überlegungen wichtig zu beantworten. Aus dem Kontext der Philosophie ist die Antwort aber offen.

Dafür gibt es im Bereich der Mathematik allerdings seit den dreißiger Jahren eine eindeutige Antwort. Kurt Göbel, ein österreichischer Mathematiker, brachte 1931 eine ziemliche Verwirrung in die Mathematikergemeinde, als er einen Satz bewies, der die Frage der Rückführbarkeit komplexer Aussagen der Mathematik auf einfache axiomatische Grundaussagen beantwortete.

Um das Ausmaß der Verwirrung der Mathematiker verstehen zu können, müssen wir historisch ein wenig zurückblenden. Gegen Ende des 19. Jahrhunderts war die Mathematik ein gigantisches Gebäude von Definitionen und Sätzen. Dieses Gebäude bestand aus vielen Geschossen, die eigenständige Kalküle bildeten wie die Analysis, Wahrscheinlichkeitsrechnung, Statistik, Zahlentheorie, Differentialgeometrie und viele weitere Gebiete. Die Baumeister waren so exzellente Köpfe gewesen wie Carl Friedrich Gauß, Isaac Newton, René Descartes und später Georg Cantor, Henri Poincaré und David Hilbert, um nur einige zu nennen.

Ein mächtiges Beweiselement und wichtiges Hilfsmittel waren Mengen, insbesondere Mengen, die unendlich viele Elemente enthalten. Solche Mengen wurden als existent betrachtet, also als eine Gesamtheit von Objekten, mit der man logisch operieren kann. Daß der englische Philosoph und Schriftsteller (Nobelpreisträger für Literatur 1950) Bertrad Russel ausgerechnet diese Stütze mathematischer Beweisführung im Jahre 1902 ankratzte, indem er einen bisher nicht entdeckten Widerspruch fand (Das Russelsche Paradoxon), führte zu einiger Unruhe. Russel hatte nämlich eine Menge entdeckt, bei der sich zeigte, daß das sichere und schöne mathematische Argumentieren im Bereich von Definitionen, Sätzen und unendlichen Mengen Pferdefüße haben kann, an die bisher niemand dachte. Um Russel verstehen zu können, müssen wir ein wenig bei den Mengen verweilen. Eine Menge kann die natürlichen Zahlen enthalten und ist damit unendlich. Sie kann aber auch eine Menge von Mengen sein. Als Beispiel betrachten wir die Mengen M_n der Zahlen von 1 bis n. (M_3 ist die Menge der Zahlen 1, 2, 3; M_5 ist die Menge der Zahlen 1, 2, 3, 4, 5 usw.). Dies sind unendlich viele Mengen, die wir wiederum zu einer Menge zusammenfassen können, also einer Menge von Mengen. In diesem Kontext sind auch Mengen denkbar, die sich selbst als Element enthalten. Ein Beispiel ist die Menge M aller unendlichen Mengen. Da es unendliche viele unendliche Mengen gibt, ist M selber unendlich und gehört zu M, ist also Element von sich selbst.

Russel betrachtete nun die *Menge E all der Mengen, die sich nicht selbst als Element enthalten.* Enthält diese Menge sich selbst oder nicht? Angenommen, E enthält sich selbst. Dann gehört E nicht zu den Mengen, die sich nicht selbst als Element enthalten. Also kann das nicht sein. Demnach enthält E sich selbst nicht. Jetzt hat E aber genau das Charakteristikum, welches die Elemente von E ausmacht. Also enthält sie sich doch? Offenbar ein nicht lösbarer Widerspruch.

Dieser Gedankengang schlägt sich in amüsanter Form in der folgenden Geschichte wieder: In einem Dorf lebt ein Friseur, der alle Männer des Dorfes rasiert, die sich nicht selbst rasieren. Rasiert sich der Friseur selbst?

Antwort 1: Der Friseur rasiert sich selbst. Dann gehört er nicht zu der Gruppe von Männern, die sich *nicht* selbst rasieren. Aber nur diese Gruppe darf der Friseur rasieren. Also darf er sich nicht selbst rasieren. Daher:
Antwort 2: Der Friseur rasiert sich nicht selbst. Nunmehr muß er sich aber rasieren, denn er soll alle Männer des Dorfes rasieren, die sich nicht selbst rasieren, also auch falsch.
Wir haben ein in sich unlogisches Problem, das gerade wegen dieser Unlogik nicht lösbar ist. Ähnlich ist es mit folgenden:
Der folgende Satz ist falsch.
Der vorhergehende Satz ist richtig.
Es sei dem Leser überlassen, herauszufinden, welcher Satz richtig und welcher falsch ist. Derartige Unlogiken und Paradoxien, zu denen auch die Russelsche Menge gehörte, traten in ähnlicher Form auch in mathematischen Beweisführungen auf. Dies ließ das bestehende mathematische Gedankengebäude mehr oder weniger fragwürdig erscheinen.
Als Konsequenz erschien es unerläßlich, die mathematische Beweisführung neu zu überdenken, um die Mathematik auf eine sichere und unumstößliche Basis zu stellen. Russel selbst machte sich mit dem Philosophen und Mathematiker Alfred North Whitehead an eine Formalisierung der klassischen Arithmetik und Analysis. Ihre Theorie (Typentheorie) war so ausgelegt, daß es zu einem Paradoxon im obigen Sinne nicht kommen konnte. Die Forderung methodischer Exaktheit beeinflußte auch Russels zahlreiche philosophischen und sozialkritischen Schriften. Leider erwies sich das mathematische System von Russel und Whitehead in seinen Aussagen als nicht sehr umfassend.
Erfolgreicher war der Göttinger Mathematiker David Hilbert. Hilbert zeigte in seinem Werk *Grundlagen der Geometrie* (1899) die Widerspruchsfreiheit der geometrischen Axiome und übertrug später die axiomatische Denkweise erfolgreich auf die Zahlentheorie. Er forderte die Axiomatisierung aller mathematischen Disziplinen und formulierte diese Forderung auf dem internationalen Mathematikerkongreß in Paris im Jahre 1900. In einem Aufsehen erregenden Vortrag, der die mathematische Forschung der nächsten Jahrzehnte stark beeinflußte, hatte Hilbert einige ungelöste mathematische Probleme aufgezählt und die Mathematikergemeinde aufgerufen, diese Probleme im neuen Jahrhundert in Angriff zu nehmen und zu lösen. Eines dieser Probleme betraf die Axiomatisierung und Formalisierung der Mathematik. Das Ziel war, alle mathematischen Aussagen auf ein sicheres und nicht angreifbares Fundament zu stellen. Er war überzeugt, daß es prinzipiell möglich ist, alle Probleme und Fragen, die im Kontext einer mathematischen Sprache formulierbar sind, zu lösen. Die Ordnung der Mathematik unterlag dem menschlichen Geist, sein Ausspruch „Es gibt kein Ignorabimus" (es gibt nichts, was nicht erkennbar ist) unterstreicht seinen Anspruch.

Der Gödelsche Satz

Doch Hilberts Programm wurde jäh zerstört, als der österreichische Mathematiker und Logiker Kurt Gödel 1931 einen Satz bewies, der als Gödelscher Satz berühmt wurde. Gödel zeigte, daß es in jedem mathematischen System, bestehend aus Axiomen und Ableitungsregeln, also in jedem Kalkül, Aussagen gibt, die mit dem Formalismus des Kalküls weder beweisbar noch widerlegbar sind. Dies gilt für alle Kalküle, die eine gewisse Komplexität besitzen, also nicht zu einfach in ihrer Struktur sind (genauer: er muß im Rahmen der Prädikatenlogik formulierbar sein). Es ist also nicht feststellbar, ob die Aussage wahr oder falsch ist. Die Mathematiker bezeichnen derartige nicht beweisbare und nicht widerlegbare Aussagen als „nicht entscheidbar". Der Beweis des Gödelschen Satzes basiert auf einem ähnlichen Gedankengang wie er das Russelsche Paradoxon benutzt.

Gehen wir nun von einem Axiomensystem aus, also dem Fundament des zu bildenden Kalküls. Über logische Ableitungen können wir aus den Axiomen alle möglichen Sätze bilden, also alle „Wahrheiten", die der Kalkül enthält. Man kann diese Sätze untereinander schreiben und damit durchnumerieren. Dies ist leicht einzusehen, denn das formale System, das wir betrachten, besteht aus Aussagen, die wir mit endlich vielen Zeichen, zum Beispiel den Buchstaben, Ziffern und einigen zusätzlichen Symbolen wie +, -, · usw. darstellen können. Diesen Zeichen geben wir eine lexikographische Ordnung und können dann zuerst die Aussagen mit einem Zeichen, dann die mit zwei Zeichen, dann die mit drei Zeichen usw. aufschreiben. Damit wir auch alle möglichen Aussagen erwischen, schreiben wir, wenn wir die Aussagen mit k Zeichen notieren, alle möglichen Symbolfolgen der Länge k wie in einem Wörterbuch untereinander. Dabei entstehen natürlich viele syntaktisch falsche Aussagen, denen wir einfach den Wahrheitswert „falsch" zuordnen.

Würden wir in dieser Liste alle falschen Aussagen entfernen, hätten wir sämtliche Aussagen des Kalküls. Der Gödelsche Satz besagt nun aber, daß gerade dieses nicht möglich ist, denn es gibt Aussagen, die nicht auf wahr oder falsch bewertbar sind. Anders formuliert: Das durch ein Axiomensystem definierte Netz von Wahrheiten ist schlüpfrig. Viele Aussagen fallen durch das Netz, sie können nicht eingeordnet werden. Nach Gödel geht die Wahrheit in einem logischen System über das Formulierbare hinaus. Die Mathematiker bezeichnen solche Systeme als „unvollständig". Jedes hinreichend komplexe logische System ist unvollständig.

Dies ist vergleichbar mit dem Bau eines Hauses. Die Steine, Platten, Balken und Dachpfannen entsprechen als Grundbausteine den Axiomen. Sie stellen die Basis dar. Komplexe Bauteile wie Wände, Decken usw. (im Kalkül die Sätze) stellen wir aus ihnen her, indem wir die Grundbausteine zusammenfügen. Der Gödelsche Satz besagt in unserem Denkmodell, daß es gewisse Wände oder Wandformen in unserem Haus nicht geben kann. Wir können nämlich nicht herausfinden, ob sie mit unseren Bausteinen baubar sind. Sie sind prinzipiell nicht konstruierbar.

Genauso sind die Axiome eines Kalküls möglicherweise zu grobkörnig, um alle möglichen Aussagen darstellen zu können. Wenn das so ist, könnte man eine Aussage, die nicht formal aus den Axiomen herleitbar ist, als ein neues Axiom zu den alten hinzufügen. Aber nach Gödel gibt es auch in dem so definierten neuen Kalkül nicht entscheidbare Aussagen. Wenn wir diese wiederum hinzufügen, erhalten wir ein weiteres Kalkül, das aber ebenfalls nicht entscheidbare Aussagen enthält usw. Übertragen auf unseren Hausbau bedeutet dies, daß, wenn wir Fertigwände anliefern lassen, die den zu bauenden komplizierten Wänden entsprechen, gibt es trotzdem andere wiederum nicht baubare Muster.

Jede Theorie scheint daher aussagebegrenzt zu sein, falls die Theorie den Gesetzen der formalen Logik entspricht. Eine solche Theorie beschreibt einen Teil der Wirklichkeit, aber nie die gesamte Wirklichkeit (Wir verstehen hier als Wirklichkeit die einem Kalkül aufgeprägte Semantik, die aber letztlich nur ein Bild der Wirklichkeit ist). Ist daher jede formale Theorie, die einen Ausschnitt der Realität beschreibt (wie die wissenschaftlichen Disziplinen), letztlich nur eine Krücke, mit der wir die Realität antasten, aber nie bis ins letzte Detail begreifen können? Der Gödelsche Satz, der für die formale Logik bewiesen wurde, läßt

eine derartige Auffassung als möglich erscheinen. (Aber vielleicht ist ja gerade die Aussage des letzten Satzes selber unentscheidbar).
Der Gödelsche Satz reizt zur Spekulation. Würden wir den Kosmos durch einen Kalkül beschreiben, dessen Axiome die Struktur des Alls kurz nach dem Urknall darstellen und dessen Ableitungsregeln die physikalischen Gesetze sind, reicht dieser Kalkül nicht aus, um alle Zukunft und Vergangenheit zu berechnen. Würde ein solcher Kalkül existieren, wäre das Weltall übrigens deterministisch aufgebaut, was aber sicherlich vielen Erkenntnissen (insbesondere in der Quantentheorie) widerspräche.
Politische Ideologien basieren auf sozialen, politischen oder psychologischen Grundannahmen, letztere wirken wie Axiome. Mit Gesetzen der Logik lassen sich Folgerungen herleiten, die in ihrer Gesamtheit die politische Theorie ausmachen. Natürlich liegt hier kein Kalkül im Sinne der mathematischen Logik vor, so daß Gödels Satz nicht direkt übertragbar ist, dennoch könnte man spekulieren, daß jeder Kalkül Fragen offen läßt. Sind diese offenen, unentscheidbaren Bereiche die Ansatzpunkte für Disharmonien und Streitigkeiten, die in jeder Partei unausweichlich vorhanden sind?
Die Kenntnisse der Wissenschaft schreiten stetig voran. Man sagt, das Wissen nimmt exponentiell zu. Wird es jemals eine Theorie geben, die alles, was uns umgibt, was uns antreibt, was die Ökonomie und die Politik beeinflußt, alles Kosmische und alles Mikrokosmische bis ins letzte Detail beschreibt, darstellt und erklärt, so daß keine Fragen offen bleiben? Eine solche Universaltheorie, die Gesamtheit aller zukünftigen Wissenschaften, wird es vermutlich nach Gödel nie geben, denn stets werden in einem Kalkül unentscheidbare Fragen bleiben.

9.2 Grenzen der Mathematik

Modell und Wirklichkeit

Wie wir in dem Kapitel über die Chaostheorie gesehen haben, verläuft in der Newtonschen Mechanik die Problemlösung eines physikalischen oder technischen Problems nach dem folgenden Ablaufschema: Man stelle eine geeignete Differentialgleichung auf, die das Problem beschreibt. Sodann löse man die Differentialgleichung. Man erhält als Lösung entweder eine elementare Funktion oder eine Potenzreihe. Diese bietet uns die Möglichkeit, zukünftiges Verhalten präzise vorauszusagen, wir müssen nur den Zeitpunkt t, für den wir die Voraussage wünschen, in die Lösung einsetzen.
Laplace und mit ihm alle Physiker bis zum Ende des 19. Jahrhunderts, vertraten die Meinung, daß die Newtonsche Mechanik das Brecheisen zur Lösung aller denkbaren Probleme und Aufgaben in der stofflichen Welt darstellt. Will man voraussagen, wann die nächste Sonnenfinsternis stattfindet, wie sich der Luftdruck mit zunehmender Höhe verändert oder welcher Bahn ein hochgeworfener Ball folgt, man muß nur die richtige Differentialgleichung aufstellen und diese lösen.
Die Differentialgleichungen bilden also quasi ein Modell der Wirklichkeit. Man beherrscht die Wirklichkeit, indem man die Differentialgleichungen löst. Ein berühmtes Beispiel bilden die Maxwellschen Gleichungen. Es handelt sich um vier Differentialgleichungen, die praktisch die gesamte Elektrotechnik in sich vereinigen. Mathematische Modelle basieren

aber nicht nur auf Differentialgleichungen, auch statistische Methoden können die Wirklichkeit mit erstaunlicher Genauigkeit abbilden, wie S. Boltzmann mit seiner statistischen Theorie der Gase gezeigt hat.

Haben wir also mit Hilfe der Mathematik die Realität im Griff? Spiegeln sich die Beziehungen, Übergänge und Veränderungen der Wirklichkeit in den mathematischen Gesetzen wieder oder anders: Sind mathematische Regeln Abbildungen der Dynamik der Realität?

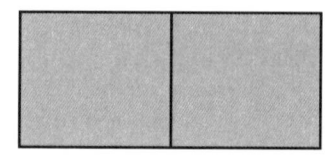

Abb. 45: *Die linke Kammer enthält Gas, welches sich in die rechte Kammer entleert.*

Henri Poincaré (1854–1912) führte ein eindrucksvolles Beispiel vor, in dem ein anerkanntes mathematisches Modell bei der Prognose zukünftiger Zustände von jeder Realität abweicht. Dazu betrachte man ein luftdichtes Gefäß mit einer Trennwand. Im linken Teil befinde sich ein Gas, die andere Kammer ist leer. Wenn wir die Trennwand durchlöchern, strömt Gas in die zweite Kammer und nach einer gewissen Zeit hat sich das Gas auf beide Kammern verteilt (vgl. Abb. 45). Zur Beschreibung dieses Sachverhaltes existiert ein allgemein anerkanntes mathematisches Modell. Es basiert auf der kinetischen Gastheorie, nach der die Moleküle wie Kugeln zusammenstoßen.

Das mathematische Modell beschreibt zunächst den Vorgang des Gasaustausches korrekt. Verfolgt man den weiteren Verlauf am Modell, wird das Gas in seinen ursprünglichen Zustand zurückkehren, also die linke Kammer wird sich wieder füllen, während die rechte evakuiert. Nach dem Resultat Poincarés wird dieses sogar unendlich oft passieren. Das Gas wird sich immer wieder auf beide Kammern ausdehnen und danach wieder in die linke Kammer zurückkehren. Dies sagt ein Satz, der als das Wiederkehrtheorem Poincarés bekannt ist.

Jedermann weiß, daß das nicht der Realität entspricht. Wäre es so, hätten wir eine phantastische Möglichkeit, Luftmatrazen aufzupumpen, wir müßten nur genügend lange warten, bis sich die Luftmatraze von selbst und ohne Anstoß von außen füllt.

Im Kapitel über die Chaostheorie sahen wir, daß uns die Mathematik Modelle liefert, die die Realität zwar korrekt beschreiben, die aber nicht lösbar sind. Als Beispiel fanden wir das Dreikörperproblem. Hier zeigt es sich, daß es mathematische Modelle gibt, die zwar lösbar sind, deren Konsistenz zur Realität aber höchst fraglich ist, obwohl alle Elemente des Modells als realitätskonform betrachtet werden müssen

Der Begriff Unendlich

Für Mathematiker ist „unendlich" eine feste Größe, mit der sie problemlos umgehen können und manche Anfänger in der Mathematik dividieren ohne jede Scheu durch unendlich oder multiplizieren damit, obwohl dies strengstens verboten ist. Die moderne Mathematik wäre ohne den Begriff „unendlich" gar nicht denkbar und Mathematiker kennen sogar unendlich viele „Unendliche", wie wir noch sehen werden. Gibt die Natur uns den Begriff „unendlich" vor oder handelt es sich um einen Kunstbegriff der Mathematik?

Einer der ersten, die den Unendlichbegriff andachten, war Giordano Bruno (1548-1600). Während Kopernikus noch an ein endliches, von der Fixsternsphäre begrenztes Weltall glaubte, faßt Bruno den Gedanken des Unendlichen des Kosmos. Er schreibt über den Raum: *„Wir wissen sicher, daß dieser Raum als Wirkung und Erzeugnis einer unendlichen Ursache und eines unendlichen Prinzips auf unendliche Weise unendlich sein muß."*
Blaise Pascal, Mathematiker und Philosoph, setzte sich philosophisch mit dem Begriff des Unendlichen auseinander. Als Kind schon galt er als Wunderkind, fand als Zwölfjähriger die Euklidische Geometrie neu und verfaßte mit 16 Jahren eine Aufsehen erregende Abhandlung über die Kegelschnitte.
Pascal betrachtet den in eine unendliche Welt eingebetteten Menschen. Für Pascal ist das Weltall wie für Bruno unendlich ausgedehnt, so daß die Erde und das gesamte Sonnensystem nur als winziger Punkt erscheint, wenn man aus der Perspektive des Alls schaut. Je weiter man ins All vorstößt, um so kleiner und geringer wird der Mensch. Dies Aussage gilt auch, wenn man umgekehrt den Weg ins Kleine antritt. Pascal nennt als Beispiel eine Milbe. Sie hat Teile und ist analysierbar. Würde man diese Fraktale weiter untersuchen, würde man weitere Teilungen vornehmen können und dies ohne Ende. Die Grenze wäre das Nichts, aber dieses ist nicht erreichbar. Jedes Atom ist nach seiner Meinung unendlich oft teilbar, es enthält unendlich viele Universen. Auch hier ist also die Grenzenlosigkeit vorgegeben.
Der mittelalterliche Mensch lebte in einer endlichen Welt, in der alles seinen Platz hatte. Pascal empfindet die aus diesem Weltbild verbundene Geborgenheit als bedroht. Er schreibt: *„Wir treiben dahin auf einer unmeßbaren Mitte, immer ungewiß und schwankend, von einem Ende zum anderen gestoßen. An welcher Grenze wir auch gedachten, uns anzuheften und Halt zu gewinnen, sie wankt und läßt uns fahren; und wenn wir ihr folgen, entwindet sie sich unserem Zugriff, entgleitet uns und flieht in einer ewigen Flucht."* Und an anderer Stelle schreibt er, der Mensch sei ein Nichts im Hinblick auf das Unendliche, und er sei Alles im Hinblick auf das Nichts.
Ein Abwenden von dieser mehr spekulativen Betrachtung des Begriffes Unendlich erfolgte in der Mathematik. Die Infinitesimalrechnung, wie sie Leibniz und Newton einführten, arbeitete mit unendlich kleinen Inkrementen. Im Bereich der Zahlen erkannte man, daß die endlichen Dezimalzahlen nicht ausreichen, um alle bekannten Erscheinungen wie die Zahl π oder die Wurzel aus 2 zu erklären. Zahlen mit unendlich vielen Stellen hinter dem Komma tauchten auf. Selbst die natürlichen Zahlen sind ohne Begrenzung, es gibt unendlich viele.
Um den Begriff „unendlich" fassen zu können, führte man Mengen ein, die unendlich viele Elemente besitzen. Mit Hilfe dieser Mengen konnten einige widersprüchliche Formulierungen aufgelöst werden. Zudem führte die Mengenlehre zu Aussagen, die den Begriff Unendlich weiterentwickelte. So stellte man fest, daß es verschiedene „Unendliche" gibt, indem man zwei unendliche Mengen betrachtete, von denen die eine nachweislich mehr Elemente besitzt als die andere. Beide Mengen haben unendlich viele Elemente, jedoch die erste Menge hat ein größeres Unendlich als die zweite. So hat ist zum Beispiel die Menge der reellen Zahlen zwischen 0 und 1 umfangreicher als die Menge der natürlichen Zahlen, obwohl beide unendlich groß sind. Man fand heraus, daß es unendlich viele „Unendliche" gibt.
Eine endliche Menge ist die Zusammenfassung endlich vieler Objekte, den Elementen. Eine Vorstellung dieses Begriffes ist problemlos. Was aber ist eine Menge mit unendlich vielen

Elementen? Man kann unmöglich alle Elemente dieser Menge aufschreiben oder sich einzeln vorstellen. Die Mathematiker Dedekind, Weierstraß und Cantor begründeten eine Mengenlehre, in der die Menge mit unendlich vielen Elementen als Begriff definiert wurde. Die unendliche Menge wurde einfach als eine fertige in sich abgeschlossene Ganzheit betrachtet.

Später tauchten Einwände gegen diese Art der Betrachtung auf. Für K. Kronecker zum Beispiel existierten die natürlichen Zahlen nicht als unendliche Menge, sondern als offener Bereich, den man lediglich durch Zählschritte erweitern kann, und zwar beliebig weit. Zu jeder endlichen Menge kann man eine weitere Zahl hinzunehmen und dies immer wieder neu. Die Zahlenmenge wird schrittweise größer, aber daraus entsteht nicht eine unendliche Menge als eine Gesamtheit.

Auch Kant argumentierte in diese Richtung, indem er glaubte, daß eine sukzessive Erweiterung eines Quantums niemals vollendet sein kann, daß demnach die Annahme einer Unendlichkeit als Einheit eine Fiktion sei.

Die moderne Mathematik betrachtet die unendliche Menge als eine Ganzheit, welche im Sinne von Platon etwas Existentielles anhaftet.

Falls der Weltraum nicht unendlich ausgedehnt ist, kommt „unendlich" in der Natur nicht vor. Die Zahl der Elementarteilchen, der Raum selbst und auch die Zeit ist endlich. Ist also „unendlich" eine Konstruktion des menschlichen Geistes, der keine objektive Vorstellung zugeordnet ist? In diesem Falle wäre „unendlich" lediglich eine Begriffsbildung, die als Bild für das nicht Meßbare eingeführt wurde.

Wie real sind mathematische Objekte?

Wenn „unendlich" ein Kunstbegriff ist, bedeutet dies, daß Zahlen wie π oder e eigentlich nicht existieren? Sie besitzen nämlich (als irrationale Zahlen) unendlich viele Stellen hinter dem Komma. Dies, obgleich sie grundlegende Zahlen der Geometrie oder des exponentiellen Wachstums sind. Ist dann auch der Kreis, dessen Flächeninhalt ja mit π berechnet wird, nur eine Fiktion in dem Sinne, daß jeder Kreis, den wir zeichnen, nur eine Annäherung ist an ein Ideal, an einen Gedanken, der nicht realisierbar ist? Dies wirft die weitere Frage auf, wieweit die Objekte der Geometrie oder der Mathematik realen Charakter besitzen.

Der griechische Philosoph Platon hatte mit seiner Ideenlehre den Grundstein gesetzt zu einer Abschauung der Dinge, die die abendländische Philosophie wie keine andere beeinflußte. Platon glaubte an ein Reich immaterieller unveränderlicher Wesenheiten, die die Urbilder aller Realitäten der sichtbaren Welt sind. Diese Ideen tragen wir in uns und sie lassen uns die Dinge als das erkennen, was sie sind. Die Ideen oder Urbilder sind für Platon objektiv existent. Nicht unser Bewußtsein schafft die Ideen, sondern sie sind a priori vorhanden. Alles Materielle ist ihnen untergeordnet, erhält seine Existenz nur aus den Urbildern. Die Welt besteht also nach Platon zum einen aus der sichtbaren Welt, zum anderen aus der nur dem Geiste zugänglichen Welt. Zu dieser gehören Objekte wie geometrische Figuren der Mathematik. Kreis, Ellipse und Kugel haben nach dieser Abschauung eine objektive Existenz genauso wie andere mathematische Objekte. Sie sind unabhängig von unserer Erkenntnis vorhanden.

Es gibt genügend Mathematiker, die diese Ansicht teilen. Einer davon war Gödel. Andere Mathematiker wenden sich gegen Vorstellung der Platonischen Existenzen und glauben, daß mathematische Objekte erst durch den Definitionsakt des Betrachters entstehen. Wie in der Quantenmechanik, wo Existenzen erst durch einen Meßvorgang entstehen, bilden sich mathematische Existenzen in unserem Gehirn als quasi ideeller Abschluß eines konstruktiven Vorganges. Der Mathematiker Brower war einer der engagiertesten Vertreter dieser Anschauung. Der Kreis ist nach dieser Auffassung nicht objektiv a priori vorhanden, er existiert lediglich als eine Abstraktion in unserem Gehirn.

10 Literatur

[BD89]   Becker, K.H., Dörfler, M.
         Dynamische Systeme und Fraktale
         Vieweg, 1989

[B64]   Bell, J.S.
         On the Einstein-Rosen-Podolski Paradox
         Physics 1, 195-200, 1964

[Ba75]   Bass, K.
         A Quantum Mechanical Mind-Body Interaction
         Foundations of Physics, Bd.5 , S. 159ff, 1975

[Be64]   Bell, J.S.
         On the Einstein Podolski Rosen Theorem
         Physics 1, S. 195-200, 1064

[Br90]   Briggs, J. , Peat, F.D.
         Die Entdeckung des Chaos
         Carl Hanser Verlag München, Wien, 1990

[D88]   Davies, P.
         Prinzip Chaos
         Goldmann Verlag,1988

[E82]   Einstein, A.
         Über die spezielle und die allgemeine Relativitätstheorie
         Vieweg, 1982

[E89]   Ebeling, W.
         Chaos- Ordnung- Information
         Verlag Harry Deutsch, 1989

[E85]   Ekeland, I.
         Das Vorhersehbare und das Unvorhersehbare
         Harnack Verlag München, 1985

[EPR35]   Einstein, A., Podolski, B., Rosen, N.
            Can Quantum-mechanical Description of Physical Reality Be
            Considered Complete?
            The Physical Reviews, S. 777, 1935

[H96]   Heisenberg, W.
            Der Teil und das Ganze
            R. Piper, München, 1996

[H84]   Hoyle, F.
            Das intelligente Universum
            Umschau-Verlag, 1984

[K94]   Kinnebrock, W.
            Optimierung mit selektiven und genetischen Algorithmen
            Oldenbourg, 1994

[M94]   Meyers Handbuch Weltall
            Bibliographisches Institut Mannheim, 1994

[M94]   Morfill, G., Scheingraber, H.
            Chaos ist überall....
            Ullstein, Frankfurt, 1993

[N93]   Nürnberger, C.
            Faszination Chaos
            Georg Thieme Verlag, Stuttgart, 1993

[N93]   Peitgen, H.O., Richter, P.H.
            The beauty of Fractals
            Springer, 1986

[R94]   Rowan-Robinson, M.
            Das Flüstern des Urknalls
            Spektrum, Heidelberg, 1994

[Sch89]   Schrödinger, E.
            Geist und Materie
            Diogenes Verlag, Zürich, 1989

[W80]   Weinberg, St.
            Die ersten drei Minuten
            dtv, München, 1980

[Wo89] Wolf, F.A.
Der Quantensprung ist keine Hexerei
Fischer Taschenbuch, Frankfurt, 1989

[Z85] G. Zukav
Die tanzenden Wu Li Meister
Rowohlt Taschenbuch, Hamburg, 1985

11 Anhang

Das folgende Pascal-Programm (Turbo-Pascal, Version 6.0) erstellt Ausschnitte aus der Mandelbrot-Menge. Nach dem Programmstart ist eine Vergrößerungsnummer einzugeben. Bei n = 0 wird die Mandelbrot-Menge erstellt, bei n > 0 entsprechend vergrößerte Ausschnitte.

```pascal
program fraktal;
uses Graph,crt;
var xx,yy:array[1..45] of integer;
var n,i,j,k,gr,modus,fehler,i1,j1:integer;
var c1,c2,z1,z2,x1,y1,h:real;

procedure grafik_ein;
begin
  gr:=detect;
  InitGraph(gr,modus,'\tp\bgi');
  SetGraphMode(modus);
  ClearDevice;
  setcolor(15);
  setbkcolor(0);
  fehler:=GraphResult;
end;

procedure ausschnitt(i1,j1:integer);
var i2,j2:integer;
begin
  i2:=i1+37;
  j2:=j1+23;
  line(i1,j1,i2,j1);
  line(i1,j1+1,i2,j1+1);
  line(i1,j1+2,i2,j1+2);
  line(i1,j1,i1,j2);
  line(i1+1,j1,i1+1,j2);
  line(i1+2,j1,i1+2,j2);
  line(i2,j1,i2,j2);
```

```
    line(i2+1,j1,i2+1,j2);
    line(i2+2,j1,i2+2,j2);
    line(i1,j2,i2,j2);
    line(i1,j2+1,i2,j2+1);
    line(i1,j2+2,i2,j2+2);
end;

procedure typ(c1,c2:real;var index:integer);
var i:integer;
var h,zz1,zz2:real;
label 4,3,5,6;
begin
   index:=0;
   z1:=0;z2:=0;
   for i:=1 to 130 do
   begin
      zz1:=z1·z1-z2·z2+c1;
      zz2:=2·z1·z2+c2;
      z1:=zz1;
      z2:=zz2;
      h:= zz1·zz1+zz2·zz2;
       if h>180    then goto 3;
   end;
  if h<20 then goto 4;
  if h<10 then goto 5;
  if h<1 then goto 6;
   index:=2;
   goto 3;
4: index:=1;
   goto 3;
5: index:=7;
   goto 3;
6: index:=5;
3:end;

begin
   xx[1]:=270;
   yy[1]:=200;
   xx[2]:=330;
   yy[2]:=160;
   xx[3]:=120;
   yy[3]:=170;
   xx[4]:=326;
   yy[4]:=200;
   xx[5]:=355;
   yy[5]:=120;
   xx[6]:=160;
```

```
yy[6]:=100;
write('Vergrgroesserung Nr');
readln(n);
h:=0.005;
x1:=-2.2;
y1:=-1.2;
if n>0 then
for i:=1 to n do
begin
    x1:=x1+xx[i]·h;
    y1:=y1+yy[i]·h;
    h:=h·0.059677;
end;
grafik_ein;

for i:=1 to GetMaxx do
begin
  for j:=1 to GetMaxy do
  begin
    z1:=x1+i·h;
    z2:=y1+j·h;
    typ(z1,z2,k);
    if k=1 then putpixel(i,j,14);
    if k=2 then putpixel(i,j,9);
    if k=3 then putpixel(i,j,5);
    if k=4 then putpixel(i,j,7);
  end;
end;
if n<5 then
ausschnitt(xx[n+1],yy[n+1]);
readln;
CloseGraph;
end.
```